U0325781

国家级生态文明市建设法治保障研究

——以甘肃平凉市为例

李国玺◎著

中国政法大学出版社

2016·北京

平凉市社科课题 课题编号：plskkt2015002

前言
preface

党的十八大从实现中华民族伟大复兴和永续发展的全局出发，把"生态文明建设"纳入中国特色社会主义事业五位一体总体布局，首次把"美丽中国"作为生态文明建设的宏伟目标。要求从源头扭转生态环境恶化趋势，为人民创建良好生产生活环境，努力建设美丽中国，实现中华民族永续发展。表明了中国加强生态文明建设的坚定意志和坚强决心。党的十八届三中全会提出加快建立系统完整的生态文明制度体系。提出紧紧围绕建设美丽中国，深化生态文明体制改革，加快建立生态文明制度，健全国土空间开发、资源节约利用、生态环境保护的体制机制。党的十八届四中全会进一步明确，用严格的法律制度保护生态环境，加快建立有效约束开发行为和促进绿色发展、循环发展、低碳发展的生态文明法律制度，促进生态文明建设。《国家新型城镇化规划（2014～2020年)》强调绿色低碳，生态文明，推动形成绿色低碳的生活方式和城市建设运营管理模式，尽可能地减少对自然的干扰，降低对环境的损害。2015年3月24日，中共中央政治局会议审议通过《关于加快推进生态文明建设的意见》，更明确地提出把生态文明建设放在突出的战略位置，首次提出绿色化概念，并将其与党的十八大提出的"新四化"（新型工业化、城镇化、信息化、农业现代化）并列，成为"新五化"。2015年9月11日，中共中央政治局会议审议通过的《生态文明体制改革总体方案》提出树立"六大理念"，秉承"六个坚持"，构建"八项基础性制度或体系"。党中央、国务院相继发布《关于加快推进生态文明建设的意见》《生态文明体制改革总体方案》两份重要的"姊妹篇"文件，明确了当前和今后一个时期生态文明建设总的设计图和路线图，具有重要的引领和指导作用。2015年10月召开的党的十八届五中全会更提出了绿色发展的新理念，倡导绿色富国、绿色惠民，要求在实现绿色化底线要求的同时，推动形成"绿色即发展"的内生机制。

环境污染是民生之患、民心之痛，建设生态文明，关系人民福祉，关乎民族未来。在"依法治国，建设社会主义法治国家"的背景下，逐步推进环境法治建设成为依法治国的重要内容。在诸多重大战略决策中，有关环境法治建设的内容得到充分体现，由此为环境法治的实现提供了重要的政策依据。然而，政策法律依据并不能理所当然地成为一国实现环境法治的充分条件，因为环境法治的实现尚需在社会、经济的各个层面通过相应的机制、制度和措施进行贯彻和实施。在这其中，地方环境法治的完善程度对于我国实现环境法治，进而对于建设法治国家、实现依法治国，具有不可替代的基础性甚至是决定性的作用。

近年来，平凉市依托生态资源优势，逐年加大生态环境建设和保护力度，2011年被环保部命名为"国家级生态示范区"，是目前甘肃省 14 个市州中唯一荣获得这一命名的市。为进一步彰显生态资源优势，放大生态效应，平凉市委市政府决定，从 2013 年开始全面开展国家级生态市建设，着力推进林业、水利、生态农业、生态工业、生态城市、生态文化、生态旅游、生态乡村、环境质量等九大建设任务，着力实施生态产业、生态资源、生态保护、生态人居、生态文化、能力保障六大工程。确保实现 3 个 80% 的目标，即：80% 的县（区）建成国家级生态县（区）；80% 的乡镇建成全国环境优美乡镇；80% 的村建成生态村。2016 年底前泾川、灵台、崇信、华亭 4 县全面完成并通过验收命名；2018 年底前静宁、庄浪、崆峒 3 县（区）、中心城市全面完成国家级生态县（区）和国家环保模范城市建设任务，并通过验收命名；2020 年底前建成蓝天碧水、宜居宜游宜创业的生态中心城市，建成国家级生态市。2014 年陈伟书记在中共平凉市三届七次全委扩大会暨全市经济和城镇化工作会议上提出"努力建设旅游胜地、养生福地、文化名城、山水园林城市"的中心城市建设目标。2015 年 9 月 1 日平凉市人民政府印发了《平凉市创建国家环境保护模范城市工作方案》，提出到 2018 年底，全面完成 5 大类 26 项指标，达到污染减排、环境风险防控、城市环境综合整治的基本要求，完成环境质量、环境建设、环境管理等方面的考核目标，城市空气质量稳定达到国家二级。"十二五"期间，全市上下全力推进污染治理，环境质量有所改善，实现了发展与环境保护的良好平衡，美丽与发展同行。

在生态文明城市建设过程中应当着重理顺好、协调好生态建设与经济、社会、资源、环境的关系。然而，要处理好这些关系并非易事。当前，平凉市生态环境形势比较严峻，生活污染、生产污染和工业污染较为严重，加上城市化的扩张和农村社会的转型，一些城市垃圾向农村倾倒，致使农村生态环境遭受更为严重的污染，这些问题影响着生态文明市建设的进程。生态文明是人类在坚持人与自然、社会和谐统一基础上而形成的各种相互关系的总和，是人与自然、社会共同发展、和谐共存的社会形态。而环境法治就是将生态文明建设的一系列活动和工作全部纳入到法治轨道上来，制定符合规则的规范和秩序，严格执行这些规范，认真遵守这些规范，确保生态文明建设工作能够顺利推行。二者之间是相辅相成、互不可缺的依存关系。生态文明必须要有环境法治的制度保障，而构建环境法治的最终目的就是要实现社会的生态文明。实践经验一再证明，在法治建设不健全的情形下，很难实现生态的可持续发展。平凉市环境法治建设面临着诸多问题，位处黄土高原地区的平凉市，在生态文明市建设中需要解决许多问题和困难。加强和完善环境法治，运用和强化法治保障手段，对培育公民的绿色生产生活理念，保障国家级生态文明模范市建设积极、健康地发展，如期实现国家级生态市目标有着极为重要的意义。

最后特别感谢中国政法大学出版社的柴云吉主任和其他编辑同志的大力帮助和支持。

李国玺
2016 年 6 月

目录
contents

第一章　创造良好生态环境是新常态下地方政府的重要职责

在过去几十年的快速发展中，资源消耗过大、环境污染问题已经日益严峻，现在整个社会对于生态安全的诉求空前强烈。从基本民生和重要公共产品的深度上认识环保的必要性，从实现"两个一百年"奋斗目标、实现中华民族伟大复兴的中国梦的视野上看待环境治理的重要性，把生态治理能力纳入党的执政能力建设之中，把切实履行环保责任作为政府转变职能的重要内容，提升公共治理水平、转变经济发展方式是每一级政府的重要职责。

一、良好生态环境是最公平的公共产品

2013年4月，习近平总书记在海南考察时指出，"良好生态环境是最公平的公共产品，是最普惠的民生福祉"。良好的生态环境与人民群众的生存权、发展权紧密关联。良好生态即是最公平的公共产品，这是对政府环境治理力度、效果的鞭策。过去，谈起小康社会，人们要求的是腰包鼓一点、吃穿好一点、日子美一点。现在谈起小康，人们关注最多的是环境，希望天蓝、山绿、水清。人民群众对宜居性的要求

已经在慢慢赶超人均 GDP、经济水平和教育资源等传统的幸福因素。公众对生态安全考虑的优先性，说明环境治理对于基本民生的极端重要性、转变发展方式的极端紧迫性。

过去，我们总认为有发展就有污染、无污染就无发展。认为增长与污染的关系类似于一条"倒 U 字形"曲线（库兹涅茨曲线），[1]即随着经济增长，污染物排放量逐渐增加，转型期过后，污染物排放会下降，因此先污染后治理是一种备选或者不可避免的方式。常常出现以发展经济、提升 GDP、拉动就业为名变相纵容污染、消极治污的情况。这种狭隘的发展观，是今天环境问题越来越严峻的思想认识根源，已经造成对资源环境和生态的欠债。在建设"美丽中国"的道路上必须改变这种滥觞于传统工业社会的，大量生产、大量消耗、大量消费、大量废弃的经济增长方式、生产方式和消费模式。必须遵循自然规律，坚持可持续发展、绿色发展。绿色发展是全新的发展观、价值观。绿色发展着眼于发展的永续性，顺应人民对美好生活的追求。它强调正确处理人与自然的关系、经济发展与环境保护的关系，体现了遵循发展规律与遵循自然规律的统一。绿色发展理念认为，人民对优美环境和良好生态的追求，体现了发展的目的本身，绿水青山就是金山银山。绿色是发展的基础，是发展的方式，更是发展的底线。而资源一旦枯竭，环境和生态一经破坏，则难以修复，必然要为此付出极高的代价。特别是环境恶化对人的生活环境和人体健康造成的损害，代价尤为昂贵。全面建成小康社会，要让人民从发展中获得幸福感，就不能以资源环境和生态为代价。

---

〔1〕 中国的氮氧化物排放量在 2012 年出现拐点，那时人均 GDP 为 6076 美元，美国的氮氧化物峰值出现在 1994 年，人均 GDP 将近 2.8 万美元。

生态环境中清洁的空气每个人都需要呼吸，清洁的淡水每个人都需要饮用，不受污染的土壤更是生产粮食的最基本条件，所以生态环境作为一种特殊的公共产品比其他任何公共产品都更重要。随着中国经济社会发展水平的跃升，随着环境污染对经济发展制约作用的展现，生态治理已纳入政府提供的基本公共服务体系，成为衡量政府行为、领导干部个人素质能力的标准。绝不能因一时的发展指标以及部分企业的利益而牺牲公众和子孙后代的环境利益。

要把资源消耗、环境损害、生态效益等指标纳入经济社会发展评价体系。要强化生态执法监督管理，着力解决生态保护责任不落实、守法成本高、违法成本低等问题。要明确生态红线，严厉惩处"越线"行为。要提高环保法律法规监督执行的能力，建立更加强大的监察体系，通过实施党政领导干部生态环境损害责任追究的办法，把真正的监察执法的责任落实到各级党政领导头上，实行终身追责的制度。使青山常在、绿水长流、空气常新，让人民群众在良好生态环境中生产生活。

二、基本的环境质量是政府必须提供的基本公共服务

习近平总书记强调，"环境就是民生，青山就是美丽，蓝天也是幸福。要像保护眼睛一样保护生态环境，像对待生命一样对待生态环境"。2016 年 3 月 10 日，习近平总书记在十二届人大四次会议青海代表团参加审议时再谈环境保护，并强调"生态环境没有替代品，用之不觉，失之难存。在生态环境保护建设上一定要树立大局观、长远观、整体观，坚持保护优先，坚持节约资源和保护环境的基本国策，像保护

眼睛一样保护生态环境，像对待生命一样对待生态环境，推动形成绿色发展方式和生活方式"。所以坚决不能再要带血的、有毒的GDP。过去粗放的发展模式、滞后的环保理念，导致我们的环境欠账多，雾霾的遮掩、土地的变质、污水的横流，警示着时代之痛，也激发了我们捍卫生态的决心。绿水青山就是金山银山，保护和改善生态环境，就是发展生产力，就是提升发展的质量。经济发展进入新常态，倒逼发展模式转型，为生态改善留出空间；政策和体制上进一步向环保倾斜，将生态因素纳入政绩考核，强化环保部门的权威；法律层面出台"史上最严"环保法，让法律成为钢牙利齿。

当前出现大量违法的、尚未解决的环境问题，和我国治理体系和治理能力的短缺有很大关系。十八届三中全会明确要求"纠正单纯以经济增长速度评定政绩的偏向"。2013年底中组部印发的《关于改进地方党政领导班子和领导干部政绩考核工作的通知》中特别强调，各类考核考察不能仅仅把地区生产总值及增长率作为政绩评价的主要指标。在政绩考核工作中要"加大资源消耗、环境保护、消化产能过剩、安全生产等指标的权重"，明确了环境治理的主体责任。2015年7月，中央全面深化改革领导小组第十四次会议审议通过《环境保护督察方案（试行）》《生态环境监测网络建设方案》《关于开展领导干部自然资源资产离任审计的试点方案》和《党政领导干部生态环境损害责任追究办法（试行）》，四份文件从不同的层面规定了生态建设的新动向，创造性地提出"党政同责"、领导干部自然资源资产离任审计、损害生态环境终身追责等思路，这对形成政府主导、部门协同、社会参与、公众监督的环境监测网络新格局，推动领导干部守法守纪、守规尽责，促进自然资源资产节约集约利用和生态环境安全具有重要意义。生态环境保护能否落到实处，关键在领导干部。要坚持依法依规、客观公正、科学认定、权责一致、终身追究的原则，围绕落实严守资源消耗上限、环境质量底线、生态保护红线的要求，针对决策、执行、监管中的责任，明确各级领导干部责任追究情形。各级政府要牢固树立尊重自然、顺应自然、保护自然的生态文明理念，把生态文明建设放在突出地位，融入经济建设、政治建设、文化建设、社会建设的各方面和全过程，努力在生态文明建设的重点领域和关键环节改革上动真碰硬、狠抓落实，力求早见成效。

面对既要"赶"又要"转"的双重任务、双重压力，我们比以往任何时候都更加需要运用法治思维和法治方式开展工作、解决问题。脱离生态保护搞经济发展是竭泽而渔，离开经济发展抓生态保护是缘木求鱼。党的十八届五中全会《建议》首次将生态文明建设在 5 年规划中单列一章，将"生态环境质量总体改善"列入全面建成小康社会新的目标要求，"绿色发展"部分所占篇幅也是历次规划建议中最长的。《建议》提出以提高环境质量为核心，实行最严格的环境保护制度，形成政府、企业、公众共治的环境质量体系。习近平总书记也在谈及新的发展理念时阐述："绿色发展就是要建设生态文明，推进绿色发展、循环发展、低碳发展，实现人与自然和谐发展。"2015 年 12 月中央经济工作会议上，习近平指出，保护生态环境，要更加注重促进形成绿色生产方式和消费方式，要推动绿色发展取得新突破。应对气候变化、节能减排、环境保护是我们国家发展的新机遇，更是传统制造业企业转型发展、调整结构的很好切入点。保护生态环境就是保护生产力、改善生态环境就是发展生产力。

所以，绿色发展既是遵循自然规律的可持续发展，也是遵循经济规律的科学发展、遵循社会规律的包容性发展。

我们必须坚定不移地协调推进"四个全面"战略布局，积极适应经济发展新常态，守住发展和生态两条底线。加快循环经济发展，坚持以生态保护优化经济发展，在发展中探索符合平凉实际和时代要求的经济增长路径。

三、环境问题是全面建成小康社会的最短板

生态文明建设，关系到社会公平与民心民生。环境保护，关涉国家发展大局和全面小康大计。生态兴则文明兴，生态衰则文明衰。绿色发展，事关中华文明存续和中华民族未来。走向生态新时代，建设美丽中国，是实现中华民族伟大复兴的中国梦的重要内容。

我国经过 30 多年经济快速持续增长，目前已经进入城镇化中期和工业化中后期，走完了发达国家一百多年走过的历程。压缩型的快速工业化进程，积累了不少经济发展阶段的环境问题，数量大且关系复杂：一方面新型环境问题不断出现，另一方面历史遗留环境欠账较多，环境风险不断累积，环境污染总体尚未遏制，成为全面建成小康社会的最短板。党中央提出到 2020 年实现全面建成小康社会的目标，标志之一就是要建成资源节约型、环境友好型社会。

环境质量低下的状况严重威胁着人民群众的健康。例如，城市空气质量普遍超标，区域型灰霾、重污染天气频发；水污染问题严重，十大流域劣 V 类水质断面仍有 63 个，地表水、地下水饮用水源地不达标率仍有 10.8% 和 13%，城市黑臭水体严重影响人民的生产生活。

环境问题也是影响经济持续发展的短板，成为新型工业化发展亟待解决的难题、制约城镇化健康发展的瓶颈和实现农业现代化的一大阻碍。由于环境质量改善速度跟不上公众的良好期待，突发环境事件和群体性事件在全国各地时有发生，成为危及社会和谐稳定的重要因素。生态文明建设既是发展问题，也是民生问题，归根到底要解决的是人自身的问题。只有提高人民生活水平和文化素质，实现以人为中心的全面发展，才能更好地保护生态环境。要把改善民生作为生态文明建设的出发点和落脚点，要通过制度保障来推进生态文明建设。绿水青山是自然性的形象表达，绿色发展在哲学的意义上就是回归自然性，生态文明建设应尊重、遵循自然规律。要树立尊重自然、顺应自然、保护自然的理念，发展和保护相统一的理念，绿水青山就是金山银山的理念，自然价值和自然资本的理念，空间均衡的理念，山水林田湖是一个生命共同体的理念。适应经济新常态，应对经济下行压力，需要各级政府把更多精力放在发展质量而非发展数量上。绿色经济是目前全世界公认的最先进的模型设计和生产方式，要积极转变生产方式，充分发挥创新驱动的原动力，调整优化产业结构，坚持绿色的、有效益的、可持续的发展，提高经济绿色化程度，从根本上缓解经济发展与资源环境之间的矛盾。

四、建设生态城市是新常态下城镇化发展的必然要求

保护生态环境、提高生态文明水平，是转方式、调结构、上台阶的重要内容。随着世界范围内城市化进程不断加快，自然环境被不断蔓延的人造城市所吞噬，从而导致了环境污染、生态失衡、资源耗竭等负效应。在这种背景下，1971 年

联合国教科文组织提出了"生态城市"（eco – city）的概念。生态城市理念迅速发展，成为世界各国城市发展的目标。我国在快速推进城镇化进程的同时，也出现了资源约束趋紧、环境污染严重、生态系统退化的严峻形势。党的十八大以来，党中央不断强调"大力推进生态文明建设"，建设现代生态城市势所必然。中共中央、国务院《关于加快推进生态文明建设的意见》要求把绿色化与新型工业化、信息化、城镇化、农业现代化协同推进。生态文明建设需要更加重视绿色城镇化的支撑，城市转型发展是生态文明建设的实践基础。

（一）推进现代生态城市建设是优化城市地域空间开发格局的需要

城市土地是现代生态城市的空间载体，制约着城市发展的规模与素质。随着农村人口转移到城市，土地需求持续增加，有限的城市土地空间承载着规模越来越庞大的经济社会活动。推进现代生态城市建设，可以统筹谋划人口分布、经济布局，构建科学合理的城市化格局、农业发展格局、生态安全格局。控制城市土地的开发强度，引导人口和经济向适宜开发的区域集聚。处理好有限的城市土地空间与日益扩大的城市发展需求之间的矛盾，可使有限的城市地域空间发挥更大的承载作用。

（二）推进现代生态城市建设是全面促进资源节约的需要

资源节约是环境保护的根本之策，也是实现可持续性发展的主要途径。城市是人口居住、工业生产最为集中的地方，其所耗资源最多，也是造成浪费的最大源头。因此，全面促进资源节约，实现可持续性发展，首先需要从城市做起。推进现代生态城市的建设，可以在根本上改变资源的利用方式，集约利用各种资源，控制各种资源的消费总量，大幅度降低能源、水、土地资源的消耗。推进现代生态城市建设，建立生态竞争机制，可以进一步强化再生和自生资源的开发和利用，从而推动资源和城市的可持续性发展。

（三）推进现代生态城市建设是保护自然生态系统和环境的需要

传统工业城市给大面积的生态系统和自然环境造成了无可修复的破坏。推进现代生态城市建设，运用生态学原理和系统工程方法，遵循生态规律和经济发展规律，在城市发展的同时保护自然生态系统和自然环境，可实现城市人工环境与自然环境的高度融合。美国中美后现代发展研究院常务副院长王治河认为，生态文明不是种种花草，治治污染。生态文明是人类文明的一种新形态，是对西方主导的工业文明的全方位超越。[1]

在生态城市建设中，政府要发挥积极的作用。美国著名建设性后现代主义哲学家、著名生态经济学家柯布认为，没有政府的支持和领导，就无法实现生态文明建设目标。生态文明建设能够而且必须从顶层激发和培养，换言之，政府需要扮演更加重要的角色。[2]

---

〔1〕　韩显阳："美国专家：看好中国生态文明建设"，载《光明日报》2015年2月8日。

〔2〕　韩显阳："美国专家：看好中国生态文明建设"，载《光明日报》2015年3月8日。

第二章 生态文明与环境法治建设的关系

一、生态文明与环境法治的含义

(一) 生态文明

文明是人类文化发展的成果，是人类改造世界的物质和精神成果的总和，是人类社会进步的标志。生态文明是指人类遵循人、自然、社会和谐发展这一客观规律而取得的物质与精神成果的总和，是指人与自然、人与人、人与社会和谐共生、良性循环、全面发展、持续繁荣为基本宗旨的文化伦理形态。

生态文明是农业文明、工业文明发展的一个更高阶段。从狭义的角度讲，生态文明与物质文明、精神文明和政治文明是并列的文明形式，是协调人与自然关系的文明。生态文明下的物质文明，将致力于消除经济活动对大自然自身稳定与和谐构成的威胁，逐步形成与生态相协调的生产生活与消费方式；生态文明下的精神文明，更提倡尊重自然、认知自然价值，建立人自身全面发展的文化与氛围，从而转移人们对物欲的过分强调与关注；生态文明下的政治文明，尊重利益和需求多元化，注重平衡各种关系，避免由于资源分配不公、人或人群的斗争以及权力的滥用而造成对生态的破坏。生态文明是对现有文明的超越，它将引领人类放弃工业文明时期形成的重功利、重物欲的享乐主义，摆脱生态与人类两败俱伤的悲剧。

（二）环境

1. 环境的含义。环境是指围绕着某一事物（通常称其为主体）并对该事物会产生某些影响的所有外界事物（通常称其为客体），即环境是指相对并相关于某项中心事物的周围事物。

环境因中心事物的不同而不同，随中心事物的变化而变化。通常按环境的属性，将环境分为自然环境和人文环境。

2. 自然环境的含义。自然环境是指未经过人的加工改造而天然存在的环境，是客观存在的各种自然因素的总和。人类生活的自然环境，按环境要素又可分为大气环境、水环境、土壤环境、地质环境和生物环境等，主要就是指地球的五大圈——大气圈、水圈、土圈、岩石圈和生物圈。

和人类生活关系最密切的是生物圈，自有人类以来，原始人类依靠生物圈获取食物来源，在狩猎和采集食物阶段，人类和其他动物基本一样，在整个生态系统中占有一席位置。但人类会使用工具，会节约食物，因此人类占有优越的地位，会用有限的食物维持日益壮大的种群。

在人类发展到畜牧业和农业阶段，人类已经改造了生物圈，创造围绕人类自己的人工生态系统，从而破坏了自然生态系统。人类不断发展，不断地扩大人工生态系统的范围，而地球的范围是固定的，因此自然生态系统不断地缩小，许多野生生物不断地灭绝。

从人类开始开采矿石，使用化石燃料以来，人类的活动范围开始侵入岩石圈。人类开垦荒地，平整梯田，尤其是自工业革命以来，大规模地开采矿石，破坏了自然界的元素平衡。

自20世纪后半叶，由于人类工农业蓬勃发展，大量开采水资源，过量使用化石燃料，向水体和大气中排放大量的废水废气，造成大气圈和水圈的质量恶化，从而引起全世界的关注，环境保护事业开始出现。

如今随着科技能力的发展，人类活动已经延伸到地球之外的外层空间，甚至私人都有能力发射火箭。造成目前有几千件垃圾废物在外层空间围绕地球的轨道上运转，大至火箭残骸，小至空间站宇航员的排泄物，严重影响对外空的观察和卫星的发射。人类的环境已经超出了地球的范围。

3. 人文环境的含义。人文环境是人类创造的物质的、非物质的成果的总和。物质的成果指文物古迹、绿地园林、建筑部落、器具设施等；非物质的成果指社会风俗、语言文字、文化艺术、教育法律以及各种制度等。这些成果都是人类的创造，具有文化烙印，渗透人文精神。人文环境反映了一个民族的历史积淀，也反映了社会的历史与文化，对人的素质提高起着培育熏陶的作用。

自然环境和人文环境是人类生存、繁衍和发展的摇篮。根据科学发展的要求，保护和改善环境，建设环境友好型社会，是人类维护自身生存与发展的需要。

4. 生态环境的含义。生态环境是指以整个生物界为中心，可以直接或间接影响人类生存和发展的自然因素和人文因素的环境系统。它由包括各种自然物质、能量和外部空间等生物生存条件组合成的自然环境和经过人类活动改造过的人文环境共同构成。生态环境对于人类的生存和发展起着非常重要的作用，生态环境是人类赖以生存和发展的基础和基本条件。没有生态环境，就不会有人类。

生态环境的重要性是不可估量的，一旦生态环境受到污染，将会对与它赖以生存的事物造成影响，如水、大气、光污染等以及"土地沙漠化"。一旦污染超标，将会导致生态平衡失调等严重问题。周边的环境已经向人们敲响警钟，因此我们呼吁人们保护和善待我们周边的环境。而保护环境更需要人们遵守道德和法律的规范。

（三）环境法治

1. 法治的含义。法治是一个带有价值追求的概念，也是人类追求的一种理想的社会秩序和状态。《牛津法律大辞典》认为，"法治"是一个无比重要的，但未被定义，也不是随便就能定义的概念，它意指所有的权威机构、立法、行政、司法及其他机构都要服从于某些原则。这些原则一般被看作是表达了法律的各种特性，如：正义的基本原则、道德原则、公平和合理的诉讼程序的观念，它含有对个人的至高无上的价值观念和尊严的尊重。在任何法律制度中，法治的内容是：对立法权的限制；反对滥用行政权力的措施；获得法律的忠告、帮助和保护的平等的机会；对个人和团体各种权利和自由的正当保护；以及在法律面前人人平等。

2. 环境法治的含义。环境法治，是一国环境法律制度及其运行的有机统一，即将环境保护活动纳入法治轨道，是法治理念在环境保护领域中的具体体现和贯彻实施。它既包括一国静态的环境法律制度，也包括环境法律制度在社会生活中的动态的运行和实现状态，其内容包括环境法治理念、环境立法、环境司法、环境执法、环境守法和环境法律监督等方面。在我国，明确环境法治的现状及其存在的问题，并在此基础上不断提高环境法治水平,对于保护和改善环境、建设循环型社会、进一步实现可持续战略,均具有重要的意义。

　　3. 我国环境法治建设的成就。新中国成立以来,特别是党的十一届三中全会以来,我国环境法治取得了相当大的成就:在环境法治理念方面,我国确立了可持续发展的指导思想。根据1992年联合国环境与发展大会通过的《21世纪议程》,我国于1994年制定了《中国21世纪议程》,并在其后修订相关环境立法,将可持续发展思想贯彻其中,通过初步确立协调发展原则、预防原则、全程管理、清洁生产等原则和制度,在战略和制度层面推动可持续发展战略的实施。特别是党的十八大以来,我国对生态文明建设作出了顶层设计和总体部署,确立了绿色发展的理念。

　　在环境立法方面,从1983年国务院颁布第一部行政法规——《关于结合技术改造防治工业污染的决定》到1989年我国颁布并实施了环境保护的基本法——《中华人民共和国环境保护法》,我国已经制定了较为完善的生态文明法制体系,其中包括一系列的污染防治法,也包括不同环境领域的法律,还包括与时俱进的实践规范法。这些具体环境领域方面的法律规范、具体污染防治的法律规范、具体实践方式的法律规范构成了生态治理的综合性法律体系。

　　全国人民代表大会及其常务委员会相继制定了关于保护生态环境的法律30多部,主要有《中华人民共和国环境保护法》《中华人民共和国大气污染防治法》《中华人民共和国水污染防治法》《中华人民共和国噪声污染防治法》《中华人民共和国固体废物污染环境防治法》《中华人民共和国防沙治沙法》《中华人民共和国环境影响评价法》《中华人民共和国清洁生产促进法》《中华人民共和国森林法》《中华人民共和国城乡规划法》《中华人民共和国农业法》《中华人民共和国土地管理法》《中华人民共和国草原法》《中华人民共和国水法》《中华人民共和国野生动物保护法》《中华人民共和国水土保持法》《中华人民共和国煤炭法》《节约能源法》《中华人民共和国循环经济促进法》和《中华人民共和国可再生能源法》等法律，我国已经初步建立了环境保护法体系。同时，1997 年在修改后的《刑法》中加入了破坏环境资源的相关罪名，2011 年 2 月《刑法修正案（八）》又修改完善了环境资源犯罪。这说明我国已从纯环境立法走向与刑法等部门法融合的新阶段，对于保护环境资源起到了威慑作用。

国务院制定了 90 多部生态环境保护的行政法规，如《排污费征收使用管理条例》《建设项目环境保护管理条例》《自然保护区条例》《野生动物保护条例》等。制定了数量繁多的关于生态环境保护的部门规章和政策，如《关于加强农村环境保护工作的意见》《国家农村小康环保行动计划》《国务院办公厅关于限制生产销售塑料购物袋的通知》《秸秆能源化利用补助资金管理暂行办法》《全国土地利用总体规划纲要（2006～2020 年）》《中共中央关于推进农村改革发展若干重大问题的决策》《中共中央国务院关于推进社会主义新农村建设的若干意见》《中国城乡环境卫生体系建设》《国家突发环境事件应急预案》（2005 年公布，2015 年修订）《大气污染防治行动计划》等。此外还有国家环境标准 500多项。各地方人大和政府制定的地方性环境法规和地方政府规章共 1600 余件。如《甘肃省废旧农膜回收利用条例》《甘肃省水土保持条例》《甘肃省循环经济促进条例》《甘肃省草原条例》《甘肃省关于开展排污权有偿使用和交易前期工作及试点工作的指导意见》等。我国已经形成一个较为系统和全面的环境资源法律体系。从法律规范的内容上看，一些具有环境法特点的内容在我国逐渐得到采纳和重视，这其中包括环境技术手段、环境技术规范和环境经济手段等。国家制定了一系列的资源环境技术标准来规范社会生产与生活，这些生态控制的技术标准是国家职能部门开展环境监控、管理的依据，它们是以相关法律规范为准绳的。规范的技术标准不仅引导社会生产和人民生活，不断提高生产生活的生态控制水平，而且是法律部门考量生态控制的科学标准。同时，《水污染防治法》《环境保护法》《大气污染防治法》等一系列相关法律法规的修改修订，将生态文明建设纳入国家法治体系，为实现"绿色化"的美丽中国，提供坚实有力的法制保障。

在环境司法和执法方面，随着公众环境法律意识的不断提高，环境诉讼开始成为解决环境纠纷的重要途径之一。与此同时，自20世纪90年代以来，我国环境法治建设呈现出立法与执法并重的特色，环境执法机关的执法能力也不断加强，大部分环境纠纷通过行政机关解决，环境执法在环境法治建设中起到了不可忽视的作用。在环境守法方面，公民环境法律意识大大提高。这主要体现为近年来环境诉讼数量的增加和环境保护组织的涌现，人们开始通过法律武器维护自身的环境权益。同时，环境保护组织（尤其是环境法律援助组织）的不懈努力，对提高公民的环境法律意识也起到了相当大的推动作用。在环境法律监督方面，经过多年的发展，我国形成了包括立法监督、行政监督、司法监督、舆论监督、政党和社会团体监督、公众监督在内的较为完整的环境法律监督体系。近年来，各种形式的法律监督，尤其是以全国人大环境与资源保护委员会为代表的立法监督和以公众参与制度为代表的公众监督，均获得了一定程度的发展。

二、生态文明与环境法治的相互依存

在环境资源问题严峻的今天，建设资源节约型、环境友好型社会尤其要强调生态和谐，高度重视人与自然关系的协调。法律是社会关系的调节器，生态文明需要环境法治作保障，环境法治有利于实现经济、社会、环境的协调和可持续发展。

（一）生态文明是环境法治的思想指引

生态文明作为一种整体性文明形态，对法治建设具有全面的、长期的影响，主要表现在法治建设的生态化方面。我国环境法治建设要遵循自然生态规律和经济社会发展规律，坚持以科学发展观、可持续发展观、生态文明观和环境法治观，促进环境公平正义、人与自然和谐；完善综合生态系统管理与中国特色环境法律制度的体系。生态文明观对我国建设资源节约型社会和环境友好型社会具有重要的促进作用。只有通过生态文明体系的建设，才能形成良好的生态伦理和环境道德，并制定出先进的环保法律制度。生态文明作为在工业文明基础上发展起来的新的文明形态，对法治建设具有改革性、渐进性影响；它要求法治建设坚持"以人为本，以自然为根，以人与人和谐和人与自然和谐为魂"。生态文明作为以环境生态保护为主要内容的文明形态，对环境资源法治建设具有根本性影响；它要求生态文明法治建设以环境资源法治建设为重点，在环境资源法治建设中重视综合生态系统方法理论。积极推进和加快生态文明建设，日益增强对法治建设的紧迫性。

（二）环境法治是实现生态文明的有力保障

生态文明要靠环境法治保障，环境法治建设的成效直接影响到生态文明的实现。环境法治运行涵盖的环境立法、环境执法、环境司法、环境守法和环境法律监督各环节，都直接或间接地保障了生态和谐。

完善的法律体系是和谐社会的保证。环境污染和生态破坏等社会问题必然会导致社会的无序。社会一旦无序，就不会有和谐可言。生态和谐作为和谐社会的基石，要求减少人类活动对自然环境的不良影响，保持良好的自然环境，使自然提供的环境和资源能够支撑人类的可持续发展。要实现生态和谐，就需要一系列环境法律、法规来规范人们的行为方式，保障生态和谐。

（三）生态法治建设是推动生态文明建设的有力抓手

生态法治不仅是巩固当前生态文明建设成果的必要手段，也是生态文明长久、高效、可持续的前提条件。经验和教训均表明：以生态法治建设为抓手，推动生态文明建设，将事半功倍；忽视生态法治建设，生态环境保护必事倍功半。我国生态压力大，建设资金不足，因此更应采取积极主动的生态法治建设战略。纵观世界范围，成功的生态环境保护工作，无不盛于社会动员，成于法治建设。只有将生态融入法治，通过法治红利实现生态红利，生态保护才能高效可持续。

欧美发达国家的生态法治具有"全、深、公、严、众"五个特点，对可能危及生态环境的行为几乎全覆盖。例如，生态法治深入生产生活的各个层面，深刻影响着公众的观念和行为；生态执法公正严格，有法必依，违法必究，惩罚力度大，生态违法成本远超违法所得；公众参与立法、守法的意识强，力度大，渠道多，效率高；健全的社会组织体系不仅为生态环境保护募集了大量资金和资源，更实现了生态环境的全民共建。

三、实现环境法治是环境保护领域一项长期而艰巨的任务

由于我国的历史条件和国情，要实现环境法治还需要走一段相当长的路程。

（一）充分认识环境法治的重要性和必要性

实行环境法治是由环境保护的性质和特点决定的，是有效保护环境的根本大计，是发展环境保护事业的根本保证。环境保护的根本特征之一是其持久性，人与自然的矛盾是社会存在的基本矛盾，人与自然的关系是社会存在的永恒主题，保护环境是永世长存的持久事业。环境保护活动如果主要靠领导重视、行政命令、行政手段来组织，当领导人更换或领导人的思想发生变化时，往往发生"人存政举，人亡政息""领导人重视轰轰烈烈，领导人不重视冷冷清清""规划赶不上变化，变化赶不上电话，电话赶不上领导一句话"等现象。如果不搞法治搞人治，领导人可以根据自己的意志和想法随意更改环境保护法律制度，那就谈不上什么环境保护。要想使环境保护固定下来、永续下去，最基本的方法是使其法定化、制度化，使环境保护不因领导人的改变而改变，不因领导人看法和注意力的改变而改变。环境保护只能以有组织、有秩序的方式进行，而法治秩序则是最公平、最强调程序的社会秩序，只有通过科学的环境法律，才能规定、调整好与环境资源有关的各种利害关系。实行环境法治，就是依照法律的规定，依法管理环境保护事务，保证与环境保护有关的各项工作都依法进行，实现环境保护领域的工作的制度

化和法律化。

（二）充分认识思想领域对实行环境法治的阻力

要形成环境法治意识，首先应在思想理论观念上进行更新，克服不利于实现环境法治的法律虚无主义、人治观念。

重人治轻法治，重领导个人的权威轻法律的权威，是不利于环境保护的一种颇有市场的错误思维。与传统的不可持续的发展方式相适应，在现实生活中存在着颠倒人与法、权与法关系的倾向。有些人认为法律法规不如领导人的讲话，过去一度流行"最高指示，绝对权威"就是明证。还有的人颠倒法律制度与领导个人作用的关系，过分强调领导人的点子；有的领导将千百万人智慧凝结的法律法规置之不顾，却喜欢拍脑袋想主意，一天一个新点子，就是忘记了法律已经明确规定的制度、办法和措施。为此必须树立"法律具有至上权威"的观念，法律当然不是万能的，但与个人意志相比，却是至上的，因为法律体现人民意志、国家意志。要树立"法大于权"的观念，权力应该有法律的规定、由法律所赋予、受法律的制约，决不能以权代法、以权乱法。要树立"在法律面前人人平等"的思想，任何人在法律面前都是平等的。要树立"权力制约"的思想，任何权力都要受到制约，没有制约的权力会像脱缰的野马一样必然产生腐败和罪恶。要树立"权利观念"，要想发挥人民保护环境和合理利用自然资源的积极性，必须明确规定公民的环境权，完善自然资源权或物权制度。只有环境权完善了，物权关系稳定了，财产权明确了，才能调动亿万人民创造财富、爱护环境、节约资源的积极性。

（三）实现环境法治要领导带头

我们说实现环境法治是一个相当长的过程，绝不是意味着放弃法治的努力或坐等法治国家的到来，而应该强调实现法治从我做起、从现在开始。只有从我做起、从现在开始、从各个方面努力，立法机关、行政机关、司法机关、党政领导、各社会组织、企业事业单位和全体公民都结合自己的职责和能力，坚持环境法治、环境民主、环境法律权威高于个人的权威、在环境法律面前人人平等的观念，按照环境法治的要求搞好环境立法、行政执法、司法、守法和法律监督，才能将环境保护全面纳入法治的轨道，加快实现环境法治的步伐。

第一，领导干部要培养环境法治意识，同时要注意形成全民族的、全民的环境法治意识。环境法治观念的淡薄首先表现在领导干部上。要实现法治，领导干部要带头尊法、学法和守法。

第二，要严格执法。有的行政官员和司法干部习惯于看领导的脸色和注意力办事，重视行政干预，不重视正常执法。有些地方和部门的负责人员对一些环境违法行为熟视无睹，权大于法、利重于法、情高于法的现象比较严重。面对严重的环境污染和眼皮子下面的环境违法行为，他们不去坚决地执行法律，却非要等到上级领导采取"紧急通知""零点行动"和执法大检查。要实现法治，司法和执法部门必须依法办事，实行严格、公正的司法和行政执法，切实发挥环境保护法的法律调整作用和保障作用。实现环境法治的一个重要标志是环境法律的全面、严格、公正、有效的实施。如果环境法律得不到贯彻执行，必然削弱人们的环境法治意识。根据目前我国的国情，行政执法应该从如下几个方面努力：建立健全环境行政执法机构、体制，加强环境行政执法队伍，提高环境行政执法人员的素质；建立健全环境行政执法通知制度、公开制度、听证制度、审核制度、复议制度、责任制度和其他执法制度，促进执法程序化、规范化，提高执法效益和效率；加大行政执法力度，提高行政执法的权威。另外，必须健全司法机关处理环境案件的机构、体制，健全有关环境行政、民事和刑事诉讼制度，加强司法机关对环境资源的保护，提高环境司法的权威、效益和效率。

四、生态文明建设的认识误区

除对环境法治建设存在一些错误和模糊认识外，人们还对生态文明建设存在以下一些错误认识。

（一）"生态环境"的含义究竟是什么

现在人们把"生态"当作一个时髦的褒义词到处用，如生态食品、生态旅游、生态农业等，就有点"泛生态化"。"生态"是什么？生态是生物（包括人）在一定的自然环境下生存和发展的状态。因此，生态并不是褒义词，而是中性词，它包括良好、恶劣等多种情况。不仅如此，生态甚至不是一种实体，只是反映生物与环境之间关系的状态。

关于"生态环境"的提法一直存在争议。如果把"生态环境"理解成"与"的关系，则有两种解释：其一，表示"生态与环境"。但两者性质不同，一为状态，一为实体，放在一起并不对等。其二，表示"生态系统与环境"。虽然两者皆为实体，但前者包含了后者，也不合适。如果把"生态环境"理解成修饰关系，则通常表示"与生态相关的环境"，强调那些与生物的生存状态密切相关且有较大影响的环境，如水资源、生物资源、气候资源等自然环境，以区别于政治、经济、文化等社会环境。自然环境和社会环境是以人类为主体来看待环境，而生态环境则是以包括人在内的生物为主体的环境概念，而且是站在"泛生物"的角度看待环境。每一种生物都有可能成为生态的主体，也有可能是环境的组成部分。[1]

（二）生态文明建设不仅仅是环境保护和生态建设

从哲学上看，生态文明是人类文明发展史上的一个新的文明形态，它与原始文明、农业文明、工业文明等并列；而在任何一个文明形态或阶段中，都包含着与那个时代相适应的物质文明、精神文明和政治文明等内涵。因此，生态文明建设的内涵不单单是环境保护和生态建设这么简单，而应当涵盖生态物质文明、生态精神文明和生态社会文明等各个方面。其中，生态物质文明包含生态经济文明、生态环境文明和生态科技文明等方面，生态社会文明包含生态政治文明和生态行为文明等——它们都是生态文明的表层内容，受到深层的生态精神文明的支配，如生态文明意识、生态伦理、生态文化和生态哲学（更深层的文明内涵）等。可见，生态文明建设是一项复杂的系统工程，需要各方面相互协调和整体推进。

（三）生态建设与经济发展之间能互利共生

芬兰林业的发展历程堪称这方面的典范。由于战争及其他人为或自然的因素，芬兰的森林遭受过严重破坏，但二战后，芬兰通过科学的管理、严格的法律和先进的技术，让森林资源和森林生态得以有效恢复和发展。目前，芬兰的森林覆盖率高达76%，生态效益良好。究其原因，大力发展木材造纸业功不可没。相比草类而言，木材是高质量、低污染的

---

[1] 张智光："也谈生态文明建设的认识误区"，载《光明日报》2015年8月28日。

良好造纸原料。芬兰通过大力发展木材造纸促进营林业的发展，而营林业的发展又反过来进一步推动了木材造纸业的发展——如此良性循环，实现了生态建设与经济发展的互利共生。

在生态文明建设中，要让各级领导干部和公众懂得生态文明的本质属性，懂得生态建设与经济发展互利共生的必要性、可行性和运行模式。要转变"唯 GDP 论"的传统政绩观，找到符合各地实际情况的生态文明建设之路，走出一条崭新的生态与经济互利共生发展之路。

第三章　平凉市建设国家级生态市的原则、目标和标准

　　2013 年 4 月 16 日平凉市委、市政府制定下发了《平凉市国家级生态市建设工作方案》（平办发〔2013〕21 号），该方案根据省委、省政府着力打造陇东"黄土高原水土保持综合治理区"的战略部署，紧密结合平凉实际，提出了国家级生态市建设的原则、目标和具体标准。

一、基本原则

　　原则是指说话、行事、看待问题、处理问题的所依据的准则。建设生态文明示范市必须以基本原则为统领，贯穿生态文明示范市建设的始终。平凉市结合本市实际，在建设生态文明市的过程中确立了以下原则：

　　（一）科学发展原则

　　坚持统筹推进经济、政治、文化、社会与生态文明建设，逐步建立起结构完整、功能健全、系统和谐的发展模式，坚持在发展中保护、在保护中发展，转变发展方式，调整经济结构，优化增长方式，实现经济又好又快发展。

　　（二）以人为本原则

　　顺应人民群众对生态环境的新期待、新要求，集中更多

精力和财力，有效解决影响生态建设和群众身体健康的突出问题，确保让广大群众喝上干净水，呼吸上新鲜空气，吃上放心食品，在优美宜居的环境中生产生活，共享生态文明建设成果。

（三）因地制宜原则

紧紧围绕国家级生态市建设的奋斗目标、重点任务，把顺应自然规律与乡风民俗、传统文化、群众生产生活习惯有机结合起来，把遵循自然规律、经济规律与尊重群众首创精神有机结合起来，因地制宜，分类推进，条件相对优越的县（区）和乡镇先行一步，率先突破，争取提前被命名为国家级生态县、环境优美乡（镇）。通过典型引路、抓点示范，确保全市按期建成国家级生态市。

（四）政府主导原则

充分发挥各级政府在组织领导、政策扶持、宣传教育等方面的主体作用，积极引导各级各部门和社会各界牢固树立"生态立市"的理念，分工负责，通力协作，各司其职，举全市之力、集全民之智，扎实推进国家级"生态市"建设工作。

二、建设目标

按照国家级生态市建设提出的"全市80%的县（区）必须达到国家级生态县建设指标并获得命名"的这一基本条件，结合全市实际，2016年底前泾川、灵台、崇信、华亭四县全面完成国家级生态县建设各项任务，并通过验收命名；2018年底前静宁、庄浪、崆峒三县（区）、中心城市全面完成国家级生态县（区）和国家环保模范城市建设任务，并通过验收命名；2020 年底前全市全面完成国家级生态市建设各项任务，建成蓝天碧水、宜居宜游宜创业的生态中心城市，并通过验收命名。

为保证创建目标的实现，将创建工作共分四个阶段，分步骤完成。

（一）组织准备阶段（2012 年 6 月～2013 年 6 月）

成立"平凉市国家级生态市建设工作领导小组"和"领导小组办公室"，制订《工作方案》。委托有资质的科研机构充分调研论证，编制《平凉市国家级生态市建设规划》，通过专家评审和人大审议。签订目标责任书，广泛宣传动员，形成创建生态市的舆论环境。在一些条件较好的乡（镇）村先行试点，树立典型，抓点带面，为全面建设起到示范作用。

2012 年 6 月，平凉市委托兰州大学国土与区域规划研究院编制了《甘肃省平凉市国家级生态市建设规划（2012～2020年)》，2014 年 3 月 31 日组织由中国环境科学研究院、省环保厅、甘肃省农业大学等单位专家组成专家组，召开论证会议，论证通过了《甘肃省平凉市国家级生态市（县、区）建设规划（2012～2020 年)》。2014 年 8 月 28 日，平凉市第三届人大常委会第十九次会议批准了市人民政府提请审议的《平凉市国家级生态市建设规划》，决定由市人民政府精心组织实施。2013 年 4 月 3 日，平凉市委常委会审定通过了《平凉市国家级生态市建设工作方案》，2013 年 4 月 16 日平凉市委、市政府下发了《平凉市国家级生态市建设工作方案》（平办发〔2013〕21 号)。

（二）全面创建阶段（2013 年 7 月～2018 年 12 月）

在生态市建设工作领导小组的统一领导下，全面深入开展建设工作。按照《平凉市国家级生态市建设规划》，对照目标任务，各县（区）、市直各部门制定具体实施方案和任务进度计划，靠实责任，狠抓落实。市建设工作领导小组每半年督促检查一次，确保各项建设任务的落实。

（三）自查提高阶段（2019年1月~2019年12月）

各县（区）、各单位在坚持做好各项建设任务的同时，对照各自的目标任务，查漏补缺，完善提高。2019年1月份由市建设工作领导小组组织验收，6月份邀请省环保厅组织的省级验收，为申请国家级验收做好准备。

（四）验收总结阶段（2020年1月~2020年12月）

在市建设工作领导小组检查和省级验收完成后，进行全面总结，提交国家级生态市验收申请，积极做好各项准备，迎接国家级验收命名。

三、具体创建指标

联合国可持续发展委员会（CSD）对生态城市的指标体系，从社会、经济、环境和制度四个方面，以"驱动力—状态—反应"模式构建了134项指标（后精简为58项）。2003年，原国家环保总局制定《生态县、生态市、生态省建设指标（试行）》，从经济发展、生态环境和社会进步三个大项，对生态市建设设置了28项指标。2007年12月，原国家环保总局印发了修订的《生态县、生态市、生态省建设指标（修订稿）》（环发〔2007〕195号），将生态市建设指标调整为19项。2005年，原建设部颁布《国家生态园林城市标准（暂行）》，按城市生态环境、城市生活环境和城市基础设施三大项，设计了19项指标。平凉市生态城市的创建标准主要从经济生态、自然生态和社会生态三个方面确定了19项指标。

（一）经济发展（5 项指标）

1. 农民年人均纯收入达到 6000 元以上；

2. 第三产业占 GDP 比例达到 40%；

3. 单位 GDP 能耗低于 0.9 吨标煤/万元；

4. 单位工业增加值新鲜水耗低于 20m^3/万元，农业灌溉水有效利用系数大于 0.55；

5. 应当实施强制性清洁生产企业通过验收的比例达到 100%。

（二）生态环境保护（11 项指标）

6. 森林覆盖率大于 40%；

7. 受保护地区占平凉市面积比例大于 17%；

8. 空气环境质量达到功能区标准；

9. 水环境质量达到功能区标准，且城市无劣 V 类水体；

10. 主要污染物排放强度：化学需氧量（COD）低于 4.0 千克/万元（GDP）、二氧化硫（SO$_2$）低于 5.0 千克/万元（GDP）；

11. 集中式饮用水源水质达标率达到 100%；

12. 城市污水集中处理率大于 85%、工业用水重复率大于 80%；

13. 噪声环境质量达到功能区标准；

14. 城镇生活垃圾无害化处理率达到 90% 以上，工业固体废物处置利用率达到 90% 以上且无危险废物排放；

15. 城镇人均公共绿地面积大于 11m^2/人；

16. 环境保护投资占 GDP 的比重大于 3.5%。

（三）社会进步（3 项指标）

17. 城市化水平达到 55% 以上；

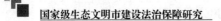

18. 采暖地区集中供热普及率达到65%以上；

19. 公众对环境的满意率达到90%以上。

平凉市生态城市建设具体指标是根据本市生态城市建设现状和区域特点制定的，坚持了人与自然和谐这条主线；突出了环境和资源的保护；平衡了经济发展、社会进步和环境保护三大要素；体现了先简后繁，先易后难，分类指导，分步实施的科学理念和着力打造以生态为特色、产业为支撑、文化为灵魂、旅游为带动、宜居为品质的"生态平凉"的富有特色的绿色发展、循环发展、低碳发展之路。

第四章　平凉市建设国家级生态市的现状和问题

一、建设国家级生态市的有利条件

（一）自然条件优越，生态环境良好

平凉地处东经108°30′~107°45′，北纬34°54′~35°43′，接近神奇纬度37°。冬无严寒，-10℃以下气温每年不超过半月；夏无酷暑，30℃以上气温不超过半月；年均气温7.4~10.1℃，年降水量420~600毫米，平均日照总时数2144~2380小时，无霜期156~188天。光照充足，四季分明，气候宜人，生物资源丰富，现有国家级自然保护区1处（甘肃太统—崆峒山国家级自然保护区）、国家级森林公园1处（云崖寺国家森林公园）、省级森林公园4处。2013年底，全市森林面积508.8万亩，森林覆盖率达到27.3%，高于全省森林覆盖率16.02个百分点（全省2013年森林覆盖率11.28%）。2014年新增生态林23.6万亩，干部群众义务植树640万株，森林覆盖率达到28.29%，[1]高于全国森林覆盖率6.66个百分点（2014年全国

---

〔1〕惠程华："平凉林业生态建设惠民生"，载《甘肃日报》2014年10月22日。

森林覆盖率 21.63%）。2015 年森林覆盖率达到 30.9%。平凉大部分地域处在海拔 1500 米左右，研究显示，居住在海拔 1500 米的高度是最适宜人生活、工作的地方，最有利于人体的健康，因为这里密集着"空中维生素"——负氧离子，平凉景区负氧离子含量均在 2700 个/立方厘米以上，它能促进新陈代谢、强健神经系统、提高免疫力，所以久居此处有利于大脑的健康和机体的长寿。平凉人均寿命达 75.6 岁，高于全国人均 2 岁，百岁老人近百人。

水质优良，饮水水源中微量元素含量丰富，能促进细胞代谢、增强免疫功能、预防心血管疾病、延缓衰老，对人体十分有益。实地检验结果表明，甘甜清凉的崆峒山生水 pH 值为 7.82，稍偏碱性，适合饮用。剧毒元素镉、汞、铅、砷和剧毒物质总氰化物，以及氨氮、硫化物、溶解铁、硒、六价铬等其他成分和元素的含量均远远低于国家一类水的标准值，有毒物质亚硝酸盐 0.010 毫克/升，比国家一类水的标准值低 6 倍。重铬酸盐指数 0.80 毫克/升，低于国家一类水的标准值 18.75 倍。溶解氧 7.30 毫克/升，接近国家一类水的标准值 7.50 毫克/升，总磷 0.014 毫克/升，比国家一类水的标准值 0.01 毫克/升稍高一些。总氮 1.16 毫克/升，高于国家一类水的标准值 7.7 倍。国家五 A 级旅游景点崆峒山生物的多样性高，还有许多植物对污染物质都具有富集作用，它们把环境中的污染物质富集在自身体内，有效减少了水中污染物，所以水质更好。

土壤和水中丰富的微量元素，为平凉养生食物提供了良好的生长条件。土壤是生物赖以生存的最重要、最基本的要素，土壤与水中的微量、宏量元素是生物体内某些酶、激素、核酸的组成部分，参与生命的代谢过程，对生物的生长、发育、健康、衰老产生着重要的影响。近年来，我国对长寿地区或长寿老人聚居地区的微量元素进行了调查研究，发现长寿老人头发与长寿地区土壤中的微量元素具有相似的特点，即百岁老人头发及其居住的自然环境中通常存在着一个与一般地区不同的"优越的微量元素谱"。研究发现，在平凉的土壤中富含锰、锌、铜、镍、铬、镉等 10 种微量元素，锰、锌含量比一般地区稍高。而高锰锌、低铜镉的土壤分布，与心血管发病率成负相关，与长寿老人密度成正相关。土壤中的微量元素是通过食物和饮水进入人体的。锰是生命之源，锌是生命之花，在高锰锌、低铜镉的土壤中生长的食物和涌出的山泉河水，能使人健康长寿，聪明敏捷，还有硒、镍等人体需要的微量元素，有较高的抗衰老功能。

（二）历届平凉市委、政府重视建设生态城市

2003 年 7 月平凉市委、市政府就做出创建国家级生态示范区的决策部署，前后几任领导班子始终坚持经济建设与环境保护并重，做了大量工作。2011 年平凉市被环境保护部命名为国家级生态示范区；灵台、泾川县被命名为全国绿色名县；全市 7 个乡（镇）获得了国家级生态乡（镇），4 个乡（镇）获得省级生态乡（镇），145 个行政村获得省级生态村，89 个单位获得"四绿"创建单位称号。2014 年泾川县被列为全国第二批生态文明示范工程试点县和省级循环经济示范区。2013 年市委提出，确保实现 3 个 80% 的目标，即 80% 的县（区）建成国家级生态县（区）、80% 的乡镇建成全国环境优美乡镇、80% 的村建成生态村。2016 年底前泾川、灵台、崇信、华亭 4 县全面完成并通过验收命名；2018 年底前静宁、庄浪、崆峒 3 县（区）、中心城市全面完成国家级生态县（区）和国家环保模范城市建设任务，并通过验

4. 增强区域竞争力的迫切要求，决定了平凉市应大力建设生态城市。近年来，全省各地及平凉市周边地区都把城市建设作为拉动经济增长、促进社会和谐、打造发展优势的战略举措，高起点规划，大手笔建设，高效能管理，一座座现代新兴城市迅速崛起，给平凉形成了很大的压力。如与平凉市山水相连的宝鸡市，建成区面积已接近 100 平方公里，城市人口接近 100 万，形成了在西部乃至全国有影响力的五大产业集群，综合实力已跻身全国百强城市。相邻的庆阳、天水两市，无论是中心城市的规模扩张，还是产业的聚集发展、综合实力的提升，都势头强劲。目前，最现实的竞争就是招商引资的竞争，大企业、大集团在一个城市投资开发，不仅要看资源，而且要看环境、活力和承载力。面对越来越激烈的竞争形势，平凉市只有奋起直追，加快生态城市建设步伐，才能在新一轮区域竞争中赢得主动。

（四）生态城市建设初具规模

2013 年平凉城市建成区扩大到 36 平方公里，中心城市总人口达 54.34 万人，城镇人口 28.2 万人，城镇化率达 33.15%。[1]中等城市框架初步形成。2015 年底建成区面积达到 42 平方公里，城镇化率达到 36.5%。平凉中心城区绿化覆盖率达 32%，[2]人均公共绿地 8.71 平方米，形成了以环城防护林为屏障，以行道树、绿化带为骨架，以庭院、小区绿化为基础，以公园、广场为中心的各种绿地交融渗透的城市绿化系统，被誉为陕甘宁旅游区的"后花园"。

---

〔1〕 臧秋华："2014 年平凉市政府工作报告"，载《平凉日报》2015 年 2 月 8 日。

〔2〕 臧秋华："2015 年平凉市政府工作报告"，载《平凉日报》2016 年 2 月 5 日。

二、建设生态市的目标和工作任务

国家级生态市建设工作，在市生态市建设工作领导小组的统一组织领导下，按照国家级生态市建设工作考核指标和《平凉市国家级生态市建设规划》，细化了工作任务和责任主体。

（一）经济社会发展

按照全市经济社会发展"十二五"规划总体要求，紧紧围绕建设小康和谐文明生态平凉的奋斗目标，进一步加强基础设施建设，强化生态环境保护，促进结构优化升级，全力推进新型工业化、农业现代化、城镇化等"八个转型跨越"，全力实施能源综合开发、现代农业"五个百万"增收、工业园区基础设施配套等"十大工程"，全力抓好城区热电联产集中供热、70万吨烯烃、180万吨煤制甲醇等"十个投资过10亿元项目"，加快构建"一中心两园区"的城市布局，努力把平凉建设成为甘肃东翼腾飞的重要组成部分和西部具有重要影响力的区域性中心城市。到2020年，主要经济指标继续保持两位数增长，确保地区生产总值接近1000亿元（"十三五"调整为年均增长8%左右，2020年全市地区生产总值跃上500亿元台阶[1]）；城镇居民人均可支配收入年均增长14%以上，达到45 800元；农民人均纯收入年均增长16%以上，达到1 4540元；第三产业占GDP的比重达到40%以上；环境保护投资占GDP的比重达到3.5%以上；单位工业增加值新鲜水耗控制在20m³/万元，农业灌溉水有效利用系数达

---

〔1〕 臧秋华："2015年平凉市政府工作报告"，载《平凉日报》2016年2月5日。

到 0.55 以上；应当实施强制性清洁生产企业通过验收的比例达到 100%。

（二）林业水利建设

抢抓建设国家生态安全屏障综合试验区的重大机遇，着力打造黄土高原水土保持综合治理区，积极构建"三屏三区"生态功能区，努力形成以泾河、汭河、黑河、葫芦河生态屏障为主体，以重点生态功能区为主要支撑的生态战略格局，全面建成梯田化市、沼气化市、自来水化市和全国园林城市。力争 2020 年全市林草覆盖率达到 40% 以上，水土流失治理率达到 80% 以上，受保护地区占平凉市面积比例达到 17% 以上。

1. 实施林业生态工程。抓好退耕还林、天然林保护、三北五期防护林建设、中幼林抚育、低效林改造、百万亩优质苹果基地、国家公益林森林生态效益补偿、湿地资源保护、森林火险区综合治理、太统—崆峒山国家级自然保护区建设等林业生态建设项目，完成造林 140 万亩，管护重点公益林 436.26 万亩。保护自然生态用地和野生动物栖息环境，努力实现生物物种多样性。

2. 实施水利水保工程。严格落实《国务院关于实行最严格水资源管理制度考核办法》规定的用水总量控制、用水效率控制、水功能区限制纳污、水资源管理责任与考察"四项制度"和水资源开发利用控制、用水效率控制、水功能区限制纳污"三条红线"；在市域和县（区）域重点流域实施河、沟道生态恢复治理工程，选择适宜地区进行湿地建设试点，全面种植芦苇等水生植物，净化水质，美化环境，有效解决"有河皆污"的问题；全面实施河道清污清淤工程，严查在河道私设排污口、向河道堆弃和倾倒垃圾和河道非法采砂等行为。大力实施黄土高原丘陵沟壑区水土流失综合治理工程，推进小流域综合治理、坡改梯和淤地坝建设，加快水土流失区治理步伐；高度重视生态修复工作，坚持"谁污染、谁治理""谁破坏、谁恢复"的原则，推进矿区、矿山自然生态保护与修复治理，加快形成保护修复生态的良性循环机制。到 2020 年，全市治理泾河、葫芦河等干流 17 条 100 公里，新增供水量 1.2 亿立方米，新修梯田 96 万亩，建设淤地坝 16 座，新增水土流失治理面积 1760 平方公里。

3. 实施草地建设工程。采取围栏封育、补播改良、有害生物防控等措施，落实基本草地保护和禁牧制度，加强"三荒"草地治理和鼠虫害防治。采取人工种草、饲草料基地建设、秸秆转化利用等措施，加强草地生态保护和建设，实现林地、草地生态系统健康持续发展。到 2020 年，完成"三荒"林地、草地面积 246.1 万亩，人工种草面积达到 156.3 万亩。

（三）生态农业建设

1. 加快特色产业开发。坚持扩量提质、创牌增效并重，大力推进牛、果、菜产业适宜区"全覆盖"。围绕建设全国农区绿色畜牧基地，加大标准化养牛小区、规模化养牛场（户）建设，促进肉牛饲养向规模化、集约化、标准化发展，通过持续努力，确保全市肉牛饲养量达到 150 万头、出栏 60 万头，力争畜牧产业增加值达到 50 亿元。围绕建设全国优质果品生产基地，推进果品产业扩量提质增效，力争全市优质苹果面积达到 250 万亩，果产业综合收入达到 50 亿元。围绕建设陇东绿色蔬菜生产基地，坚持日光温室抓提质、塑料拱棚抓增效、露地栽培抓扩量和设施生产保供给、高原夏菜促外销，大力发展绿色蔬菜生产示范区和专业乡、专业村，到

"十二五"末,确保全市种植蔬菜 90 万亩,产量达到 120 万吨以上。

2. 大力发展循环农业。加快"一池三改"沼气生态农业户、养殖小区沼气工程、村级沼气服务网点建设,推广秸秆青贮等秸秆饲料化生产技术,加大废旧农膜的回收和再利用,提高废弃物处理率,全面推进规模化畜禽污染治理工作,年处理利用秸秆 120 万吨以上,农膜回收利用率达到 80% 以上,力争全市养殖场粪便处理率达到 50%。严格控制农业和农村面源污染,推广畜禽粪便集中堆肥熟化技术,有机肥使用比重达到 30% 以上。推行"畜—沼—果(菜)"生态能源循环农业模式,以东部山塬区和西北部干旱丘陵区为重点区域,每年示范推广 2 万亩以上,循环农业发展迈出新步伐。

3. 积极推进标准化生产。以"高产、优质、高效、生态、安全"为目标,健全农业质量标准体系,引导龙头企业、农民专业合作组织、科技示范户和种养大户率先实行标准化生产,建立标准化基地。加大绿色有机食品生产基地和产品认证,建立农产品质量安全检验检测体系,健全农产品标识和可追溯制度、市场准入制,落实质量安全监管责任,实施农产品全程监控,稳步提升农产品质量安全水平。

4. 建设现代农业示范园区。加快构建以葫芦河、水洛河、达溪河流域为主的西部旱作农业发展区和以泾河川、汭河川为主的高效设施农业发展区。通过持续努力,全市创建 1 个国家级、2 个省级示范园区,各县(区)要建成 1~2 个产业特色鲜明、科技含量较高、物质装备先进、运行机制灵活、综合效益显著的现代农业示范园区,认定 1 个市级示范园区。

(四)生态工业建设

围绕建设国家级陇东能源化工基地、农副产品加工基地、新型环保建材基地，加快高新技术产业发展，大力发展循环经济，走出一条科技含量高、经济效益好、资源消耗低、环境污染少、人力资源优势得到充分发挥的新型工业化路子。

1. 着眼打造千亿元循环经济产业园，以崆峒、华亭、崇信、泾川、灵台项目区为载体，招大引强，多元发展，培育产业集群，延伸产业链条，做大做强煤炭、火力发电、煤化工、石油化工四大产业，促进煤电冶、煤电化、煤电材一体化发展，形成以煤电化为主导，以新能源和有色金属采冶为补充的生态能源体系。到2020年，全市煤炭年产能达到1亿吨，火电装机容量达到1200万千瓦，煤化工产品产能达到1100万吨，煤炭就地转化率达到80%以上。

2. 立足现代农业发展，扶持建办一批能够带动当地产业发展的龙头企业，建立农民专业合作经济组织，有效引导基地与企业结成利益共同体，建立双方共赢的利益机制和运行模式。培育建设一批市场前景好、科技含量高、经营规模大、示范带动作用强的国家、省、市级龙头企业，形成与农户联系紧密的利益共同体，辐射带动区域经济发展，力争全市农产品加工业产值突破30亿元大关。

3. 依托煤炭、石灰石、陶土等资源规模优势，充分利用煤炭、发电企业产生的煤矸石、粉煤灰和锅炉废渣，采用先进适用技术，开发新型建筑材料、墙体材料、装饰装潢材料和耐火材料，大力发展新型建材工业。

4. 加快传统产业提升改造步伐，积极开发矿用机械、石油机械配件、新型电子元器件及新能源装备制造等产品，努力提升装备制造业水平，培育形成合理分工、相互促进、协调发展的装备制造业格局。

5. 加快开发推广高效节能、环境保护、循环经济等技术装备及产品，着力推动新能源、新材料等产业集聚发展，在重点领域率先实现突破，形成全市工业跨越发展新的增长极。

6. 加快工业污水处理与再生利用设施及电厂脱硫脱硝设施建设，培育一批污染物低浓度和"零排放企业"。加大对工业"三废"治理力度，提高"三废"转化率，坚决取缔"十五小""新五小"等重污染企业。大力推行节能减排、节电节水等节约型生产，使全市单位 GDP 能耗控制在 0.9 吨标煤/万元内。

（五）生态城市建设

以加快城镇化进程和促进城乡一体化发展为目标，实施中心城市带动、重大项目支撑、城镇近郊区优先推进城镇化发展、区域交通和城镇基础设施先行、组团集群发展五项战略，完善规划体系，强化承载支撑，有序推进建设，力争全市城镇化率达到55%以上，中心城市城镇化率达到60%。

1. 依据资源和环境承载能力，加快建立以国民经济和社会发展规划为指导，与土地利用等各项规划相协调，要素齐全、全面覆盖的城乡规划编制体系，推动产业优化升级、要素优化配置、空间优化布局、资源集约利用，从源头上提升城市生态环境。

2. 以创建国家级园林城市、园林县城和生态宜居小城镇、园林化小区、单位为载体，加快城市面山绿化、路网水系绿化、公园街头绿地绿化、住宅小区和单位庭院绿化等绿化工程实施步伐，构筑生态区、生态轴和生态网有机结合的城乡绿化体系，推进城乡绿化一体化。

3. 按照"一中心两园区"的战略布局，加快推进平凉中心城市提质扩容步伐，建设城市中轴，打造城市景观带，贯通环形路网，完善城市功能，提升城市品位，建成甘肃东部门户城市。以道路、市场建设、污水处理和垃圾无害化处理等为重点，统筹抓好六县县城、重点小城镇和中心村建设，改善基础条件，提升公共服务水平。"十二五"期间，华亭、泾川、静宁三县要向县级市的目标迈进。

（六）生态文化建设

采取多项措施，加强生态文化建设的宣传教育。教育部门要按照《中小学环境教育实施指南（试行）》要求，将生态环境教育纳入中小学综合实践活动课程，在各相关学科教学中渗透生态环境教育，增强中小学生生态环境意识。市、县党校要定期举办生态环境建设轮训班、培训班，着力培训业务骨干和技术人才。广播、电视、报纸等新闻媒体要开设专栏、讲座，文广部门要开展生态文明建设体裁的文学、文艺作品创作，各机关、单位、社区都要积极开展生态市建设系列活动，深化环境教育，增强环境建设和保护意识，牢固树立绿色消费观、资源观、绩效观，使生态文化建设深入人心，蔚然成风。

（七）生态旅游建设

牢牢抓住国家重点支持精品旅游景区建设和积极推进红色旅游基地建设的机遇，按照"神奇秀美崆峒山、天下养生第一地"的目标定位，加快推进崆峒山生态文化旅游示范区建设，推动文化与旅游、生态与旅游深度融合，全力打造集文化产业、观光旅游、休闲养生、商务会展为一体的全国知名生态文化旅游综合示范区，全面提升旅游产业核心竞争力，把旅游业培育成为现代服务业的龙头产业和国民经济的战略性支柱产业。到 2015 年，旅游接待人数达到 1300 万人次，旅游综合收入达到 60 亿元以上。到 2020 年，旅游产业体系更加健全，功能更加完善，产业素质和市场竞争力明显提高，市场秩序和发展环境进一步优化，产业规模、质量、效益大幅提升，可持续发展能力明显增强。崆峒区要挖掘道源文化和崆峒武术文化内涵，加大景区开发、品牌打造、设施配套力度，加快香山景区、隍城景区、五台景区、胭脂河景区、望驾山景区、弹筝峡景区、十万大峡谷景区、大阴山景区、龙隐寺景区、太统山景区等十大景区建设，集中力量把崆峒山旅游区打造成集游览观光、休闲度假、道家养生、商务会展、武术交流等于一体的休闲旅游度假中心，进一步打响崆峒旅游品牌。泾川县要立足西王母文化、佛教文化、石窟艺术等历史文化资源，做大做强王母宫·大云寺景区和田家沟生态风景区，加快南石窟景区、完颜民俗村等景区的保护开发，建成集佛教朝觐、温泉度假、民俗体验为一体的人文养生旅游胜地。华亭县、庄浪县、崇信县要依托关山生态资源和独特气候优势，分阶段实施景区开发和设施建设，挖掘始祖文化、先秦文化、道教文化、丝路文化、养生文化、森林生态文化、农耕和民俗文化内涵，实施丝绸古道旅游区、生态避暑旅游区、石窟旅游区和休闲度假区建设，建成集生态旅游、休闲避暑、野外探险、森林科普、商务物流于一体的综合旅游胜地。灵台县要以中医药养生、民俗及休闲农业旅游为特色，挖掘商周历史文化和皇甫谧针灸医学文化内涵，实施古灵台·荆山森林公园、皇甫谧文化园、百里古密须遗产保护开发区、邵寨文王画卦山景区、民俗休闲农业观光旅游区建设，把旅游产业培育成为县域经济发展的新型产业。静宁县、庄浪县要围绕打响"庄浪梯田、平凉金果、红色胜地"品牌，加快实施界石铺红军长征纪念园景区及静宁大地滩生态农业观光园、庄浪梯田·赵墩沟生态观光园等现代农业观光景区的基础设施和服务设施建设，形成葫芦河流域现代农业生态观光旅游综合开发模式。

（八）生态乡村建设

立足不同区域的基础条件和经济发展水平，分类指导，合理选择建设重点和推进措施，加强生态乡（镇）村建设。继续抓好"三清五改"村庄综合整治，带动旧村改造，实施绿化、美化、亮化、净化工程，改善村容村貌。坚持政府引导和农民自主建设相结合，不断扩大新农村建设成果，加快发展农村第二、三产业，完善配套设施，健全管理机制，不断提高公共服务水平。通过持续努力，全市新建新农村省列示范县2个、市列示范乡镇20个、示范村350个、"三清五改"示范村800个。开展农村环境综合整治，以"一线（312国道沿线）、四片（泾河、汭河、葫芦河、达溪河四个流域片区）、十四个点（全市14个环保所所在乡镇）"为布局，全面完成以农村面源污染、畜禽养殖污染、生活垃圾、生活污水治理为重点的农村环境连片整治项目，有效治理村镇环境突出问题。

（九）环境质量建设

认真落实环境保护目标管理和责任追究、污染物总量控制、环境影响评价和"三同时"等制度，以大气污染防治、水污染治理、垃圾污染治理为重点，加大整治力度，切实改善区域环境质量，确保公众对环境的满意率达到90%以上。

1.抓好水环境整治。坚持治河与治污相结合，切实抓好饮用水源地建设、城市污水管网全覆盖、污水处理厂建设、中水回用等重点工程，全面清理饮用水源地保护区范围内与供水无关的设施、项目和活动，设立警示牌、分界牌，落实隔离措施；加大污水管网和污水处理厂建设力度，真正实现中心城市和县城区污水管网全覆盖、污水全收集和全处理。

确保集中式饮用水源水质达标率达到100%，市域内主要河流全河段地表水达到国家规定的Ⅲ类功能水质标准，城市污水集中处理率达到85%以上，工业用水重复率达到80%以上。

2. 抓好大气环境整治。重点控燃煤、抑扬尘、治废气，推进电厂和水泥厂脱硫脱硝工程，确保平凉电厂、崇信电厂、海螺水泥等重点燃煤企业脱硫脱硝率分别达到92%以上、70%以上；推进市、县（区）城市集中供热工程，全部关停平凉城区集中供热区分散燃煤锅炉，采暖地区集中供热普及率达到65%以上；推进区域废气扬尘治理工程，城市和中心镇要强行推行建设工地湿法作业，强化道路保洁；推进机动车尾气治理工程，全面实施国Ⅳ机动车污染物排放标准，继续抓好机动车尾气监测治理，积极开展机动车油改气工作，加速淘汰2005年以前注册营运的黄标车辆；适时启动石化、喷漆、印刷、电子等重点行业有机废气治理工作，落实餐饮行业环评审批制度，加强油烟污染治理。确保全市空气环境质量达到功能区标准，化学需氧量（COD）控制在4.0千克/万元（GDP）以内、二氧化硫（SO_2）控制在5.0千克/万元（GDP）以内；平凉城区及六县城大气环境质量保持在二级以上标准，PM2.5达到功能区规划标准；工业固体废物处置利用率达到90%以上且无危险废物排放。

3. 抓好噪声环境整治。严格执行市政府《关于加强城区噪声监督管理的通知》（平政发〔2008〕139号）、《平凉城区环境噪声功能区划分方案》（平政办发〔2012〕273号）规定，市县（区）环保、公安、规划、工商、文广、城市执法等部门要各司其职，切实抓好各自职责范围内的噪声污染治理工作，确保噪声环境质量达到功能区标准，区域环境噪声控制在 55 分贝以内，交通干线噪声控制在 70 分贝以内。

4. 抓好垃圾污染整治。加快城区垃圾处理项目建设步伐，建成 8 个中心乡镇生活垃圾集中处理工程，确保实现城区垃圾全收集、全处理，重点小城镇全部实行垃圾集中收集处理，城镇生活垃圾无害化处理率达到 90% 以上。

三、生态文明市建设的主要成效

（一）"十二五"的成就

"十二五"五年共实施 500 万元以上项目 4663 项，完成固定资产投资 2289.9 亿元，年均增长 17.7%，是"十一五"时期的 3 倍。工业转型升级迈出坚实步伐，新增探明煤炭储量 23 亿吨，《陇东能源基地开发规划》《灵台矿区总体规划》获批，五举、赤城、邵寨煤矿等矿井项目和红河油田百万吨产能建设稳步推进，崇信电厂一期并网发电，全省首个煤制甲醇项目建成投产，国家级科技示范项目 20 万吨聚丙烯生产线启动实施，煤电化一体化开发取得重大进展，煤炭就地转化率提高 14.5 个百分点；天纤棉业、兴旺管材、宝马木浆纸、欣叶纸箱精包装、华星专用车改装、庆华陶瓷等非煤产业项目相继建设，光伏发电、碳纤维复合材料、生物胶原蛋白肽等新兴产业项目建成投产，非煤工业占规上工业增加值比重提高 10.7 个百分点。持续实施现代农业"五个百万"增收工程，大力推广全膜双垄沟播等旱作农业技术，肉牛饲养量居全省农区之首，苹果产业成为全市覆盖面最广、产业链价值链带动力最强、带农增收效果最为显著的支柱产业。平凉现已成为黄土高原苹果优势种植区的核心区域，"平凉金果"打入欧盟高端市场，设施蔬菜规模不断扩大，粮食总产连续 5 年保持在百万吨以上，引进建办了秦宝牧业、海升果业、正大饲料、方盛蔬菜等一批农业产业化龙头企业，农民专业合作社、家庭农场等新型农业经营主体进一步壮大，特色产业在农村居民可支配收入中的比重达到51%，全市农业增加值预计比"十一五"末增长36%以上。着力打造"一中心两园区"城市布局，相继实施了东大门改造、西大门畅通、绿地公园、八沟一河治理、棚户区改造、地下管网等一批节点改造、功能配套、景观提升工程，构建了"六横十二纵"路网框架。建成了中心城区热电联产集中供热工程和西北首个水泥窑协同处理城市生活垃圾示范项目，实现了主城区建成道路雨污管网全覆盖、垃圾无害化全处理，集中供热面积达到1100万平方米。建成区面积达到42平方公里，绿地率提高到31.8%，城市功能和品位显著提升。六县县城和小城镇建设取得明显成效，抓建城乡一体化试点乡镇24个，建成美丽乡村、"三清五改"和新农村建设示范村1318个，撤乡改镇15个。崆峒山生态文化旅游示范区开发加快推进，工业园区（集中区）、农业示范园、文化产业园区的承载能力明显增强。2014年4月，泾川县被确定为全省首批循环经济示范县。加强生态建设和环境保护，治理水土流失1176平方公里，新修梯田118.7万亩，完成人工造林115万亩，森林覆盖率达到30.9%。积极实施污染减排工程，努力削减排放总量。共争取各类污染减排资金7727亿元。投资4.4亿元实施了泾川、灵台、崇信、华亭、庄浪、静宁等六县城区污水处理厂建设工程，全市污水处理能力达到10万立方米/日。

根据国家环保部核算，截至2014年，平凉市化学需氧量排放量4.19万吨，比2010年消减了4564吨，氨氮排放量2558.39吨，比2010年消减了190吨，二氧化硫排放量3.85万吨，比2010年增加6969吨（甘肃省下达平凉市"十二五"期间二氧化硫比2010年基数增加7893吨），氮氧化物排放量5.46万吨，比2010年消减了1.81万吨，化学需氧量、二氧化硫排放量已达到了"十二五"总量控制要求，氨氮完成"十二五"总量消减任务的81.2%，氮氧化物完成"十二五"总量削减任务的90.1%。2014年，全市地区生产总值完成350.53亿元，同比增长8%，单位生产总值能耗1.27吨标准煤，同比下降3.33%，超额完成省上下达的责任目标。工业节能方面，到2014年底，全市规模以上工业增加值完成83.46亿元，同比增长5%，规模以上工业能源消耗品量511.18万吨标准煤，同比下降5.5%；万元工业增加值能耗4.72吨标准煤，比2013年下降10.06%，超额完成省工信委下达我市万元工业增加值能耗降低3.43%的责任目标。[1]主要污染物排放和节能降耗指标全面完成，环境质量明显改善。

节能节水取得明显成效。"十二五"以来，共计淘汰水泥、铁合金、淀粉等落后产能90万吨，羊皮100万标张，粘土实心砖3.57亿块标砖，累计争取中央、省级财政奖励资金5386万元。按照清洁生产要求，相关企业累计投入资金1.03亿元，进行了一系列技术改造，每年可削减化学需氧量265吨，二氧化硫480吨，固体废物2612吨，节约标准煤65万吨，节水308万吨，节电2480万度，每年为企业带来经济效益1.48亿元。至2015年，全市万元工业增加值能耗下降到4.57吨标煤，万元工业增加值用水量下降到75立方米。

（二）"十三五"的奋斗目标

"十三五"提出的生态环境文明建设的主要目标是到2020年，泾河平凉段、汭河、葫芦河地表水达到水质功能划

---

[1] 刘亮、王继平："我市污染物排放量达到'十二五'控制要求"，载《平凉日报》2015年10月22日。

分要求，大气环境质量控制在二类区标准，城市区域环境噪声和交通干线噪声达标，城市环境基础设施进一步完善。农村环境整治工作初见成效，生态环境恶化趋势得到有效遏制，主要生态功能保护区生态功能逐渐恢复。环境监管能力进一步加强，环境监察、监测和应急体系不断健全，突出问题得到有效解决。生态示范创建工作扎实推进，国家级环保模范城市、国家级生态市得到环保部命名。把平凉建成生态文明繁荣、经济发达高效、生态良性循环、环境洁净优美、人与自然和谐、宜居宜游宜业的国家级生态市。

城乡面貌持续改善，承载功能大幅提升，城镇布局更加优化，新型城镇化加快推进，城乡一体化水平显著提高，具备条件的村庄基本建成美丽乡村，常住人口城镇化率达到50%以上。

生态环境质量得到新改善。生产方式和生活方式绿色、低碳水平明显上升，污染治理和生态修复实现突破，单位生产总值能耗、主要污染物排放总量和单位生产总值二氧化碳排放量控制在省上下达目标之内，空气和水环境质量保持良好，能源资源开发利用效率大幅提高，政府、企业、公众共治环境治理体系基本形成，生态文明制度体系基本建立。

大力实施生态文明战略，着力增加人民群众绿色福利。严格落实生态功能区保护规划，深入实施天然林保护、退耕还林等重点生态工程，推进城乡绿化、通道绿化、水系绿化和四旁绿化，加大封山禁牧力度，加强水源涵养和水源地保护，推进重点流域综合治理，构筑生态安全屏障。加快低碳循环发展，推动煤炭等化石能源清洁高效利用，鼓励绿色出行，扩大新能源汽车、电动车应用，推广绿色建筑和建材，加强重点领域节能减排，加快火电企业超低排放改造，建设

国家级生态文明市建设法治保障研究

一批循环经济示范基地,打造全省循环经济示范区。实行水资源消耗、建设用地总量和强度双控行动,加强雨洪资源利用、城镇低效用地再开发和工矿废弃地复垦,促进资源集约节约利用。完善污染排放许可制度,健全生态保护补偿机制,加大土壤污染治理,实施化肥、农药零增长行动,推进现有污水处理厂提标改造,实现县城、重点小城镇污水、生活垃圾全收集全处理。

四、生态文明市建设存在的主要问题

(一)大气环境质量形势不容乐观

按照省政府要求,平凉城区全年空气环境质量二级和好于二级天数必须达到 330 天以上,但空气质量不稳定,且有下滑趋势。2011 年全市大气环境可吸入颗粒物平均值为 0.091 毫克/立方米,二氧化硫平均值为 0.028 毫克/立方米,二氧化氮平均值 0.024 毫克/立方米,二级和好于二级的天数 353 天,占实际监测天数 365 天的 96.71%;2012 年平凉城区大气环境可吸入颗粒物平均值为 0.072 毫克/立方米,二氧化硫平均值为 0.021 毫克/立方米,二氧化氮平均值为 0.017 毫克/立方米,二级和好于二级的天数 365 天,占实际监测天数 366 天的 99.7%;2013 年,平凉城区大气环境可吸入颗粒物平均值为 0.077 毫克/立方米,二氧化硫平均值为 0.019 毫克/立方米,二氧化氮平均值为 0.029 毫克/立方米,空气自动监测站每月联网率均达到 90% 以上,平凉城区空气质量达到二级和好于二级为 355 天,占监测天数的 97.3%。市环境监测站环境质量监测数据显示,2014 年一季度平凉城区环境空气质量监测共 90 天,未达到二级空气质量标准天数 21 天,超标率 23.2%,与去年同期相比上升了 20 个百分点,二季度崆峒区空气质量达标 83.52%。[1] 2014 年平凉城区可吸入颗粒物平均值 0.101 毫克/立方米，二氧化硫平均值 0.027 毫克/立方米，二氧化氮平均值 0.041 毫克/立方米，空气自动监测站月联网率达到 80% 以上，平凉城区空气质量二级和好于二级的天数 324 天，占监测天数的 88.8%。[2] 2015 年平凉城区可吸入颗粒物（PM10）平均值为 0.095 毫克/立方米，细颗粒物（PM2.5）年平均浓度 0.049 毫克/立方米，SO_2 均值为 22 毫克/立方米，NO_2 均值为 0.045 毫克/立方米，空气质量达到二级以上的天数为 290 天，达标率为 79.5%；未达到二级空气质量标准天数为 75 天，超标率为 20.5%，主要污染物分别是细颗粒物（PM2.5）和可吸入颗粒物（PM10）。[3] 距平凉市二级环境空气功能区规定的 PM10、PM2.5 分别为 70 微克/立方米、35 微克/立方米要求相比还有很大差距，大气污染治理任务艰巨。

（二）水环境质量改善压力大

按照国家级生态县、生态市、生态省建设指标（2008 修订稿），国家级生态市建设指标要达到以下要求：水环境质量达到功能区标准；且城市无劣 V 类水体；主要污染物排放强度：化学需氧量（COD）< 4.0 千克/万元（GDP）、二氧化硫（SO_2）< 5.0 千克/万元（GDP）；集中式饮用水源水质达标率达到 100%；城市污水集中处理率≥85%、工业用水重复率≥80%。

但静宁的葫芦河水质一直是 V 类，高锰酸盐指数、化学需氧量、生化需氧量、氨氮均超标。泾河水质是Ⅳ类，氨氮

---

〔1〕 李积福："我市全力治污找回蓝天"，载《平凉日报》2014 年 4 月 24 日。

〔2〕 平凉市 2014 年环境质量公报。

〔3〕 "2015 年第四季度平凉城区环境空气质量监测情况"，载平凉市环境保护局网 2016 年 1 月 6 日。

超标。[1]泾河平凉段污染综合指数为 0.65，属轻污染。其中泾河平镇桥断面为 0.71，拦洪坝断面为 0.80，长庆桥断面为 0.74，属中度污染。从泾河各污染指数排列情况看：挥发酚、化学需氧量、五日生化需氧量、高锰酸盐指数分指数高于其他污染分指数。从各监测断面情况分析，拦洪坝断面综合指数最大，综合指数依河流向下游递减。平镇桥、拦洪坝断面氨氮污染分指数在 1.00～1.28 之间，属于重度污染。葫芦河水质随淀粉行业季节性生产期间污染加重。[2]虽然常规污染因子恶化势头有所遏制，但持久性有机物污染日益凸显。特别是泾河径流量逐年减少，纳污降解能力下降，虽然达标率达到 75%，但水质仍为劣Ⅴ类。一些地表水水质为劣Ⅴ类或Ⅴ类，一些重点污染源企业监测结果超标，企业达标率不高。

（三）工业固体废物处置利用率较低

2010 年全市工业固体废物产生量为 491.32 万吨，其中综合利用量为 265.09 万吨、综合利用率为 53.95%，处置量为 168.82 万吨，贮存量为 50.23 万吨，排放量 3.71 万吨。[3]

2013 年全市工业固体废物产生量为 456 万吨，其中综合利用量为 257 万吨，综合利用率为 56.36%。处置量为 182 万吨，贮存量为 17 万吨。排放量为零。[4]

2014 年全市工业固体废物产生量 445.33 万吨，综合利用量 247.39 万吨，工业固体废物综合利用率为 55.55%。贮

---

〔1〕 "2014 年第二季度全市空气、饮用水、地表水和重点企业污染源监测结果公告"载《平凉日报》，2014 年 7 月 3 日。
〔2〕 平凉市 2014 年环境质量公报。
〔3〕 "平凉市 2010 年固体废物污染环境防治情况公告"，载平凉市环保局网 2011 年 6 月 10 日。
〔4〕 2013 年平凉市环境状况公报。

存量 16.93 万吨，处置量 181.74 万吨，排放量为 0。[1]距离工业固体废物综合利用率达到 75% 的目标还有较大差距。

（四）工业危险废物处置利用贮存有待加强

全市产生的危险废物种类分别是废矿物油（HW08）、有机溶剂废物（HW06）、废有机溶剂（HW42）、电镀污泥（HW17）、含铬废物（HW21）。产生量第一的危险废物是废矿物油（HW08），产生量为 1136.3 吨；产生量第二的危险废物是有机溶剂废物（HW06），产生量为 1049 吨；产生量第三的危险废物是废有机溶剂（HW42），产生量为 12.11 吨；产生量第四的危险废物是金属表面处理及热加工产生的电镀污泥（HW17），产生量为 2 吨；产生量第五的是危险废物是毛皮鞣制及制品加工产生的含铬污泥（HW21），产生量为 0.22 吨。[2]2013 年全市工业危险废物产生量为 2200.02 吨，处置量为 28.94 吨，贮存量 2171.08 吨。

（五）污染减排工作任务重

随着全市工业化、城镇化快速发展，能源资源消耗持续增加，污染物排放总量在增加，减排潜力在减小，而环境容量有限，在消化增量的同时，持续削减存量任务艰巨。

---

〔1〕　平凉市 2014 年环境状况公报。
〔2〕　"平凉市 2010 年固体废物污染环境防治情况公告"，载平凉市环境保护局网，2011 年 6 月 10 日。

第五章　平凉市水环境防治法治保障问题研究

水是生命之源、生产之要、生态之基。随着经济社会发展，我国水资源短缺、水环境污染严重、水安全问题日益显现，水资源已经成为我国发展中的短板和软肋，成为全面建成小康社会、实现中华民族伟大复兴的硬约束。

一、平凉市水资源概况

（一）水资源状况及特点

全市共有流域面积 50 平方公里，全市主要河流均属黄河流域渭河水系的一级支流泾河和葫芦河。东部四县一区属泾河水系，有泾河、颉河、大路河、汭河、黑河、达溪河、南河、暖水河、洪河、蒲河等支流；西部两县属葫芦水系，有水洛河、庄浪河、清水河、渝河、小南河、牛头河、高界河、甘沟河、李店河、甘渭河等流。全市径流源头较多，总量相对较少，共有河流 74 条，全市多年径流量为 13.4921 亿立方米。其中：自产水 6.7581 亿立方米，入境水 6.734 亿立方米。全市多年平均浅层地下水天然补给总量 2.3473 亿立方米。[1]根据 1956～2014 年径流系列评价，全市多年平均水资源总量为 7.04 亿立方米，其中地表水资源量为 6.47 亿立方米，地下水资源量为 3.57 亿立方米，地表水与地下水不重复计算量为 0.57 亿立方米。人均占有水资源量约 596 立方米，是全国、全省平均水平的 28.3% 和 36.9%，远低于国际公认的人均水资源量 1000 立方米的缺水警戒线。我国人均水资源占有量不足 2100 立方米，仅为世界平均水平的 28%，平凉更属于水资源短缺地区。全市亩均水资源量 275 立方米，是全国、全省亩均占有量的 15.6% 和 48.8%。

平凉市径流补给主要以降水为主，径流过程与降水过程基本一致，但受下垫面和降雨时空分布的影响，径流量的年内分配极不均匀，呈现出以下特点：

1. 径流空间分布不均匀。全市最大径流分布在泾河，泾河上游崆峒峡以上平均径流深达 190 毫米以上，关山附近华亭平均径流深达 160 毫米左右，汭河平均径流深为 100 毫米左右，洪河平均径流深为 39.6 毫米左右，黑河平均径流深为 40 毫米左右，蒲河平均径流深为 29.5 毫米左右，达溪河平均径流深为 60 毫米左右。而葫芦河流域由于自然植被条件差，平均径流深在 20～30 毫米之间。

2. 径流时间分布不均匀，非汛期径流小。6～9 月份水量除达溪河、黑河占全年的径流在 50% 以下外，泾河和其他流域都在 60% 以上。

3. 过境水量所占比例大。地表径流总量中，过境水量占水资源总量的 49%，这部分水资源随着上游地区用水量的增大而减少，水资源量递减幅度大。

---

[1] "平凉市'十二五'水利与节水型社会发展规划"，载平凉市档案信息网 2013 年 4 月 23 日。

（二）水资源利用状况

2010 年总用水量为 2.42 亿立方米，其中：农田灌溉用水量 1.28 亿立方米，占 52.9%；林牧渔业用水量 0.12 亿立方米，占 4.9%；工业生产用水量 0.52 亿立方米，占 21.5%；城镇生活用水量 0.07 亿立方米，占 2.9%；农村生活用水量 0.21 亿立方米，占 8.7%；建筑业和第三产业用水量 0.14 亿立方米，占 5.8%，其他用水量 0.08 亿立方米，占 3.3%。用水量占全市水资源总量的 17.63%。[1] 2012 年全市共有农村供水工程 40 476 处，其中：集中式供水工程 322 处，分散式供水工程 40 154 处。全市农村供水工程总受益人口 184.95 万人，其中：集中式供水工程受益人口 138.74 万人，分散式供水工程受益人口 46.21 万人。全市共有地下水取水井 47 708 眼，地下水取水量共 7823.93 万立方米。2012 全市经济社会年度用水量为 3.1618 亿立方米，其中：居民生活用水 0.3553 亿立方米，农业用水 1.9073 亿立方米，工业用水 0.6733 亿立方米，建筑业 0.038 亿立方米，第三产业 0.0957 亿立方米，生态环境用水 0.0922 亿立方米。[2] 从流域分布看，泾河流域用水量为 24 431 亿立方米，占总用水总量的 77.3%。其中泾河干流用水量最多，为 16 078 亿立方米，占总用水量的 50.9%，达溪河用水量最小，为 1136 万立方米，占 3.6%。葫芦河流域用水量为 7064 万立方米，占总用水总量的 22.3%。其中葫芦河干流用水量为 3786 万立方米，占总用水量的 12%，南河、庄浪河和水洛河用水量为 3277 万立方米，占 10.4%。

---

〔1〕"平凉市'十二五'水利与节水型社会发展规划"，载平凉市档案信息网 2013 年 4 月 23 日。

〔2〕"根据平凉市第一次水利普查公报"，载平凉水务网 2013 年 8 月 7 日。

截止到 2012 年底，平凉市累计建成各类水利工程 3753 项，其中中小型水库 35 座，总库容 1.87 亿 m³，建成万亩灌区 15 处，累计发展有效灌溉面积 67.8 万亩。2014 年全市治理河堤 120 公里，新建农村饮水安全工程 34 处，解决了 13.4 万人的饮水安全问题。[1]2015 年 11 月 12 日，省水利厅对平凉市崆峒区北杨涧水库工程进行批复，同意该工程初步设计报告，审定工程总投资为 9881 万元。目前，中央投资 5685 万元资金已全部拨付到位。工程建成后，将为草峰、索罗的农村居民生活用水和花所 7380 亩川台地灌溉提供正常供水，改善用水现状，并且在干旱期保障受水区基本用水，满足抗旱应急之需。[2]"十二五"期间，争取下达和落实各类投资 30 亿元，大力发展民生水利、资源水利和生态水利，泾川朱家涧水库在内的 4 座抗旱水库开建，引洮供水二期骨干工程已开工建设，白龙江引水工程总体规划正在修改完善。18 座中小型水库前期有序推进，崆峒水库改扩建项目建议书已批复开展可研，灵台新集水库可研已批复开展初设，泾川盘口水库项目建议书通过"黄委会"复核，华亭后河等 11 座小型水库开展可研上报待审查。"十二五"期间投资 8.19 亿元，建成泾川南部、庄浪水洛河川、静宁新店等 86 处农村饮水安全工程，解决了 56.6 万人农村人口和 19.12 万学校师生的饮水安全问题，初步实现了"自来水化市"目标。[3]至 2015 年全市供水普及率达到 99.5%。

---

〔1〕 臧秋华："2015 年平凉市政府工作报告"，载《平凉日报》2016 年 2 月 5 日。

〔2〕 刘姗："平凉崆峒区北杨涧水库工程获省级批复总投资 9881 万元"，载《平凉日报》2015 年 11 月 10 日。

〔3〕 臧秋华："2015 年平凉市政府工作报告"，载《平凉日报》2016 年 2 月 5 日。

国家级生态文明市建设法治保障研究

根据平凉经济社会发展预测，2015 年全市经济社会发展需水总量为 3.66 亿立方米，2020 年需水总量为 4.67 亿立方米，2030 年需水总量为 7.75 亿立方米。

2007~2014 年，全市多年平均地表水资源量 6.47 亿立方米，多年平均地表水供水量 2.13 亿立方米，地表水开发利用率为 31.6%；浅层地下水可开采量 1.05 亿立方米，多年平均地下水利用量 1.01 亿立方米，地下水开发利用率为 96.1%。地表水资源开发利用程度相对较低，低于国际公认的 40% 的利用开发警戒程度。地下水开发利用程度相对较高，已接近开采利用上限。

综合以上分析，平凉市现状用水以农业为主，用水量占总用水量的 58.8%，工业仅占 21.2%，能源化工产业仍处于起步阶段，用水量较少。

（三）水资源利用效率

平凉市"十二五"万元工业增加值用水量下降到 75 立方米，比 2009 年累计下降 30%，农田灌溉水有效利用系数为 0.45。低于全国和全省平均水平，远低于先进国家 0.7~0.8 的水平。2014 年全国万元工业增加值用水量为 64 立方米。2014 年，甘肃省万元工业增加值用水量为 53 立方米（2010 年不变价计），较 2010 年累计下降 64.4%；农田灌溉水有效利用系数为 0.537，达到 0.535 的年度目标。[1]我省白银市 2014 年万元工业增加值用水量下降到 45.48 立方米。目前全国农田灌溉水有效利用系数为 0.52，2015 年 4 月 10 日农业部《关于打好农业面源污染防治攻坚战的实施意见》提出，力争到 2020 年农田灌溉水有效利用系数达到 0.55。2015

---

〔1〕 宋振峰："加大节水力度遏制用水浪费—我省用水效率不断提高"，载《甘肃日报》2015 年 6 月 3 日。

· 58 ·

年 10 月中共平凉市委办公室、平凉市人民政府办公室印发的
《关于贯彻落实〈省委省政府关于进一步支持革命老区脱贫致
富奔小康的意见〉的实施意见》任务分解方案的通知提出，
2020 年全面建成覆盖水源水、出厂水、末梢水的水质检测体系
和信息化管理系统。积极推广高效节水灌溉技术，发展高效节
水灌溉面积 15 万亩，全市农业灌溉水利用系数达到 0.55。

　　平凉市工业用水以火电和煤炭开采为主，多数工业项目
工艺水平落后，工业用水重复率底，仅为 69%，略高于全国
工业重复用水率 60% 左右的水平，远低于国际水平，美、
德、日等国已达 90%。平凉市提出"十三五"工业用水重复
利用率达到 80%。2015 年 9 月 1 日《平凉市创建国家环境保
护模范城市工作方案》提出 2018 年全市中水回用率确保达到
20% 以上，力争达到 50%。

　　平凉市城镇供水管网老化较为严重，管网漏损率达 13.3%，
高于甘肃省 10% 的漏损率，低于全国水平，全国 600 多个城市供
水管网的平均漏损率超过 15%。同时，平凉市城镇居民生活节
水器具的普及率仅为 60% 左右，也影响用水的总体效率。

　　根据全市用水效率不高，地下水开采利用较高的现实，
要积极加强泾河、渭河、葫芦河、达溪河、汭河等重点流域
水源地保护，努力实现区域河流水功能区水质达标。建立用
水总量控制、用水效率控制和水功能限制纳污控制制度，实
施农业节水增效工程，全面加强工业企业节水管理，积极推
进工业用水循环利用。

二、水环境质量状况

（一）废水及污染物排放情况

2010 年全市废水排放总量为 2858.7 万吨，其中工业废

水排放量为 1410.7 万吨，达标排放量 1031.2 万吨，占废水排放量的 73%；生活污水排放量为 1448 万吨。废水中化学需氧量排放总量为 1.06 万吨；氨氮排放总量为 0.147 万吨。2013 年全市废水排放总量为 5012.07 万吨，化学需氧量排放量 42 120 吨；氨氮排放量 2614 吨；其中工业废水排放量为 1793.54 万吨，工业化学需氧量排放量 13 715 吨，氨氮 550 吨；农业源化学需氧量排放量 16 302 吨，氨氮 540 吨；生活污水排放量为 3218.42 万吨，生活化学需氧量排放量 11 974 吨，氨氮 1514 吨。2014 年全市废水排放总量为 4909.97 万吨，其中化学需氧量排放量 41 932.07 吨，比 2013 年的 42 120 吨下降 0.45%；氨氮排放量 2558.39 吨，比 2013 年的 2674 吨下降 4.35%；二氧化硫排放量 38 540 吨，比 2013 年的 38 636 吨下降 0.25%，详见下表 1。

据初步统计，全市工业和生活排污口有 86 个，由于一些工业废水和生活污水未经处理直接排入河流，全市泾河、汭河等主要河流 1086.5 公里中，六类、五类水质河长达 30.1%。泾河、葫芦河流域的主要河流中，干流及主要支流都存在不同程度的污染问题。日趋严重的水污染不仅破坏了生态环境，而且使水资源短缺问题更为突出。

表1 2010 年～2014 年废水及废水中化学需氧量、氨氮排放状况

废水排放量（万吨）			
年度	工业	生活	总量
2010	1410.7	1448.0	2858.7
2011	2486.39	2720.19	5206.5801
2012	2402.3567	2293.0580	4695.4614
2013	1793.54	3218.42	5011.96

续表

废水排放量（万吨）			
年度	工业	生活	总量
4909.97	2014	1499.67	3410.00
化学需氧量排放量（吨）					
年度	工业	农业	生活	集中式	总量
2010	4000		6600		10 600
2011	15 323	18 223	11 388	13	45 063
2012	14 324	17 402	12 082	128	43 936
2013	13 715	16 302	11 974	129	42 120
2014	13 259.27	15 262.91	13 281.19	128.70	42 120.41
氨氮（吨）					
年度	工业	农业	生活	集中式	总量
2010	700	700	1400		
2011	52	58	151	1	262
2012	536	563	1597	10	2706
2013	550	540	1574	10	2674
2014	339.93	520.03	1688.20	10.23	2558.39

（二）水质总体状况

1. 地表水（泾河、汭河、葫芦河）水质情况。2010 年，泾河水质达标率为 16.7%，汭河达到国家规定的三类标准。葫芦河水质明显改善，污染物排放浓度下降。

2011 年泾河地表水水质达标率为 62.5%，比 2010 年 16.7% 的达标率提高了 45.8 个百分点，基本达到国家规定的三类标准。葫芦河水质明显改善，污染物排放浓度下降。

2012 年，泾河水质部分指标有所改善，达标率为 66.7%，比 2011 年 62.5% 的达标率提高了 4.2 个百分点，基本达到国家规定的三类标准。葫芦河水质明显改善，污染物排放浓度下降。

2013 年泾河地表水水质达标率 83.3%，汭河、葫芦河水质明显改善。按照污染综合指数评价标准，泾河平凉段污染综合指数为 0.65，属轻污染。其中泾河八里桥断面为 0.35，属较清洁；平镇桥断面为 0.71，拦洪坝断面为 0.80，长庆桥断面为 0.74，属中度污染。从泾河各污染指数排列情况看：挥发酚、化学需氧量、五日生化需氧量、高锰酸盐指数分指数高于其他污染分指数。从各监测断面情况分析，拦洪坝断面综合指数最大，综合指数依河流向下游递减。平镇桥、拦洪坝断面氨氮污染分指数在 1.00 ~ 1.28 之间，属于重度污染。汭河流域水质明显改善，葫芦河水质随淀粉行业季节性生产期间污染加重。平凉城区和各县（区）城镇集中式饮用水源水质达标率 100%，农村垃圾、污水、畜禽污染有效治理，水源地保护持续加强。

2014 年，泾河平凉段地表水监测 11 次，达标 10 次，达标率 90.9%，汭河、葫芦河水质明显改善；平凉城区和各县（区）城镇集中式饮用水源地水质达标率 100%。按照污染综合指数评价标准，泾河平凉段污染综合指数为 0.65，属轻污染。[1]2015 年泾河平凉段地表水考核断面监测 11 次，达标 10 次，达标率 90.9%；平凉城区和各县（区）城镇集中式饮用水源地监测 11 次，均达标。

2. 水库水质情况。2010 年崆峒水库水质达到相应控制标准，实测水质为 Ⅱ 类。2011 年、2012 年崆峒水库实测水质为 Ⅱ 类。

---

〔1〕 2010 年、2013 年、2014 年平凉市环境质量公报。

2013 年崆峒水库污染综合指数为 0.44，属轻污染。2014 年崆峒水库污染综合指数为 0.44，属轻污染。见下表 2。

表 2　2013～2014 年崆峒水库水质污染指数评价表

年度 \ 污染物	汞	CODMn	CODCr	BOD5	挥发酚	石油类	Cr+6	氨氮	TP	阴表	P
2013 年	0.92	0.36	0.35	0.34	1.00	0.38	0.08	0.46	0.2	0.27	0.44
2014 年	0.92	0.36	0.35	0.34	1.00	0.38	0.08	0.46	0.2	0.27	0.44

3. 集中式饮用水源保护情况。2010 年，对平凉城区主要供水水源景家庄和养子寨水质监测结果表明：各水源地水质均达 GB/T14848—1993《地下水质量标准》中的Ⅲ级标准，达标率为 100%，水质良好。

2011 年市政府发布了《关于加强平凉城区饮用水水源地保护的公告》，明确了平凉城区养子寨、景家庄和南部山区 3 处水源地的保护范围、保护区划分、保护规定和管理要求。完成了六县一区饮用水源保护区划分技术报告，并通过了省环保厅组织的专家审查。按照国家和省上要求，对平凉城区集中式饮用水水源环境状况进行了评估，完成了评估报告。2011 年，饮用水水源地水质均达 GB/T14848—1993《地下水质量标准》中的Ⅲ级标准，达标率为 100%，水质良好。

2012 年各县（区）认真落实市政府《关于加强平凉城区饮用水水源地保护的公告》要求，规范了一、二级保护区及其涵养区保护范围，落实了保护措施，市、县（区）环保部门对全市集中式饮用水源地环境状况进行了全面调查，编制上报了《评估报告》。按照国家和省上要求，对全市六县一区集中式饮用水水源地水质进行了监测，监测结果显示，各水源地水质均达到 GB/T14848—1993《地下水质量标准》中的Ⅲ级标准，达标率为 100%，水质良好。

2013 年对全市六县一区集中式饮用水水源地水质进行了监测，监测结果显示，各水源地水质均达到 GB/T14848—1993《地下水质量标准》中的Ⅲ级标准，达标率为 100%，水质良好。

2014 年市、县（区）环保部门对全市集中式饮用水源地环境状况进行了全面调查，编制上报了《评估报告》。监测结果显示，各水源地水质均达到 GB/T14848—1993《地下水质量标准》中的Ⅲ级标准，达标率为 100%，水质良好。

4. 地下水环境质量。2013 年、2014 年平凉城区景家庄、养子寨所监测项目均符合《地下水质量标准》（GB/T14848—1993）表 1 中Ⅲ类标准，好于全国平均水平。环保部数据显示，2011 年至 2013 年，较差水质和极差水质由 2011 年的 55%升至 2013 年的 59.6%，优良和良好水质合计占比连年下降，由 40.3%降至 37.3%。

三、水资源保护与水生态环境的执法情况

（一）实施重点水环境工程

近年来，平凉市牢固树立科学、跨越、生态、循环、低碳发展理念，紧紧围绕生态环境质量改善，高起点谋划，高标准定位，重点实施八大环保工程，改善环境质量。其中涉及水环境质量的工程有：

1. 持续实施生活污水处理工程。生活污水处理项目对于保持生态平衡，实现可持续发展意义重大。平凉市从 2003 年实施城区污水处理厂建设工程，2003 年 2 月开工建设平凉市天雨污水处理厂，2006 年 10 月投入运营，2012 年投资 2650 万对其处理工艺及设施进行了全面升级改造，现实际平均日处理水量 2.03 万立方米，实际污水排放量收集率为 79%，

负荷率达到82%，达标率达到100%。中央和地方投资合计
4.4亿元，共同实施六县城市生活污水处理项目，华亭县城
区生活污水处理厂于2009年1月开工建设，2012年7月试运
行成功后投入使用；泾川县城区生活污水处理厂于2009年3
月开工建设，2012年6月底建成；静宁污水处理厂2010年9
月开工建设，2012年12月建成并进水试运行，设计日处理
污水能力1万立方米，采用DE氧化沟工艺对污水进行处理，
2013年7月通过环保验收；灵台县城区污水处理厂2012年
开工，2014年10月建成运行；崇信县城区生活污水处理厂
2013年3月开工建设，2014年11月建成运行，2015年8月
通过市环保局环保验收；庄浪县城区生活污水处理厂于2012
年7月开工建设，2014年11月建成，2015年运行，工程污
水采用CAST处理工艺，尾水采用二氧化氯消毒后排放至水
洛河，处理规模0.9万吨/日。实现了主城区道路雨污管网全
覆盖。截至2015年底，全市污水处理能力达到10万立方米/
日，全市城镇生活污水处理率达到30%以上，污水处理率达
到75.2%。

　　平凉市的污水处理率和全省、全国标准仍有一定差距。
2014年，我国城市生活污水处理率达到90.2%，甘肃省城市
污水处理率81.25%，县城污水处理率41.17%。全省污水处
理设施运营负荷率为53.49%，距离国家规定的75%的水平
还存在较大差距。甘肃省提出至"十二五"末，污水处理率
达到83%。甘肃省嘉峪关市工业用水重复率最高，2014年工
业用水重复率达到94.5%，城市污水处理率达到92%。平凉
市提出"十三五"期间，平凉市城区生活污水处理率达到
95%，六县城区达到60%，在有条件的重点乡镇建设生活污
水处理设施。

2. 对沟河实行综合治理。一是实施"八沟一河"综合治理工程。2011 年平凉市市委经认真研究，决定将"八沟一河"（任家沟、白石沟、鸭儿沟、野猫沟、甘沟、纸坊沟、水桥沟、羊渠沟及泾河）的综合治理作为创先争优破解难题主题活动中的一项难题进行重点解决，编制完成了《平凉市"八沟一河"综合治理工程可行性研究报告》。该项目总投资3.6 亿元，包括防洪工程、污水收集工程、绿化工程和电气工程 4 部分，计划分五年时间对平凉城区"八沟一河"进行综合治理，2015 年"八沟一河"综合治理及雨水、污水、弱电等重点市政项目全部完成。二是对泾河实施综合治理。渭河一级支流泾河横穿平凉城区，然而，多年来，当地人的采砂行为使河道下切、凹凸不平，再加上居民向河道内乱倒生活、建筑垃圾，致使崆峒区河道生态遭到严重破坏。为恢复泾河河道生态，从 2013 年至 2015 年 10 月，平凉市已连续筹措资金 5000 万元，实施城区段河道生态治理工程，通过堤防治理、河道平整、生态绿化、拦水湿地及灌水设施等措施，百里河道已重现绿水青山。这里已经成了平凉的"绿色之肺"。

3. 实施生态环境综合整治工程。2013 年投资 3900 万元，在城区新建和改扩建三大绿地公园，对泾河大道南侧和 4 条城区道路进行了绿化，建成了环城绿带和新区绿地公园；将国家、省上和地方配套的 5520 万元资金与其他涉农资金结合起来，围绕农村垃圾收集、污水处理、水源地保护、畜禽污染治理，在 312 国道、304 省道沿线和 14 个环保所所在乡镇54 个村，集中实施了一批农村环境连片整治工程。

4. 在泾河城区段河道中修筑 9 座溢流堰。平凉市是全省五大重点防洪城市之一，古老的泾河从西向东穿城而过，由于多年的采砂，城区河床凹凸不平，再加上里面乱倒的生活及建筑垃圾，致使河道生态破坏严重。为了治理河道，2015年平凉市以恢复河道生态为目的，实施了该段河道生态治理工程，对河道进行了堤防治理、河道平整、生态绿化和拦水湿地及灌水设施建设等，建成50年一遇防洪堤防50公里，河道平整移动土方量达到150万多立方米。目前，新增的1240亩绿地草木成活率达到90%，将河床染绿。实施生态拦水湿地工程规划建设9个，现已建成河道溢流瀑布7处，形成河道湿地21公里，总面积达5000亩。宽阔的水面，清亮的瀑布，让溢流堰水景成为平凉城区一道亮丽的新景观。

（二）积极实施水污染防治工程

"十二五"以来，平凉市共组织申报地表水污染防治项目41个，列入了国家重点流域水污染防治规划和黄河流域水污染防治规划。"十二五"期间，以造纸、煤矿、制革、淀粉、屠宰等行业为重点，全市深入实施了水污染治理项目，共完成28户煤矿、5户淀粉厂、3户造纸厂、5户农产品加工厂和2户涉重金属企业的废水治理，实现了工业废水达标排放，有效减轻了泾河地表水污染负荷。2013年实施了虹光电子公司电镀废水处理改造、平凉福利制革厂水工车间污水处理及回用技改项目、甘肃皇甫谧制药有限责任公司生产废水深度处理工程、兴隆纸业有限责任公司资源回收利用废纸再生浆生产项目。华亭煤业集团投资1.2亿，建成了华亭、砚北煤矿等9座矿井废水处理站和3座生活污水处理站，日处理生产废水和生活废水1.28万吨，全部实现了达标排放。崇信县周寨煤矿、新周煤矿百贯沟、新安煤矿分别建成了矿井废水处理站，实现了达标排放。

（三）实施"6363"水利保障行动

平凉市委、市政府提出，从2015年起，用6年时间，完成投资 300 亿元以上，实施水资源配置、城乡供水、田间节水、灌溉输水、防灾减灾、生态保护六大工程，实现供水安全、防洪安全、水生态安全三大目标。

（四）强化水污染防治

1. 加强饮用水源地保护。全市对 12 处集中式饮用水源地进行了安全风险隐患排查，建立了风险源名录。在 7 个重点乡镇开展了农村饮用水源环境现状调查评估工作，完成了技术和工作报告编制。落实工作经费 120 万元，开展了全市及七县（区）饮用水源地基础环境调查与评估工作，编制了技术报告，通过了省环保厅预审。对一、二期保护区内的违规建筑取缔拆除，完善了保护区内基础设施和标志，全市城市饮用水质达标率为 100%。

2. 加强污染源治理。2013 年 10 月，市政府召开泾河地表水污染防治工作协调推进会议，认真分析了泾河地表水污染防治工作面临的形势和存在的问题，提出了加强城市污水管网建设、实现城市中水回用、强化环境执法监管、加大企业废水治理力度等 8 项工作措施，有效促进了泾河地表水污染防治工作。2014 年将中心城市污水管网全收集工程列为当年为民承诺办的实事之一，埋设管道 20.7 公里。对全市 13 处集中式饮用水源地进行了现场排查，清理取缔了与供水和水源保护有关的畜禽养殖等污染源，对饮用水源警示标志、界标进行了规范设置。列入国家《重点流域水污染防治规划（2011~2015 年）》的治理项目 22 个。2014 年市政府制定印发了《环境保护目标考核办法》《重点流域水污染防治规划工作实施方案》《泾河流域水污染治理实施方案（2014~2015 年）》和《全市环境保护大检查实施方案》等，建立和完善了领导责任、网络监测、定期通报、联合执法、挂牌督办和责任追究六项制度。

（五）从源头上控制水资源浪费

大力实施工业节水技改和节水设施"三同时"管理，从源头上控制水资源浪费。对于城市新建、扩建、改建工程项目，应当配套建设相应的节约用水设施，并与主体工程同时设计、同时施工、同时投入使用。未经验收或验收不合格的，不得投入使用。2015 年，平凉市在煤炭开采、火力发电、造纸制革等领域，积极鼓励和支持工业企业开展节水技术改造，全年共完成节水技改项目 22 项，完成投资 5.1 亿元。崇信电厂投资 6792 万元实施了 1 号机组电动给水泵变频改造项目，对现有三台给水泵实施高压变频改造。甘肃华明电力华亭电厂投资 45 万元实施了冷却塔升级改造项目。华能平凉电厂投资 2977 万元实施了城市中水置换部分地表水及地下水升级改造项目，将城市中水用于一期循环水系统，采取蒸发结晶工艺对脱硫废水进行处理，该项目已于 2015 年 10 月开工建设，预计 2016 年 6 月建成投产。平凉宝马纸业公司实施了污水处理及回用工程提升改造项目，淘汰落后制浆设备，采用真空洗浆机，年可节约用水 35 万立方米。静宁恒达公司增设两台热泵，新建日处理污水 1.2 万立方米的厌氧塔，大大提高了污水处理效率。福利制革厂投资 476.2 万元，对原制革废水处理车间进行升级改造，大大提高了含硫、含铬废水的单独预处理能力。泾川恒兴果汁公司投资 680 万元对原有废水处理站池体构筑物及主要设备进行改造升级，改造后日污水处理量达到 3000 吨。庄浪娇芸食品公司对厂区用水设备、管道进行改造升级，减少了跑、冒、滴、漏，公司年耗水量由 1.1 万立方米下降到 8500 立方米，年节水 2500 立方米。平凉海螺水泥有限责任公司将 2 条 9MW 纯低温余热发电水冷系统改为空冷系统；华亭煤业集团煤制甲醇分公司建设日处理能力为 1 万立方米的废水深度处理回用工程；华亭工业园区新建日处理能力 1 万立方米污水处理厂一座；金土发建材有限责任公司更换 4 台新型卧式锅炉。同时，进一步加大节水新工艺新技术新设备推广应用，在电力、煤炭等行业大力推广城市中水再利用、空冷机组工业取水处理技术、矿井废水处理回用等节水工艺技术，提高了水资源的利用效率。

（六）加强环境执法力度

1. 创新执法监管方式。积极推行网格化、痕迹化、模版化、流程化、智能化、分类化和执法计划编制管理的"6 + 1"执法监管新模式，严格落实属地监管制度，明确环境执法监管的主体责任和领导责任，确定年度执法监管的重点企业和现场检查的重点内容，制定了《规范环境行政处罚自由裁量权实施细则》，落实污染源在线监测系统第三方运营管理及考核工作，实现了网络监控全覆盖。

2. 加强环保信息公开。坚持每天在平凉日报、平凉电视台、市环保局政务公开电子显示屏上公开空气质量监测结果；每周在《平凉日报》发布一期环保专栏，反映环保工作动态、宣传环保法规和环保常识；每月在市环保局门户网站公开 29 户国控重点企业自测结果；每季在《平凉日报》和市环保局门户网站公开空气质量、饮用水、地表水和国控重点企业监督性监测结果；及时公开项目环评、执法监管以及重大环境信息，进一步保障广大群众对环保工作的知情权、参与权和监督权。

四、水环境法治保障

（一）国家层面

全国人大和常委会制定颁布了《中华人民共和国环境保

护法》《中华人民共和国水法》《中华人民共和国水污染防治法》《中华人民共和国水土保持法》《中华人民共和国防洪法》《中华人民共和国清洁生产促进法》和《中华人民共和国突发事件应对法》。国务院制定颁布了《中华人民共和国水污染防治法实施细则》《中华人民共和国取水许可和水资源费征收管理条例》《中华人民共和国城市供水条例》《中华人民共和国河道管理条例》《水污染防治行动计划》（2015年4月16日国务院印发，简称水十条，涉及35个方面、238项具体措施）等。

（二）省级层面

甘肃省先后制定发布了《甘肃省水土保持条例》《水土保持补偿费征收使用管理办法》《甘肃省农村饮用水供水管理条例》《水土保持行政处罚自由裁量权执行标准和补偿费收费标准》《甘肃省水污染防治工作方案（2015～2050年）》《甘肃省加快实施最严格水资源管理制度试点方案》《甘肃省水土保持补偿费征收管理办法》《甘肃省取水许可和水资源费征收管理办法》《甘肃省实行最严格水资源管理制度考核办法》等。水利厅、环保厅等部门制定了大量的行政规章。

（三）市级层面

平凉市政府印发了《关于加快推进全市城镇污水处理设施建设的意见》《环境保护目标考核办法》《重点流域水污染防治规划工作实施方案》《泾河流域水污染治理实施方案(2014～2015年)》《国家级生态市建设目标管理考核办法(试行)》《平凉市国家重点生态功能区县域生态环境质量考核办法》《全市环境保护大检查实施方案》和《平凉市创建国家环境保护模范城市工作方案》等，建立和完善了领导责任、网络监测、定期通报、联合执法、挂牌督办和责任追究等制度。

五、水环境法治建设的不足和完善

（一）水环境法治建设的不足

1. 政府管理制度的不健全。由于缺少行之有效的法律规定，有些企业造成水污染，却没有受到相应的法律制裁。这就导致一些企业为了节省成本任意排放污水，出现"一个企业污染一方水土"的局面。在农业生产上，农村水利发展机制尚未健全，有效保护水生态水环境的社会管理体制尚不完善，农田水利建设管理体制与农业经营方式变化还不相适应，这些都极大地影响了水资源的节约保护和优化配置。

2. 执法力度有待提高。饮用水源保护、水污染物排放总量控制、排污许可等法律制度落实情况有待进一步加强；水污染防治，城镇污水处理设施建设及运行，畜禽养殖污染治理及农业面源污染治理等执法需进一步加强；水资源开发利用比较粗放，水资源节约保护和行政执法力度不大；各级政府依法推动水污染防治执法监管、贯彻落实环境保护法关于水污染防治相关规定等方面采取的措施需进一步完善和提高。全国生态文明示范区和浙江首个"国家水土保持生态文明县"——安吉从 2015 年起，对 426 条主要河流和 82 座水库置于 4000 多个探头的严密监控下，其余河道的监控探头正在分期安装中。这一做法，在全国属于首例。[1]平凉市也可借鉴安吉的作法，对重要河流和水库进行电子监控。

3. 农村环境保护和执法仍是薄弱环节。农村饮用水水源

─────────

〔1〕 严红枫："浙江安吉：生态水比油贵"，载《光明日报》2015 年 10 月 27 日。

保护工作滞后，水质检测能力亟待提升。应加大农村环境执法力度，防止城市和工业污染向农村转移；继续推进农村环境连片整治，重点治理生活污水、生活垃圾和畜禽养殖污染，确保群众饮水安全；改革创新农村环境保护制度，建立农村环境综合整治目标责任制，把地方政府的农村环境保护责任制落到实处。如浙江安吉县农村生活污水处理率100%。[1]

4. 全民对水资源安全的认识不到位，从生活到生产存在浪费使用。尽管政府针对浪费水资源问题采取了一系列措施，意在提高全民的节水意识，但是力度还不够，未能使广大民众自发节约用水。除了生活用水之外，农田灌溉也出现水资源浪费。很多农民认为，农田灌溉水越多效果越好。

（二）完善水资源安全保护的法治保障

水是生命之源，是人类赖以生存的环境基础。平凉市水资源十分匮乏。而随着经济的发展、人口的增加，生产生活用水总量将进一步增加。为了满足经济的快速增长的需要，一些地方无节制扩大水资源的开采和利用，从而引起整个生态系统的恶化。水资源安全是经济可持续发展的先决条件。面对日益严峻的水资源问题，水资源安全保护迫在眉睫，在保护水资源质量和供应的同时，应防止出现水资源污染、水资源浪费和水土流失等现象，做到综合利用、统筹兼顾、全面可持续发展。

1. 加强法律惩戒力度，提高全民保护水资源意识。在保护水资源上，首先要从法律着手，对于污染水域的产业要加强治理力度，给予警示惩戒。同时各部门协调进行，共同合作，严厉打击水资源污染和水资源浪费的现象。在完善法律

---

〔1〕 严红枫："浙江安吉：生态水比油贵"，载《光明日报》，2015 年 10月 27 日。

法规的同时，还要利用媒体、广播等宣传教育形式来提高全民保护水资源和节约用水意识。节约用水是每个市民的责任，每个人都应该增强节约用水意识，养成良好的节约用水习惯。开展保护水资源教育活动，让每一位公民都能深切体会到目前加强水资源的安全保护措施已经迫在眉睫。若不加以保护，可能在未来的几十年后将面临断水的危机。要让人们从生活到生产都要有保护水资源的自觉，在生活中对水循环利用，反对浪费；在生产中要监控生产技术和工艺，对水资源做到"有度、有序、有偿"的可持续开发。

2015年3月1日起实施的《兰州市城市节约用水管理办法实施细则》，针对用水单位未按规定申请计划用水指标等情形规定了相应的处罚措施，同时明确指出城市供水企业、自建设施供水单位对供水管网维护管理不善，管网漏损率超过国家规定标准的，由市建设行政主管部门责令限期改正，逾期不改正的，处以3000元至10000元的罚款。[1]平凉市应根据《立法法》修改后赋予设区市立法权的权限借鉴外地的经验，根据平凉实际制定引导市民、法人和其他组织节约用水的地方法规。

2. 严格"三条红线"管理，促进水资源集约高效利用。实施高耗水行业节水减排技术改造，加快城市供水管网改造，普及使用生活节水器具；着力打造自然积存、渗透和净化的"海绵家园"、"海绵城市"，提高水资源承载能力；开展水资源使用权确权登记，积极推进水权交易；全面推行城镇居民用水阶梯价格和非居民用水超定额累进加价制度。2015年10月12日，国务院发布《中共中央国务院关于推进价格机制

〔1〕 文洁："增强节水意识刻不容缓"，载《甘肃日报》2015年5月7日。

改革的若干意见》要求，全面实行居民用水用电用气阶梯价格制度，推行供热按用热量计价收费制度，并根据实际情况进一步完善。2015 年 9 月 30 日平凉市发展改革委员会（物价局）在《关于平凉城区居民用水、用气实行阶梯价格制度和调整污水处理费标准的意见》中提出，平凉城区的城镇居民生活用水户从 2015 年 10 月 1 日起执行用水阶梯价格制度，计量缴费周期为 2 个月。第一级用水量为每户 16 吨/2 月（含 16 吨）以下，第二级用水量为每户 16～26 吨/2 月（含26 吨），第三级用水量为每户 26 吨/2 月以上，对超过 3 人的家庭，按人均月用水量 2 吨的标准，增加用水基数。一、二、三级阶梯水价按 1:1.5:3 的比例确定，第一级水价执行现行标准每吨 2.05 元，第二级水价为每吨 3.08 元，第三级水价为每吨 6.15 元，对低保家庭、残疾人员、重点优抚对象等家庭执行第一级水价标准。从 2015 年 10 月 1 日起，平凉城区污水处理费标准居民由 0.80 元/吨调整为 0.95 元/吨，非居民由 1.00 元/吨调整为 1.40 元/吨。但平凉市仅对居民的生活用水实行阶梯水价，对法人、其他企事业单位没有纳入，范围较窄。如兰州市节约用水办公室将企事业单位、大型居民小区约 1500 余户单位纳入计划用水管理单位。根据用水设备、省上的用水定额进行核算，对超出范围按阶梯式水费收取加价水费，用水单位超出计划的用水量，超用 5% 以内的部分，按现行水价的 0.5 倍加价收费；超用 6%～10% 的部分，按现行水价的 1 倍加价收费；超用 11%～20% 的部分，按现行水价的 2 倍加价收费；超用 21%～30% 的部分，按现行水价的 4 倍加价收费；超用 31%～40% 的部分，按现行水价的 6 倍加价收费；超用 41%～50% 的部分，按现行水价的 8 倍加价收费；超用 51% 以上的部分，按现行水价的 10 倍加价收费；连续两个季度超用 51% 以上仍未采取措施的，其超用部分全部按现行水价的 10 倍加价收费。[1]

甘肃省第二次修订出台了《甘肃省行业用水定额》，更好地指导和规范行业节水工作。公布了全省重点用水工业企业名录，开展了节水台账建设。开展了全省重点耗水企业节水统计监测系统建设和用水定额对标工作。鼓励非常规水源利用，明确非常规水源的利用不受用水总量控制指标和年度用水计划限制，全省新批火力发电及热电联产项目全部以中水为水源。[2]而平凉市火力发电中水回用率较低。2015 年 10 月 12 日，国务院发布《中共中央国务院关于推进价格机制改革的若干意见》，提出，加大经济杠杆调节力度，逐步使企业排放各类污染物承担的支出高于主动治理成本，提高企业主动治污减排的积极性。按照"污染付费、公平负担、补偿成本、合理盈利"原则，合理提高污水处理收费标准，城镇污水处理收费标准不应低于污水处理和污泥处理处置成本，探索建立政府向污水处理企业拨付的处理服务费用与污水处理效果挂钩调整机制，对污水处理资源化利用实行鼓励性价格政策。积极推进排污权有偿使用和交易试点工作，完善排污权交易价格体系，运用市场手段引导企业主动治污减排。

3. 创新农村水利体制机制，科学发展农业。要积极适应农村经济社会结构和农业生产经营方式变革，创新农田水利组织发动和建设机制，加快农村小型水利工程产权制度改革，推动农村水电管理创新，促进农村水利发展，保障农业用水安全和可持续发展。深化水价水权改革，可试点实行农业灌

---

〔1〕 文洁："增强节水意识刻不容缓"，载《甘肃日报》2015 年 5 月 7 日。
〔2〕 宋振峰："加大节水力度遏制用水浪费—我省用水效率不断提高"载《甘肃日报》，2015 年 6 月 3 日。

溉用水超定额累进加价制度，实施农业节水项目，不断增强农业综合节水能力。推进水资源费改革，采取综合措施逐步理顺水资源价格，深入推进农业水价综合改革，促进水资源保护和节约使用。2014 年年底，甘肃省水利厅下发了《甘肃省深化水利改革方案》，内容涉及 11 个方面 47 项举措，我们一定要不断增强改革的紧迫感和自觉性，加强协调衔接，务求改革取得实效。重点抓好水权、水价、水利投融资、水利监管体制、基层水利管理、水利法治建设、水生态文明等重要领域和关键环节的改革攻坚，着力破解制约水利发展的机制体制障碍，释放和激活水利活力。如河北省衡水市实行"一提一补"政策，取得了非常好的节水效果。"一提"就是根据各种水源的重要程度将水价提高不同的幅度；"一补"就是将水价提高所收的资金按用水单位平均补贴。经测算，通过"一提一补"，农业灌溉节水率达到 20% 以上，每年每亩可节水 50 立方米。仅桃城区每年可节水 700 万立方米，节电 450 万千瓦时，令农民增收 400 万元。"一提一补"，用水价调节用水量，从思想意识上使农民从"要我节水"转变为"我要节水"。[1]要合理灌溉，科学发展农业，对于不同的地质采用不同的灌溉方法，推广膜下滴灌、垄膜沟灌、垄作沟灌等节水技术，在保证农作物产量的前提下最大限度地利用和节约水资源。

4. 加强绿化，避免水土流失。由于环境污染和水旱灾害导致我市地域性缺水现象频繁发生，所以加强绿化，保护环境，避免水土流失也是保护水资源的一个重要方法。而且林木具有涵养水源的生态功能，"地上多栽树，等于修水库。

---

[1] 耿建扩等："参透每一滴水的价值——河北衡水立体生态用水的启示"，载《光明日报》2015 年 1 月 30 日。

雨多它能吞,雨少它能吐。"据专家测算,一公顷林地与裸地相比,至少可多储水分 3000 立方米。

5. 合理利用地下水。严重的地下水超采,不仅使地下水源供应能力下降,应急能力降低,水质降低,而且造成地面沉降,威胁建筑安全,恶化生态环境。地下水是一种深层水,只有不到 0.1% 的地下水是可再生资源,所以在利用地下水的时候一定要适度,不能任意索取。[1]地下水是平凉市重要的供水水源,集中式供水水源地更是城镇的重要基础设施。平凉市对地下水的开发利用率为 96.1%,开发利用率过高。且存在地下水监测能力不足,管理薄弱等问题。需要建立集中供水水源地监测体系,及时掌握地下水动态变化,建立完善的地下水管理制度,对地下水资源科学管理,合理利用、保护。

6. 严格考核。2013 年,国务院办公厅印发《实行最严格水资源管理制度考核办法》,为用水总量、用水效率、重要江河湖泊水功能区水质达标率划定了"三条红线"。2014年 6 月 26 日甘肃省人民政府发布《甘肃省实行最严格水资源管理制度考核办法》,明确各市县政府是本区域实行最严格水资源管理制度的责任主体,市县政府主要负责人是实行最严格水资源管理制度的第一责任人,相关负责人为直接责任人。从 2011 年起,甘肃省连续 4 年对各市州政府万元工业增加值用水量进行专项考核,各市州完成了对所辖县区考核,县区政府同主要工业用水大户签订考核目标责任并进行考核。自 2015 年起,省政府将水资源产出率、万元 GDP 用水量和农田灌溉水有效利用系数 3 项指标纳入循环经济考核体系。

---

〔1〕 李祎恒,邢鸿飞:"我国水资源安全问题及保护对策",载《光明日报》2015 年 5 月 30 日。

2015年4月2日国务院印发《水污染防治行动计划》，进一步强化地方政府水环境保护责任，强调各级地方人民政府是实施本行动计划的主体，要于2015年底前分别制定并公布水污染防治工作方案，逐年确定分流域、分区域、分行业的重点任务和年度目标落实排污单位主体责任，国家分流域、分区域、分海域逐年考核计划实施情况，督促各方履责到位。

7. 加强治理城市黑臭水。黑臭水是美丽城市的"烂疮疤"，是危害健康、消弭市民幸福生活指数的"毒瘤"。2015年4月国务院出台的《水污染防治行动计划》（"水十条"）把消除城市建成区黑臭水体作为一项主要指标，提出到2020年，地级及以上城市须控制在10%以内；到2030年，城市建成区黑臭水体总体得到消除。随后住房和城乡建设部2015年8月28日发布的《城市黑臭水体整治工作指南》（以下简称《指南》）中明确规定：60%的老百姓认为是黑臭水体就应列入整治名单，至少90%的老百姓满意才能认定达到整治目标。住房和城乡建设部将会同环保部等建立全国黑臭水体整治监管平台，定期发布信息，接受公众举报。

治理黑臭水要赢得九成以上老百姓的满意，对政府部门来讲无疑是一项巨大的挑战与考验。首先，要制定科学、可行的治"黑"规划，加大治理经费投入。其次，要严格落实国务院颁布实施的《水污染防治行动计划》，确保在时间节点内保质保量完成治理任务。最后要广泛发动群众，问计于民，从规划的制定、实施直至验收全过程都要充分尊重民意，利用市民聪明才智，以获得更多群众的支持。

然而，光有了环境治理观念的转变还不够，具体操作中还要注意可操作性。例如，按照60%、90%这两个数据行事，老百姓会不会"被满意"？《指南》表明，落实60%、

90% 这两个数据，要通过发放调查问卷来进行。值得注意的是，这里的 60% 和 90% 都是抽样调查的比例，"原则上每个水体的调查问卷有效数量不少于 100 份"。殊不知，黑臭水体影响范围内的社区居民、商户少则几千几万，多则数十万乃至上百万，假如只发放 100 份问卷，调查的"门槛"无疑会降低，人为操作的空间就会出现，民意的真实性可能就要大打折扣。

应大幅提高调查问卷的有效数量，扩大民意调查的范围和代表性，既要在排查识别阶段全面听取"认为是黑臭水体"的声音，也要在效果评估阶段全面听取"不满意"的声音，确保 60% 和 90% 都是货真价实的民意体现，而不是选择性听取民意的结果。更为重要的是，要让百姓有充分的发言权。一方面要加大宣传，充分调动起老百姓在黑臭水体筛查、治理、评价等全过程参与的热情；另一方面，有关部门在考核地方整治黑臭水体成效时，不能止于发放调查问卷，应创新调查评价机制，例如改问卷调查为随机入户调查，以便掌握真实情况。

（三）加强跨区域联合防治协作

平凉市静宁县与宁夏固原隆德县相接壤，两县相距短短42 公里，却因跨越了两个省区，使污染防治变得错综复杂。摆在两县面前的，是一笔拖了 13 年没有解决的环保欠账平凉市静宁县县城 10 公里外的东峡水库，是 13 万人口赖以生存的饮用水源，2014 年全年，一共 167 次检测中，自来水水质的合格率只有 63.5%，2014 年 11 月的淀粉生产季，平凉水环境监测中心的数据显示，无论从东部进入静宁县的渝河还是南部进入的甘渭河，水质都已是劣 V 类。上游隆德县的淀粉企业多年连续排污让静宁县不堪重负，而当两个县都意识到污染问题迫在眉睫时，静宁的水已经不能喝了。从 2004 年两县就协商解决水污染问题，但一直未有效解决。2015 年 1 月 29 日，环保部副部长翟青带队来在隆德县召集甘肃、宁夏两省全部相关部门协调会。2015 年 9 月 29 日，甘宁两省环保部门在静宁县召开跨界河流水污染联防联控联席会议，共商应对跨界流域水污染防治工作。

平凉、固原两市签订了跨界河流水污染联防联控框架协议，平凉市环保局与固原市环保局签订了跨界河流水污染联合执法联合监控协议。会议还通报了甘宁两省区及平凉、固原跨界河流水污染防治工作的开展情况。会议要求，两省区要深入推进《框架协议》，针对存在的问题，积极论证储备项目，有效对接"十三五"规划。相关市、县要积极抓好《框架协议》的贯彻落实，加快治理工程进度，确保按时完成并投入运行；要进一步加强合作交流和信息共享，定期开展联合监测、联合执法、联合应急工作，确保污染物不进河流，不断改善水环境质量，确保完成渝河和葫芦河水污染防治任务。

（四）积极适应新形势、新要求，加强水利管理工作

经济发展进入新常态，意味着资源环境约束更加趋紧，生态产品需求更加迫切。首先，国家把水利作为化解落后产能的重要渠道和增强经济韧性、拓展回旋余地的重要途径，将进一步加强重大水利工程建设、农村饮水安全保障、农田水利建设、水资源节约保护、水生态环境治理，为一些重大水利项目的建设创造了机遇。水生态文明建设、深化改革、依法行政等都对我们今后的工作提出了新的更高的要求，要突出民生水利、资源水利、生态水利三大主题，增强依法行政、拒腐倡廉理念，完善水资源管理。一要加强工程运行管

理。牢固树立建管并重的理念，全力争取和管好用好公益性维修养护等项目资金，加大水费征收力度，计提积累大修基金，足额落实公益性"两费"，多方加大水利管理投入力度，努力改善基层水管单位生产生活条件。特别是农村饮水水质问题关系群众切身利益，在水质净化和化验方面的投入一定要千方百计想办法落实。要进一步完善健全"五级管理网络"，抓好县（区）水管总站和基层水管站所规范高效运行，积极推行农村供水人身财产保险机制，认真开展标准化水管所（站）、标准化水厂、标准化水质检测化验室"三化"创建工作，推动工程运行管理不断上台阶、上水平。二要加强水资源管理。抓紧县（区）"三条红线"指标分解，尽快出台考核细则，制定实施方案，认真抓好最严格的水资源管理制度考核工作。要严格执行取水许可和建设项目水资源论证制度。加强用水效率控制和用水定额管理，建设节水示范工程，提高农田灌溉水有效利用系数，全面推进节水型社会建设。加强水功能区和水源地管理，重视饮用水水源保护，做好入河排污口整治和排污总量控制。三要着力推进依法治水管水。牢固树立法治理念，推进依法行政，清理部门行政职权，实行权力清单、责任清单制度，做到法无授权不可为，法定职责必须为。大力推进政务公开，完善责任追究机制。切实加强水行政执法，严厉查处侵占水域、违法设障、非法采砂、擅自取水、人为造成水土流失等行为。

（五）加强水污染防治

2016 年 1 月省政府办公厅日前下发了《甘肃省水污染防治工作方案（2015～2050 年）》明确提出，我省将在 2016 年年底前取缔不符合国家产业政策的工业企业；到 2020 年，全省地表水环境质量稳中趋好，饮用水环境安全保障能力与水平明显提高，地下水环境质量基本保持稳定，地级城市建成区黑臭水体基本消除，水资源消耗得到有效控制，水生态环境得到逐步改善；到 2030 年，全省水环境质量总体改善，水生态系统功能基本恢复；到本世纪中叶，生态环境质量全面改善，生态系统实现良性循环。

狠抓工业企业污染防治，全部取缔不符合国家产业政策及行业准入条件的小型造纸、制革等严重污染水环境的生产项目；2020 年底前，全面取缔境内九大水系干流、一级支流沿岸所有非法开采开发行为，以及集中式饮用水水源一、二级保护区和自然保护区核心区、缓冲区内的采掘和石油行业建设项目。同时还将进一步强化城镇生活污染防治，对现有城镇污水处理设施进行改造，2020 年底前达到相应排放标准或再生利用要求；全面加强配套管网建设，其他地级城市2020 年底前基本实现建成区污水基本实现全收集、全处理。确保居民饮水安全，全面推进第二水源建设工作。单一水源供水的市州政府所在县区和其他县区分别于 2020 年、2030年实现"双水源"，并实现联网串供；地、县级城市分别自 2016 年、2018 年起，每季度向社会公布集中式饮用水水源地水质、用户水龙头水质等监测结果，实现从水源到水龙头全程监管。

（六）提高饮用水监测标准

2006 年 12 月 29 日原卫生部、国家标准化委员会批准发布《生活饮用水卫生标准》（GB5749—2006），取代 1985 年 8 月 16 日卫生部批准并发布的《生活饮用水卫生标准》（GB5749—1985）。新的《生活饮用水卫生标准》将饮用水水质指标从原来的 35 项增加到 106 项，2007 年 7 月 1 日起执行常规项目 42 项，2012 年全面实施，2015 年各直辖市和省、自治区的省会城市 106 项指标实行全覆盖，地市级城市实现 42 项常规指标和当地的重点指标全覆盖，县域实现 42 项常规指标全覆盖。平凉市饮用水监测从 2013 年执行新规定，但平凉市集中式供水只监测 23 项指标，每年在上海疾控中心或省一级疾控中心做 106 项的全分析。2015 年随着平凉市 7 县（区）水质检测中心的建成，具备 40 项水质指标的检测能力。与国家检测指标有差距，需加强检测能力和设备建设。

总之，要加强水源保护、水工程建设、供水净化能力、饮用水卫生监测体系，加强节约用水管理，地下水超采、饮用水安全信息公开。

（七）让节水成为全民自觉

1. 大力开展主题宣传活动，提升宣传影响力。通过加强宣传教育，着力提高全民节水意识，注重常长结合，努力营造人人节约用水的浓厚氛围，实现由"要我节水"到"我要节水"的转变。在每年的"世界水日""中国水周""节水宣传周"等时间节点，在全市范围内多种手段进行节水宣传。利用"三下乡"等时机，组织专家深入到田间地头，指导农民节约用水、科学用水。

2. 把节约用水作为培育和践行社会主义核心价值观、节俭养德的重要内容。将节约用水情况作为节能降耗的重要指标进行考核。

3. 加大涉水法律法规的宣传普及，认真宣传并贯彻落实法律法规，推进节约型机关、绿色机关建设，争创节水型单位。

第六章 平凉市大气环境防治法治
保障问题研究

大气污染，又称为空气污染，是指由于人类活动或自然过程引起某些物质进入大气中，呈现出足够的浓度，达到足够的时间，并因此危害人体的舒适、健康和福利或环境，以至破坏生态系统和人类正常生存和发展条件的现象。

一、大气污染的危害

大气污染物主要分为有害气体（二氧化碳、氮氧化物、碳氢化物、光化学烟雾和卤族元素等）及颗粒物（粉尘和酸雾、气溶胶等）。它们的主要来源是工厂排放，汽车尾气，农垦烧荒，森林失火，炊烟（包括路边烧烤、燃放爆竹），尘土（包括建筑工地）等。北京大学医学部教授潘小川分析，汽车尾气里的细颗粒物，更容易进入肺的深部和血液，对人体的全身影响明显；燃煤、扬尘中的粗颗粒物更易沉积在人的上呼吸道，导致上呼吸道病症增加。世界卫生组织下属国际癌症研究机构在 2013 年 10 月发布报告，首次指认大气污染"对人类致癌"，并视其为普遍和主要的环境致癌物，PM2.5 等大气污染物质的致癌风险评估为 5 个阶段中危险程度最高，是引发癌症的主要环境因素，同时还可加大人体患呼吸器官疾病和心脏病的风险。

国际上发生过比较严重的空气污染事件。据史料记载，由于严重的毒雾侵袭，1952 年 12 月初伦敦死亡人数达 4000 人。此后，英国人开始反思空气污染，并催生了世界上首部空气污染防治法案《清洁空气法》的出台。此外，1955 年 9 月洛杉矶发生了最严重的光化学烟雾污染事件，洛杉矶政府开始重视解决污染问题，但成果有限，直到 1970 年《清洁空气法》修正案的出台才改变。

随着时代的发展，空气污染物的类型已经发生了变化，过去主要是煤烟型污染，如 PM10 等。但现在煤烟型污染已经转变为包括 PM2.5、氮氧化物等在内的复合型污染。而对 PM2.5 等新污染物的防治，在原《大气污染防治法》中体现不多。

二、平凉市大气环境质量

（一）平凉市大气环境质量目标

2012 年上半年我国用空气质量指数（AQI）替代原有的空气污染指数（API）。AQI 将空气质量分为六级，AQI 值 0～50 为优良，51～100 为良好，101～150 为轻度污染，151～200 为中度污染，201～300 为重度污染，301～500 为严重污染。大于 500 就是通常说的"爆表"。根据 2013 年 9 月 10 日国务院发布的《大气污染防治行动计划》要求，到 2017 年，全国地级及以上城市可吸入颗粒物浓度比 2012 年下降 10% 以上，优良天数逐年提高。2013 年 4 月 16 日，中共平凉市委办公室，平凉市人民政府办公室印发的《平凉市国家级生态市建设工作方案》确定，至 2020 年空气环境三质量达到功能区标准（平凉城区及六县城大气环境质量保持在二级以上标准，PM2.5 达到功能区规划标准）；主要污染物排放强度：化学需氧量（COD）低于 4.0 千克/万元（GDP）、二氧化硫（SO_2）低于 5.0 千克/万元（GDP）。2015 年 9 月 1 日《平凉市创建国家环境保护模范城市工作方案》提出，到 2018 年城市空气质量稳定达到国家二级标准，城区空气主要污染物日平均浓度达到二级标准的天数占全年总天数的 85% 以上。

（二）平凉市大气环境质量状况

自 2007 年至 2013 年，平凉城区空气质量二级和好于二级的天数均达到总监测天数的 90% 以上，环境质量持续改善。平凉城区空气自动监测数据显示，2010 年大气环境中二氧化硫为 0.025 毫克/立方米，二氧化氮为 0.024 毫克/立方米，可吸入颗粒物为 0.09 毫克/立方米。空气质量二级和好于二级的天数达到 347 天（有效监测 364 天），占全年的95.3%。2011 年大气环境中二氧化硫为 0.028 毫克/立方米，二氧化氮为 0.024 毫克/立方米，2011 年大气环境中二氧化硫浓度比 2010 年上升了 12%。可吸入颗粒物为 0.091 毫克/立方米，大气环境质量二级和好于二级的天数 353 天，占实际监测天数 365 天的 96.71%。2012 年平凉城区大气环境中二氧化硫平均值为 0.021 毫克/立方米，二氧化氮平均值为0.017 毫克/立方米，可吸入颗粒物平均值为 0.072 毫克/立方米，二级和好于二级的天数 365 天，占实际监测天数 366天的 99.7%，比 2011 年增加 12 天，三级天数共 1 天，比2011 年减少 11 天。2013 年，平凉城区大气环境中二氧化硫平均值为 0.019 毫克/立方米，二氧化氮平均值为 0.029 毫克/立方米，可吸入颗粒物平均值为 0.077 毫克/立方米，空气自动监测站每月联网率均达到 90% 以上。2013 年平凉城区空气质量二级以上天数达到 355 天，二级和好于二级的天数达到 97.3%，三级天数 1 天。2014 年平凉城区大气环境中二氧化硫平均值 0.027 毫克/立方米，二氧化氮平均值 0.04 毫克/立方米，可吸入颗粒物平均值 0.101 毫克/立方米，空气自动监测站月联网率达到 80% 以上，平凉城区空气质量二级和好于二级的天数 324 天，占监测天数的 88.8%。2015 年平凉城区大气环境中可吸入颗粒物（PM10）平均浓度为 95 微克/立方米、细颗粒物（PM2.5）49 微克/立方米（2015 年，全国 338 个地级及以上城市 PM2.5 浓度为 50 微克/立方米）、二氧化硫 22 微克/立方米、二氧化氮 45 微克/立方米、一氧化碳 2.0 微克/立方米、臭氧 122 微克/立方米，其中可吸入颗粒物（PM10）、细颗粒物（PM2.5）、二氧化氮 3 项指标未达到国家二级标准。空气质量达标天数累计 290 天，达标率为 79.5%，超标天数为 75 天，超标率为 20.5%；主要超标污染物为细颗粒物（PM2.5）和可吸入颗粒物（PM10），所占天数分别是 49 天和 26 天，与去年同期相比，空气质量优良天数减少 35 天，轻度污染天数增加 18 天，中度污染天数增加 13 天，重度污染天数增加 4 天。2015 年平凉城区 PM10 平均浓度与 2014 年 100 微克/立方米相比，下降 5 微克/立方米，同比下降 5.0%，比全省平均浓度 98 微克低 3 微克，超出国家二级标准 26 微克。二氧化氮（NO2）平均浓度与去年 41 微克/立方米相比，上升 4 微克/立方米，同比上升 9.8%，超出国家二级标准 5 微克，比全省平均值 30 微克/立方米高出 15 微克。[1]空气质量优良率在全省 14 个市州排位第 9 位，空

---

〔1〕 "2015 年 12 月平凉城区环境空气质量监测情况"，来源：平凉市环境保护局网 2016 年 1 月 7 日。

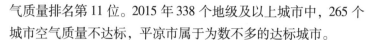

气质量排名第 11 位。2015 年 338 个地级及以上城市中，265 个城市空气质量不达标，平凉市属于为数不多的达标城市。

2014 年、2015 年平凉市空气质量未达到省上要求，按照省政府要求，平凉城区全年空气环境质量二级和好于二级天数必须达到 330 天以上。[1]国家"十三五"环保规划初步确定地级以上城市空气质量明显改善、重污染天气减少 60%、可吸入颗粒物和细颗粒物浓度下降 30% 以上，二氧化硫、二氧化氮、一氧化碳和臭氧平均浓度达标。2014 年，全省空气质量达到二级标准的城市有 8 个，达到三级标准的有 6 个，全省 PM10 年均值为 98 微克/立方米，达到国家年二级标准，比 2013 年上升 10.3%。经分析，可吸入颗粒物是影响我省城市空气质量的首要污染物。2014 年与 2013 年相比，武威、定西、嘉峪关、平凉、金昌、临夏 PM10 年均浓度分别上升 62.2%、51.7%、43.0%、26.6%、14.6% 和 3.3%。[2]2015 年市环境监测站采用新空气质量标准规定的 6 参数法（pm10、pm2.5、二氧化硫、氮氧化物、一氧化碳、臭氧）判定空气质量，其中可吸入颗粒物（PM10）年平均浓度为 95 微克/立方米，与全省平均水平持平，细颗粒物（PM2.5）年平均浓度 49 微克/立方米，这距我市二级环境空气功能区规定的 PM10、PM2.5 分别为 70、35 微克/立方米要求相比还有很大差距，大气污染治理任务艰巨。

（三）空气质量下降的原因

目前影响城区大气环境质量的主要原因有三个方面，一是工业窑炉排放的粉尘。二是生活污染源以及燃煤锅炉烟气

---

〔1〕　李积福："我市全力治污找回蓝天"，载《平凉日报》2014 年 4 月 24 日。

〔2〕　秦娜："去年甘肃省多个城市空气质量下降"，载《甘肃日报》2015 年 6 月 5 日。

的污染。根据市环境监测站监测结果计算，锅炉每燃烧 1 吨煤，可排放 1 万标立方米的烟气有 10 公斤左右的二氧化硫，13 至 16 公斤的烟尘，6 公斤左右的氮氧化物。据此，平凉城区所有燃煤锅炉采暖期每天排放二氧化硫 20 吨，烟尘 27 吨，氮氧化物 13 吨，采暖期内共排放二氧化硫 2400 吨，烟尘 3240 吨，氮氧化物 1560 吨。这就相当于我们的头顶上空每天漂浮着 60 吨的污染物。与工业企业高架点源排放容易扩散不同的是，燃煤锅炉烟气排放全部集中在 15 至 20 米的低空，并不容易扩散。燃煤锅炉烟气污染，已成为影响平凉市城区冬季空气质量的主要污染源，不容忽视。三是建筑工地扬尘、汽车尾气污染严重。从主要污染物来看，城市扬尘对城区大气环境质量的影响最为显著。首先是商住楼开发过程中土石方开挖和物料运输环节管理不到位。一个小区的开发污染一条街道，过往车辆的碾压引起的扬尘污染问题突出，在清扫过程中又造成了二次扬尘污染。其次是城市拆迁大多使用干法施工，抑尘措施落得不实，拆迁和建筑垃圾的清运过程中对区域环境和城市街道造成了扬尘污染。最后是城市道路在整修过程中沿街堆放的土方和建筑物料没有采取有效的管理，堆土及建筑物料外溢到车行道，经车辆碾压后造成扬尘污染。四是平凉城地处河谷川区，空气扩散能力弱，气候呈干旱、多风、少雨的特点。干旱多风引起的扬尘增大了环境空气中颗粒物浓度，少雨则不利于污染因子的沉降和空气的净化。

三、大气环境治理与污染防治及执法情况

大气环境保护事关人民群众根本利益，事关经济持续健康发展，事关全面建成小康社会。当前，大气污染形势严峻，

以可吸入颗粒物（PM10）、细颗粒物（PM2.5）为特征污染物的大气环境问题日益突出。随着工业化、城镇化的深入推进，能源资源消耗持续增加，大气污染防治压力继续加大。大气污染治理是重大民生工程，关系到群众健康福祉、政府公信力、社会和谐稳定。改善空气环境质量，必须下决心推进大气污染防治，大气污染防治是一项复杂的系统工程，需要付出长期艰苦不懈的努力。

多年来，市委、市政府高度重视环境保护工作，成立了市环境保护委员会和全市大气污染治理领导小组。2006年、2012年分别召开了全市第一、二次环境保护大会，制定印发了全市"十一五""十二五"环境保护规划，制定了《平凉市"十二五"大气污染防治实施方案》，确定了环境保护事业发展目标。2013年制定了《平凉市大气污染治理行动计划工作方案（2013～2017年）》，2014年制定印发了《平凉市大气污染防治行动计划实施方案》，2015年出台了《平凉市大气污染防治工作责任落实方案》和《平凉市大气污染防治工作责任考核办法》。确定了大气污染防治的整体目标任务，进一步细化靠实了全市各级各有关部门责任。将大气污染防治作为环境保护工作的重点，每年与各县区政府、有关企业签订环境保护目标责任书，按季度对责任书特别是大气污染防治重点项目建设情况进行督查。2015年10月21日平凉市大气污染治理领导小组办公室印发《平凉市2015年冬季大气污染防治工作方案》，提出了2015年的大气污染工作目标和重点任务，有效推动了工作落实。

（一）持续推进污染减排工作

国务院《大气污染防治行动计划》（简称"大气十条"）要求，全面整治燃煤小锅炉，加快推进集中供热、"煤改气"

"煤改电"工程建设,到 2017 年,除必要保留的以外,地级及以上城市建成区基本淘汰每小时 10 蒸吨及以下的燃煤锅炉,禁止新建每小时 20 蒸吨以下的燃煤锅炉;其他地区原则上不再新建每小时 10 蒸吨以下的燃煤锅炉。在供热供气管网不能覆盖的地区,改用电、新能源或洁净煤,推广应用高效节能环保型锅炉。在化工、造纸、印染、制革、制药等产业集聚区,通过集中建设热电联产机组逐步淘汰分散燃煤锅炉。按照《国家应对气候变化规划(2014~2020 年)》,2020 年单位国内生产总值二氧化碳排放比 2005 年下降 40%~45%,非化石能源占一次能源消费的比重到 15% 左右。2020 年,大中城市公交出行分担比率达到 30%;加快重点行业脱硫、脱硝、除尘改造工程建设。所有燃煤电厂、钢铁企业的烧结机和球团生产设备、石油炼制企业的催化裂化装置、有色金属冶炼企业都要安装脱硫设施,每小时 20 蒸吨及以上的燃煤锅炉要实施脱硫。除循环流化床锅炉以外的燃煤机组均应安装脱硝设施,新型干法水泥窑要实施低氮燃烧技术改造并安装脱硝设施。燃煤锅炉和工业窑炉现有除尘设施要实施升级改造。十八届五中全会首次提出将 PM2.5 等环境质量指标纳入约束性控制,这是一个重大信号。从过去十年单一的主要污染物排放总量约束,到"十三五"期间新增环境质量指标约束,标志着环境保护阶段和治理要求发生战略性转变。把环境质量作为约束性指标和环保工作的核心,是问题导向的结果,符合公众需求,也符合环保发展规律。李克强总理在 2016 年的政府工作报告中,明确提出:要着力抓好减少燃煤排放和机动车排放、加强煤炭清洁高效利用、全面实施燃煤电厂超低排放和节能改造、加快淘汰不符合强制性标准的燃煤锅炉、增加天然气供应、在重点区域实行大气污染联防联控等一系列措施。

　　平凉市委、市政府立足平凉实际，顺应时代潮流，着眼"生态立市"，提出建设"生态平凉"的战略决策，在财政资金捉襟见肘、各种矛盾纷至沓来的巨大压力下，大力推进污染减排工作，"十二五"期间，共争取中央、省级减排专项资金6300多万元，累计投资25.94亿元，实施污染减排项目254个，环境质量持续改善。经国家环保部核算，"十二五"期间，我市共削减化学需氧量7076吨，氨氮400吨，二氧化硫27 600吨，氮氧化物29 233吨，四项主要污染物排放量控制在省政府下达的目标之内，为全市经济社会发展腾出了环境容量。

　　1. 实施落后产能淘汰工程。坚持"关小上大""扶优劣汰"的原则，依法关停高污染企业。2008年，依法取缔小石灰土立窑138座；2009年，依法关闭小淀粉厂62个、小印染企业18个、木炭窑220孔；2010年忍痛关掉了在地方企业中一枝独秀的太统水泥厂，淘汰落后水泥生产线5条、取缔小冶炼、地条钢生产线25个；2011年，依法关闭污染严重的草浆造纸生产线1条、小造纸厂6户、小锅炉96台，依法淘汰2005年以前"黄标车"1300辆；2012年下大力气实施热电联产集中供热，城区各单位自建的锅炉房差不多全关停了，利用平凉电厂的热能实行统一供暖，……从根本上清除了城区空气最大的污染源，烟气排放的有效控制，保证了城区空气质量迅速趋于好转。2013年以来不断加大淘汰粘土实心砖生产企业的力度，市政府专门下发《关于印发平凉市淘汰关闭实心粘土砖落后生产企业实施方案的通知》（平政办发［2013］83号），加快淘汰全市实心粘土砖落后生产企业，大力发展新型墙材。2015年申报省级淘汰落后产能项目

8 项，淘汰实心粘土砖 15 400 万块。与此同时，环保、环卫等部门乘势而上，发挥各自优势，置备机械设备，在城区街道吸尘、喷雾、洒水，大大降低了空气中的粉尘含量，助推了空气质量的进一步优化。如平凉市崆峒区峡门乡原来短短 10 余公里的峡门沟地区，遍布着 130 多座石灰窑，严重影响了当地的自然环境和村民的身体健康。从 2008 年起，平凉市政府连续重拳出击，全面清理关闭了这些从清代起就烧制石灰的土石灰窑，代之而起的是先进的现代环保水泥建材生产线。现在峡门沟是蓝天白云，空气质量优良。"十二五"以来，全市共淘汰水泥、铁合金、淀粉等落后产能 90 万吨，羊皮 100 万标张，粘土实心砖 3.57 亿块标砖，累计争取中央、省级财政奖励资金 5386 万元，有效降低了环境污染和能源资源消耗。

2. 实施热电联产集中供热工程。2012 年通过招商引资，筹集资金 12 亿元，在平凉城区全面启动热电联产集中供热工程，计划分三年完成，形成供热面积 1200 万平方米，关停拆除分散燃煤锅炉 269 台，预计减少二氧化硫排放 2400 吨、烟尘排放量 3240 吨、氮氧化物排放 1560 吨。每年可减少燃煤43.1 万吨、减少二氧化碳排放量 73.4 万吨。至 2014 年底平凉市城区形成供热面积 870 万平方米，平凉城区共关停拆除分散燃煤锅炉 251 台，其中 154 台为国家污染减排核算燃煤压力锅炉。经测算，这些锅炉关停后年可减少燃煤 30 多万吨，从根本上有效解决了冬季采暖期二氧化硫、氮氧化物和烟尘、粉尘污染等煤烟污染问题。平凉城区环境空气中二氧化硫（SO_2）、二氧化氮（NO_2）的年均浓度持续下降，2014年二氧化硫（SO_2）年均值为 28 微克/立方米，二氧化氮（NO_2）年均值为 41 微克/立方米，2015 年二氧化硫（SO_2）

年均值为 22 微克/立方米，二氧化氮（NO₂）年均值为 45 微克/立方米，这两项指标基本与沿海城市持平。2015 年热电联产集中供热面积达到 1100 万平方米，燃气普及率达到 61.3%，城区空气质量持续改善。

3. 加快火电、水泥等重点排污行业脱硫脱硝工程。我国政府正在推动燃煤电厂的超低排放改造工程，要求电厂排放的二氧化硫、氮氧化物和烟尘接近天然气电厂的水平。平凉发电公司总投资 3.77 亿元，分别于 2008 年、2010 年实施了 1-6 号烟气脱硫工程，累计减少二氧化硫排放 3.2 万吨。崇信发电公司建成了烟气脱硫工程，脱硫效率达到 96% 以上，减少二氧化硫 1.1 万吨。2012 年底建成华能平凉发电公司 5#、6#机组和中水崇信发电公司 2#机组脱硝工程。2013 年实施华能平凉发电公司 2#、4#机组和中水崇信发电公司 1#机组脱硝工程。全市 30 万千瓦以上火电机组均完成了脱硫设施烟气旁路取消工程，脱硫率达到 95% 以上。平凉海螺水泥公司和平凉祁连山水泥公司完成了烟气脱硝治理。

4. 抓工业企业废气污染治理，强化企业施治。在工业企业方面，近几年经过市、县（区）共同努力，特别是采取了一系列治理措施，不断强化执法监管力度。实施了泾川县家园陶瓷、华润建材等一批工业企业废气污染治理项目。诸如平凉发电公司、祁连山水泥公司、平凉海螺水泥公司等企业，污染源治理工作取得良好效果。目前主要是全面清理整顿燃煤小锅炉，推进挥发性有机物污染治理；抓好落后产能淘汰工作，严控"两高"行业新增产能，加快淘汰落后产能；抓好能源结构调整，控制煤炭消费总量，严格限制高灰分、高硫分的劣质煤进入平凉市。降低万元地区生产总值能耗。各级环保部门要稳固工业企业废气治理成果。按照市、县监察

执法网格化管理规定，落实网格化管理考核奖惩机制，明确
网格监管责任人，充实县区基层网格监管力量，提升冬防期
间低空面源污染监管水平和能力。对重点企业生产工况、环
保设施运行等情况进行明察暗访，主要在线检查企业工况运
行、环保设施运行、污染物排放浓度和总量以及排放口实时
排放情况，发现异常情况立即通知驻厂人员现场查处。督促
辖区内陶瓷、石灰和集中供热锅炉重点企业安装在线监控设
施。对城区及周边搅拌站、混凝土砼混站、沥青拌和站等企
业进行专项整治，对选址不当和未经环评批复的经营者全部
依法取缔。企业是大气污染治理的责任主体，要按照环保规
范要求，加强内部管理，增加资金投入，采用先进的生产工
艺和治理技术，确保达标排放，甚至达到"零排放"；要自
觉履行环境保护的社会责任，接受社会监督。

5. 严防严控燃煤污染。严格按照国家燃煤质量管理要
求，强化商品煤全过程管理，提高终端用煤质量，推进煤炭
高效清洁利用。一是实施煤炭总量控制。市能源局负责制定
《平凉市煤炭经营使用监管办法》，明确全市煤炭使用总量控
制规定，建立健全煤炭质量管理体系，严格用煤标准和煤炭
流通、销售等环节管控措施。二是清理整顿煤炭专营市场。
对全市重点用煤大户、型煤生产和煤炭经销企业开展清查整
顿，对使用、生产和供应劣质煤的企业采取重罚、查扣生产
设施等措施，杜绝劣质燃煤、型煤的生产、流通和使用。并
要求现有煤炭贮存场地必须建设防尘抑尘设施，运煤车辆必
须加盖篷布杜绝煤炭运输污染。三是开展煤质定期抽检工作。
市技术监督局负责对全市煤炭专营市场煤质开展定期抽检，
对不符合国家和省市燃煤质量要求的，严格按规定查处，并
在媒体公示煤质抽检结果。四是加强散煤煤质管理。市委市

政府要求各县区、平凉工业园区管委会要根据实际情况，统筹建设规范的煤炭专营市场和二级煤炭配送网点，确保供应符合环保要求的洁净煤，推进煤炭清洁化利用。五是全面清理整顿和关停燃煤小锅炉。市政府要求各县区、平凉工业园区管委会负责完成集中供热管网覆盖范围内燃煤供暖锅炉淘汰关停任务，对集中供热管网覆盖范围外10蒸吨以下燃煤供暖锅炉和茶浴燃煤小锅炉进行排查清理，制定关停计划，采取电能、"空气能热泵"、燃气、太阳能等清洁能源替代燃煤。平凉中心城区要在2015年底之前完成燃煤立式茶浴炉取缔改造工作，实现燃煤茶浴炉"清零"。同时，严格按照《锅炉大气污染物排放标准》（GB13271—2014）要求，落实在用燃煤锅炉管制措施，在2015年10月31日前完成各自辖区内10蒸吨以上在用蒸汽锅炉和7MW以上在用热水锅炉废气治理设施升级改造任务，确保废气污染物排放达到新标准要求。

（二）加快煤炭开发利用方式的清洁化、高效化

目前在平凉市大气污染物中，由煤炭相关产业生成的污染物占了较大比重。加快煤炭开发利用方式的清洁化、高效化显得极为重要。第一，整体推进煤炭在全行业、全产业链的清洁利用，推进煤炭生产由"以需定产"向"科学开发方式"转变，推进煤炭粗放供应向对口消费转变，推进燃煤发电局部领先向整体节能环保转变，推进传统煤化工向现代煤化工转变，推进长距离输煤输电独立发展向协同发展优化输配转变，逐步实现煤炭开发利用方式的清洁化、高效化，全面提高煤炭可持续发展能力，实现煤炭开发利用与社会、经济、资源、环境协调发展。按照国务院《大气污染防治行动计划》要求，到2017年，原煤入选率达到70%以上。第二，

按照"符合标准准予开采，新建矿井达标建设，不达标准升级改造，不可改造强制退出"的思路，开发煤炭资源，实现科学产能标准的矿井所占比重逐年上升。第三，全面提高煤炭供应质量。目前我国商品煤洁配度为 25%，而美国高达 60%。[1]按照洁配度即煤炭质量和满足用煤设备煤质要求的程度测算，每亿吨标准煤洁配度提高 1 个百分点，年可节约 17 万吨标准煤，减排二氧化硫约 1.1 万吨，减排二氧化碳约 38 万吨。推行煤炭全面洗选，全面提升煤炭洁配度水平，推进煤炭分质、分级利用，统筹优化煤炭输运模式、减少无效运输和污染物排放。第四，扩大城市高污染燃料禁燃区范围，逐步由城市建成区扩展到近郊。结合城中村、城乡接合部、棚户区改造，通过政策补偿和实施峰谷电价、季节性电价、阶梯电价、调峰电价等措施，逐步推行以天然气或电替代煤炭。鼓励农村地区建设洁净煤配送中心，推广使用洁净煤和型煤。

通过不懈努力，2013 年，全市地区生产总值完成 341.92 亿元，同比增长 11.3%，能源消费总量 444.78 万吨标准煤（等价值），同比增长 3.67%，万元 GDP 能耗 1.3136 吨标准煤，比 2012 年下降 7.58%，完成了省政府下达的 2013 年万元地区生产总值能耗下降 4%的目标任务。2014 年，全市地区生产总值完成 350.53 亿元，同比增长 8%，单位生产总值能耗 1.27 吨标准煤，同比下降 3.33%，万元工业增加值能耗 4.72 吨标准煤，比 2013 年下降 10.06%，超额完成省上下达的万元工业增加值能耗降低 3.43%的责任目标。2015 年前三季度，全市预计综合能源消耗量 366 万吨标准（等价值），

---

[1] 谢克昌："'煤炭革命'不是'革煤炭的命'"，载《光明日报》2015 年 2 月 13 日。

同比上升 7.1%，单位生产总值能耗量预计控制在目标值 3.2% 之内。"十三五"期间继续强化工作措施，优化产业结构布局，控制煤炭消费总量，实施大气环境综合整治，加强大气环境应急管理，确保我市大气环境质量持续好转。煤炭对空气质量的影响主要由散煤造成，而散煤涉及千家万户，是一个比较难解决的问题。要在做好散煤管控工作上有更大的投入，有更好的办法。

（三）积极实施新《环境空气质量标准》

《环境空气质量标准》（GB3095—2012）（以下简称新标准）是 2012 年 2 月发布的。国家环保部提出新标准实行分期实施：即 2012 年在京津冀、长三角、珠三角等重点区域以及直辖市和省会城市实施；2013 年在 113 个环境保护重点城市和国家环保模范城市实施；2015 年在所有地级以上城市实施；2016 年 1 月 1 日在全国实施。

实施新《环境空气质量标准》（GB3095—2012）是贯彻落实新《环境保护法》、加快推进大气污染治理、保障人民群众身体健康的重要措施，也是环境监管执法新常态下加强大气环境治理的客观需求。新的《环境空气质量标准》增加了污染物监测项目，部分污染物限值更加严格，可以全面、科学、客观地反映环境空气质量状况，使监测和评价结果与人民群众切身感受相一致。与新标准同步实施的《环境空气质量指数（AQI）技术规定（试行）》，增加了环境质量评价的污染物因子，可以更好地表征环境空气质量状况，反映当前复合型大气污染形势，有利于提高环境空气质量评价工作的科学水平，更好地为公众提供健康指引，消除公众主观感观与监测评价结果不完全一致的现象。

按照环保部和省环保厅的要求，平凉市作为第三批实施城市之一，2014 年中央财政下拨专项资金 221 万元，市级财政配套资金 55 万元完成了平凉城区国家环境空气监测网项目工程，2015 年 1 月 1 日起新空气自动监测系统正式与国家环保部及省环境监测中心站联网，进行数据实时上传。同时向社会公众提供发布空气质量信息服务。新空气自动监测系统监测的污染因子为二氧化硫、二氧化氮、一氧化碳、臭氧、可吸入颗粒物和细颗粒物，由以前开展的三项扩展六项指标。

（四）深化面源污染治理，综合整治城市扬尘

城区扬尘一直是平凉市大气环境污染的症结，加之冬季降雨量减少，气候干燥，燃煤污染增加，沙尘天气频发，零度以下天气不利于洒水抑尘和湿法清扫等，给冬季空气质量改善造成极大压力。市政府以建筑工地扬尘、道路扬尘、矿山开采扬尘污染治理为重点，制定了平凉城区建筑工地扬尘污染控制方案和管理办法，综合整治城市扬尘。

1. 加强施工扬尘监管，积极推进绿色施工。一些开发建设单位为了抢工期，在未确定施工单位、未采取任何保洁措施的情况下，就对工地进行渣土清运和开方；大部分房屋拆迁项目没有扬尘方案，临街地段未设置围挡，更谈不上封闭作业……这些造成扬尘污染的罪魁祸首，在日常生活中并不鲜见。建筑施工扬尘问题当前突出表现在建筑工地防尘工作薄弱、房屋拆迁施工扬尘突出、渣土运输造成二次污染、建筑垃圾随意处置等。长期以来，很多人认为建筑施工扬尘对大气质量影响不大，作业施工产生扬尘不可避免，因而缺乏主动作为意识。同时，监管部门之间缺少联动，监管力量也不足。市政府提出了"三个必须"（即：建筑工地周围和材料堆放场必须设置全封闭围挡墙，建筑工地必须配备以雾炮抑尘系统为主的扬尘控制设施，建筑垃圾堆放、清运过程必

须采取相应抑尘和密闭措施）和"五个百分之百"（即工地沙土 100% 覆盖，工地路面 100% 硬化，出工地车辆 100% 冲洗车轮，拆除房屋的工地 100% 洒水压尘，暂时不开发的空地 100% 绿化）的专门要求，各类施工工地未能按要求完全落实防尘抑尘降尘措施的，要立即实行停工整顿。特别是冬季停工后的工地裸露土地、堆沙堆土场、施工场地道路及城区周边建筑物料堆场等务必采取硬化、覆盖、安装抑尘网、封闭储存、定期喷洒等防风抑尘措施。建设工程施工现场应全封闭设置围挡墙，严禁敞开式作业，施工现场道路应进行地面硬化。渣土运输车辆应采取密闭措施，并逐步推行道路机械化清扫等低尘作业方式。大型煤堆、料堆要实现封闭储存或建设防风抑尘设施。据市、区住建局、环保局、安监局联合检查组对中心城区（包括工业园区）所有在建的重点项目、房屋建筑、市政工程，建筑工地扬尘集中整治暨建设工程安全质量综合执法检查情况通报显示，平凉市城区未办理施工许可证擅自开工建设、施工现场扬尘治理不到位、施工安全等存在问题较为突出。绝大多数施工企业没有严格落实城市建设工地扬尘管控"三个必须"和"五个百分之百"目标要求。部分工地施工主要道路硬化、砂化不到位、排水不畅；大部分工地已设置洗车台或洗车设施，但工地洗车台、洗车设施的位置设置不合理，冲洗设备不到位，未按规定要求设置沉淀池，部分工地的洗车台没有正常使用，车辆进出工地冲洗监管不严；现场堆放的渣土、裸露地面未采取有效覆盖措施、砂浆搅拌作业无密封防尘措施，施工现场周边环境差；密目网围挡不完整、破损，部分项目未安装视频监控；大多数企业及项目部对扬尘治理工作重视不够，无扬尘控制方案，施工现场未能按扬尘治理相关规定开展有效的扬尘防治工作；部分工程的监理对施工现场明显存在对扬尘现象熟视无睹，对施工单位扬尘治理工作督促整改不力。[1]将建筑施工和房屋拆除扬尘防治纳入日常监管范畴，严格开工程序，凡建设单位未制定扬尘污染防治方案、未按要求设立扬尘治理费用专用账户，一律不得开工建设；凡工地围挡、道路硬化、安全网设置等未达到要求的，一律停工整改。对于严重违反扬尘防治要求的建筑工地，一律记入企业不良行为记录，实行重点监管。

2. 抓道路扬尘治理。严管城市道路整修过程中沿街堆放的土方和建筑物料，防止外溢造成扬尘污染。以机械化清扫为主、人工清扫为辅的作业方式，对隔离带、绿化带等机械清扫不到的死角和路面漏撒物必须进行人工辅助清扫。认真落实网格管理责任，严禁焚烧垃圾、秸秆和枯枝落叶。城市道路开挖必须分段、封闭、错时施工，施工段完成后要及时恢复道路原貌，对道路施工扬尘防控措施不到位的，不得进行下一阶段施工。城区及周边裸露土地、树下集雨坑泥土、街道病害路面积雨淀泥处必须落实湿法吸尘、绿化、覆盖、洒水等抑尘措施。在气温不结冰的时段，必须坚持定期对城区道路绿化带、树木实施喷灌降尘措施。确保建成并充分发挥平凉城区大气污染防治项目的作用，切实发挥项目效益。对主次街路实行"七扫十洒十喷全天保洁"制度，加大近地层和高空喷洒抑尘频次，减轻可吸入颗粒物（PM10）和细颗粒物（PM2.5）造成的环境污染。

3. 抓土地开发和非煤矿山开采扬尘治理。严抓土地开发、非煤矿山开采等项目环评制度的落实工作。明确生态恢

---

〔1〕 吕娅莉："平凉城区'拉网式'集中整治建筑工地扬尘"，载《平凉日报》2015 年 11 月 26 日。

复和环境保护措施，业主单位必须购置喷雾抑尘设备及洒水车辆，制定切实可行的扬尘治理方案，对施工过程采取喷雾洒水等措施抑尘降尘。加强对施工场地运输车辆表层喷湿、加盖篷布、清扫车沿、冲洗车轮等防控措施落实，防止运输过程中土方撒落产生二次扬尘。依法依规坚决取缔城市周边非法采矿、采石和采砂企业，坚决禁止滥挖滥采等违法问题发生。高速公路、铁路两侧和城市周边非煤矿山等产生扬尘污染的企业，必须严格按照环保要求和标准，采取切实可行的扬尘防治措施，减少扬尘污染。

4. 健全中心城市大气污染防治设施。2015 年 9 月 22 日，市、区在现有 2 辆多功能抑尘车的基础上，又新购 3 辆多功能抑尘车，并投入使用。由于外形酷似炮筒，被人们称为"雾炮车"。"雾炮车"射程最远达 80 多米，最大覆盖面积达 1.57 万平方米。喷洒过后，空气中有细微雾状颗粒飘落，让人顿时感觉空气清新。每台多功能抑尘车工作效率约为普通洒水车的 30 倍，而且比较节水，能够很好地缓解冬季干燥引起的空气质量下降和雾霾天气。新的抑尘车运行后，可保证洒水作业覆盖城区主要干道及 312 国道市区内全路段，每天洒水喷雾作业 10 次，为平凉城区抑尘降尘工作再注入新鲜"血液"。

5. 实施企业除尘治理。2014 年以来，全市先后实施了平凉电厂和崇信电厂 7 台机组除尘改造和一批陶瓷、石灰、有机肥生产车间粉尘治理项目，环保部门对检查发现的 163 个环境违法问题，进行了治理整顿，对在项目建设中清查出的 81 个"未批先建"项目，要求在规定的时间内进行补办或进入补办环评程序。

（五）强化移动污染源防治

机动车污染主要涉及四个方面：车、油、路、管。车是指现在我们生产的机动车，基本上都有污染防治的措施，现在全国执行的是国四标准，有些地方还用国三的，基本上是和国外处在同步的状态。油一直是我们的瓶颈，油品最重要的一个指标是硫的含量，现在一般在国际上发达国家都是 10 个 PBM，而我国国三的油是 150 个 PBM，国四是 50 个 PBM，硫的含量比较高。原因是汽车尾气有二氧化硫排放；更重要的原因是硫会对我们汽车里面的所谓的三元催化器（专门做污染防治的）——会导致它中毒。所以，我们要保证汽车的污染防治措施能实实在在发挥作用，必须对油品进行提升。路的问题一是路网，由于道路的设计有不合理的地方，导致一些拥堵。二是路面，由于建设活动特别频繁，路面上这个也挖，那个也挖，挖完了以后路面都是坑坑洼洼的，一颠之间，汽车的排放量就会增大。同时，路的提供的量不够，大大迟缓于机动车数量发展的水平，导致道路不畅通。所以，新修订的《大气污染防治法》规定，城市人民政府应当加强并改善城市交通管理，优化道路设置，保障人行道和非机动车道的连续、畅通。最后一个是管，管是汽车总量控制的问题，一个城市不可能无节制地发展私人的小轿车，对它要有一个合理化的总量的管控。另一个管理是交通本身的管理，交通本身的管理，如果以保证交通畅通为目标的话，能大大减少污染的程度。

1. 加快淘汰黄标车和老旧车辆。根据国务院《大气污染防治行动计划》要求，到 2015 年，淘汰 2005 年底前注册营运的黄标车，到 2017 年，基本淘汰全国范围的黄标车。2014 年 8 月 15 日甘肃省人民政府办公厅下发了《甘肃省淘汰尾气排放不达标黄标车和老旧报废机动车工作实施办法》，2015 年 6 月 30 日，平凉市机动车排气污染防治工作领导小组办公室，根据《甘肃省提前淘汰"黄标车"奖励资金管理办法》，发布了《平凉市提前淘汰"黄标车"奖励资金公告》。奖励标准是：①报废重型载货车18 000元/辆；②报废中型载货车13 000元/辆；③报废轻型载货车9000元/辆；④报废微型载货车6000元/辆；⑤报废大型载客车18 000元/辆；⑥报废中型载客车11 000元/辆；⑦报废小型载客车7000元/辆；⑧报废微型载客车5000元/辆。奖励比例：①载货汽车，提前淘汰时间距离国家强制报废年5年（含5年）以上的，按奖励限额标准全额奖励；距报废年限1~5年且提前淘汰的，按奖励限额60%给予奖励。②载客汽车，提前淘汰时间距离国家强制报废年4年（含4年）以上的，按奖励限额标准全额奖励；距报废年限1~4年且提前淘汰的，按奖励限额60%给予奖励。③无使用年限限制的非营运小、微型客车和大型轿车提前淘汰的，按奖励限额标准全额奖励。要求全市各县（区）政府、公安部门、住建、交通、中石油等部门配合，针对汽车尾气污染问题要采取加快"黄标车"淘汰步伐、黄标车、老旧机动车限行和无标车禁行以及市区主干道车辆实行合理分流、限行等措施。从2015年4月1日至6月30日，每日7时至20时，为黄标车限行过渡期；从2015年7月1日起平凉中心城区24小时对黄标车限行，对无标车禁行。市、区公安部门严格按照《平凉中心城市黄标车辆区域限行实施方案》要求，持续抓中心城区黄标车限行和无标车禁行工作。崆峒区城管执法局负责抓下班期间农用车、老旧车进城尾气污染管控和城区主街道物料运输车辆无密闭、苫盖情况的查处工作。交通运输部门采取吊销《营运证》和不予办理《道路运输证》等措施，加大对运营黄标车、老旧车淘汰力度，及时汇总淘汰数据，建立台账，按月进行调度。同时，要求健全营运黄标车淘汰工作协调机制，落实责任人，加强沟通配合，力争2015年年内全面淘汰平凉市2005年底前注册还未淘汰的881辆营运黄标车和老旧车。市上积极筹措资金落实省上有关补助政策，市环保部门协同财政、商务、公安部门做好黄标车提前淘汰奖励补贴等服务工作，整合完善黄标车及老旧车排污监控信息平台，收集汇总各类信息数据，确保2017年底基本淘汰全市范围内的"黄标车"。

2. 加强机动车环保管理。2013年1月24日环保部等部门印发的《"十二五"主要污染物总量减排监测办法》对机动车的污染监测提出硬性要求——到2015年底前，机动车环保检验率（含免检车辆）达到80%。2012年3月平凉市在全省率先出台了《平凉市机动车排气污染防治管理暂行办法》，成立了机动车污染防治领导小组及办公室，在5个有条件的县（区）设立了机动车环保检测站，抽组专职工作人员。2013年平凉全面启动了机动车环保合格标志核发工作，全市共完成机动车环保检测4.44万辆，核发机动车环保检验合格标志4.44万枚，完成省上任务的103.3%。淘汰2005年以前运营的黄标车125辆，占应淘汰车辆的77.6%（省上要求完成30%）。2014年全市共核发机动车环保标志47 569个，应检机动车全部通过了环保检验，环保标志发放率100%；淘汰黄标车615辆，报废注销老旧机动车3766辆。2015年全市机动车环保定期检测43 426辆，发放环保标志52 797枚，发标率100%；淘汰黄标车351辆，老旧车1914辆，其中淘汰2005年底前注册营运黄标车174辆。

市政府要求环保、工业和信息化、质检、工商等部门联合加强新生产车辆环保监管，严厉打击生产、销售环保不达标车辆的违法行为；加强在用机动车年度检验，对不达标车辆不得发放环保合格标志，不得上路行驶。加快柴油车车用尿素供应体系建设。缩短公交车、出租车强制报废年限。鼓励出租车每年更换高效尾气净化装置。开展工程机械等非道路移动机械的污染控制。机动车排气污染防治工作积极推进，对改善城区环境空气质量起到了重要作用。

3. 加强油品质量监督检查，提升燃油品质。机动车、燃煤、扬尘等是当前平凉市环境空气中颗粒物的主要污染来源，严厉打击非法生产、销售不合格油品行为，推进燃油质量升级是改善环境、治理空气污染、促进绿色发展、增添民生福祉的重要举措。平凉市委市政府要求质检和环保部门加大生产领域燃油、油品质量的监督检查力度，督促生产企业执行机动车燃油、油品标准；对全市车用油品质量进行全面检测和整顿，对不合格油品经营者要加大处罚力度，努力减少细颗粒物、氮氧化物对大气环境造成的污染。倡导城区行政机关、企事业单位公交出行、绿色出行，减少上下班高峰期车辆集中大量出行造成大气污染物浓度超标现象；督促通勤车、出租车和公交车使用清洁能源减少尾气污染。

在加强油品质量监督检查的同时，平凉市应积极实施燃油品质提升活动。提升燃油品质是2013年9月出台的"大气十条"重要措施之一，2015年4月28日，国务院总理李克强主持召开常务会议，确定加快成品油质量升级措施，推动大气污染治理和企业技术升级。一是将2016年1月起供应国五标准车用汽柴油的区域，从原定的京津冀、长三角、珠三角等区域内重点城市扩大到整个东部地区11个省市全境。二是将全国供应国五标准车用汽柴油的时间由原定的2018年1月，提前至2017年1月。三是增加高标准普通柴油供应，分别从 2017 年 7 月和 2018 年 1 月起，在全国全面供应国四、国五标准普通柴油。与国四标准相比，国五标准中硫含量从不大于 50ppm 大幅降低为不大于 10ppm。环保部科技标准司曾表示，经过测试，即使现有汽车不作任何改造，使用国五汽柴油，汽车尾气中的有关污染物排放也将减少 10%。

4. 大力推广新能源汽车。《甘肃省节能环保产业发展规划（2014～2020 年）》以兰州、武威、张掖、平凉、嘉峪关为重点，推进电动汽车和甲醇汽车产业发展，重点推动吉利汽车兰州新能源汽车生产基地、武威新能源汽车产业园、兰州金川科技园新能源动力电池等项目建设及兰州、平凉新能源汽车试点城市建设。2014 年 11 月，国家工信部对《平凉市甲醇汽车试点实施方案》备案批复，标志着甲醇汽车试点项目正式在平凉市落地。甲醇燃料是一种新型清洁燃料，可替代汽柴油，用于各种机动车、锅灶炉使用，是新能源的重要组成部分，车用甲醇可节省燃料费用 40%，污染物排放也远低于汽柴油。本次通过工信部审查的试点市仅兰州、平凉和贵州省贵阳市 3 个城市。2014 年新增清洁能源环保公交车60 辆。[1] 2015 年 6 月 28 日，平凉中力新能源甲醇出租车公司购置的首批 50 辆甲醇出租车在启动仪式之后已正式投入运营，并减免出租车经营权费 55 万元；平凉双星能源公司购置 6 辆甲醇载重车，承担中心城区生活垃圾及建筑垃圾的运载任务。认真贯彻落实《甘肃省加快新能源汽车推广应用实施方案》，加快推进我市新能源汽车产业发展，加快中心城区、商务区等地充电桩（站）规划建设，积极落实新能源汽车补助政策。平凉市煤炭产能达到 2700 多万吨，甲醇产能达到

---

〔1〕 臧秋华："2015 年平凉市政府工作报告"，载《平凉日报》2016 年 2 月 5 日。

60 万吨，建成了 3 万吨甲醇汽油生产调配中心、万吨高比例甲醇燃料添加剂生产线等一系列甲醇燃料项目，为开展甲醇汽车试点工作提供了可靠的原料保障。甲醇燃料不仅含氧助燃，能自行清除积炭、油垢，延长发动机寿命，而且能使汽车尾气中的有害气体排放量大幅降低，是目前国家推广应用的先进清洁燃料之一。市民乘坐时普遍感受到，甲醇出租车起步、爬坡、加速时无烟、无尘、无味，乘车人、附近行人再也闻不到那种令人不快的油气味了。甲醇汽车试点工作带动了全市甲醇清洁燃料的推广应用，灶用甲醇逐步推广，民用甲醇汽车数量也在不断增加，为节能减排做出了积极贡献。首批 50 辆甲醇出租车上路运营后，各项监测数据正常，社会反响良好，现经过调整，其运营成本已低于天然气出租车。[1]

市政府倡导公交、环卫等行业和政府机关要率先使用新能源汽车，并采取直接上牌、财政补贴等措施鼓励个人购买。推广使用清洁能源，到 2016 年支持投放 150 辆甲醇出租车、20 辆甲醇载重车。将于 2016 年 4 月开始建设西北最大的电动汽车充电网络，该工程争取国家专项建设基金支持，将在未来三年内投资 8 亿元，由平凉泓源新能源公司实施充电桩建设项目。工程包括在全市范围内新建集中式充电站 22 座，建设覆盖公交、出租、景区、城际车站、公务等公共服务领域充电站 48 座，停车充电一体化设施 120 座，分散式充电桩5000 个，总充电桩超过 1 万个，形成西北覆盖面最全、网络最完善的充电服务平台，覆盖全市各县区、各领域，可满足3 万辆电动汽车充电需求，该项目的建成，将进一步加快推

---

〔1〕胥富春：“我市甲醇汽车试点进展顺利——燃料费调整后甲醇车显优势”，载《平凉日报》2015 年 11 月 18 日。

动电动汽车普及，引导绿色低碳生活方式，减少汽车尾气排放，改善城市空气环境。[1]

5. 加强城市交通管理。优化城市功能和布局规划，推广智能交通管理，缓解城市交通拥堵。实施公交优先战略，提高公共交通出行比例，加强步行、自行车交通系统建设。根据城市发展规划，合理控制机动车保有量，通过鼓励绿色出行、增加使用成本等措施，降低机动车使用强度。

6. 下大力气解决交通拥堵问题。实行有利于促进停车设施建设、有利于缓解城市交通拥堵、有效促进公共交通优先发展与公共道路资源利用的停车收费政策。从 2015 年 10 月开始，平凉市中心城区取消了部分临时停车场收费制度，重新规划停车泊位，12 个车位全部向市民免费开放，解决停车难问题。截至 2015 年 8 月，平凉市中心城区拥有各类机动车 8.27 万辆，但中心城区的停车位总数仅有 3.3 万个左右，其中固定及临时停车场 66 处，停车位 2700 个，道路两侧临时停车位 3000 个，小区车库 350 个，地下停车位 3600 个，地上停车位 2.2 万个，停车位仅占城区机动车辆总数的 65.3%，机动车保有量迅速增长与城市停车场建设滞后的矛盾日益加剧。到 2020 年，中心城区规划新增公共停车场 23 处，5300 个停车位。规划配套建设停车场 25 处，4800 个停车位。同时，结合交管部门相关规划，新增城区道路内停车位 4500 个。

通过城市功能的分散布局，引导老城区人口向外围疏解；优化线路站点，设置专用通道，在中心城市建设崆峒大道 BRT 大运量公交，在人流密集的交叉路口建设一批人行过街

[1] 杨昕：“平凉将建设西北最大电动汽车充电网络”，载《平凉日报》2016 年 3 月 28 日。

设施，减少行人和车辆的互相干扰；树立"窄马路、密路网"的城市道路布局理念

（六）全面推行清洁生产

对水泥、化工、石化等重点行业进行清洁生产审核，针对节能减排关键领域和薄弱环节，采用先进适用的技术、工艺和装备，实施清洁生产技术改造；到2017年，重点行业排污强度比2012年下降30%以上。推进非有机溶剂型涂料和农药等产品创新，减少生产和使用过程中挥发性有机物排放。积极开发缓释肥料新品种，减少化肥施用过程中氨的排放。

（七）积极发展绿色建筑

按照"适用、经济、绿色、美观"的建筑方政，政府投资的公共建筑、保障性住房等率先执行绿色建筑标准。新建建筑要严格执行强制性节能标准，推广使用太阳能热水系统、地源热泵、空气源热泵、光伏建筑一体化、"热—电—冷"三联供等技术和装备。推进供热计量改革，加快采暖地区既有居住建筑供热计量和节能改造；新建建筑和完成供热计量改造的既有建筑逐步实行供热计量收费；加快热力管网建设与改造。

（八）发挥市场机制调节作用

本着"谁污染、谁负责，多排放、多负担，节能减排得收益、获补偿"的原则，积极推行激励与约束并举的节能减排新机制。建立企业"领跑者"制度，对能效、排污强度达到更高标准的先进企业给予鼓励。

全面落实"合同能源管理"的财税优惠政策，完善促进环境服务业发展的扶持政策，推行污染治理设施投资、建设、运行一体化特许经营。完善绿色信贷和绿色证券政策，将企业环境信息纳入征信系统。

（九）强化政府的环境保护责任

建立大气环境保护目标责任制和考核评价制度，对县区人民政府及其有关部门进行考核；要求不达标的城市编制限期达标规划，采取措施限期达标。将重污染天气应急响应纳入各级政府突发事件应急管理体系，推动市县联动，共同应对；抓好督查考核和责任追究，落实联防联控责任，明确工作落实主体，加大考核奖惩力度。

（十）抓好监测预警应急，建立健全监测预警体系

贯彻落实《中华人民共和国环境保护法》和《中华人民共和国大气污染防治法》，对 PM2.5 等公众关注的污染因子进行实时监测并向社会大众公布，满足公众对环境质量的知情权。科学设置中心城区空气环境质量监测点位，客观准确地监测和公开平凉城区空气环境质量状况。市政府于 2015 年 12 月 7 发布了《平凉市重污染天气应急预案》（以下简称《应急预案》），当空气质量指数 $200 < AQI \leqslant 300$ 且连续 48 小时气象条件不利于污染物扩散将启动重污染天气预警响应工作。《应急预案》强化了应急措施、加大了督察考核和社会监督力度。

（十一）严格督查考核

各县区、平凉工业园区管委会都成立由环保、工信、公安、建设、城管执法、质检等部门为成员的综合执法组，充分发挥部门联动作用。崆峒区政府认真借鉴兰州市大气污染治理先进经验，积极推行网格化管理，在平凉城区划定管理区域，对大气污染源逐一排查，列出清单，把工作任务、目标要求、具体措施细化到包抓领导、责任部门（单位）、责任社区和责任人。并定期对网格管理人员开展大气污染治理业务培训，提升冬季大气环境生活面源污染监管水平和能力。

真正做到中心城区巡查监管全覆盖，措施落实全覆盖，责任落实有保障。

平凉中心城区冬季大气污染治理工作由崆峒区政府进行周检查，由市大气污染治理领导小组办公室进行月督查。对在检查和督查中图形式、走过场、弄虚作假、搞形式主义等导致工作任务欠账的单位和个人，按相关规定进行问责；对重视程度不够、工作不积极、措施不落实，甚至推诿扯皮、行动迟缓、得过且过的，转办事项未在限期内办结或同一问题多次督促不整改的责任单位和责任人，依规依法问效追责；市政府按照《平凉市大气污染防治考核办法》（以下简称《办法》）全面实施年度考核，对考核不合格的县区、部门，按《办法》规定严格落实奖罚措施。

（十二）开展餐饮油烟污染治理

要求城区餐饮服务经营场所安装高效油烟净化设施，推广使用高效净化型家用吸油烟机。按照属地管理要求，对城区餐饮服务场所全面排查清理，对污染治理设施配套、清洁能源使用情况进行登记备案。督促城区餐饮单位全面落实高效油烟净化设施和噪声防治设施配套安装。依法取缔城市环境敏感地段露天烧烤摊点和露天生活小火炉，对非环境敏感区露天烧烤实行进店和油烟净化设施配套安装。对新、改、扩建餐饮场所严格落实环评措施。环保部门对有关企业、单位和个体经营户在治污减排措施落实中存在的具体困难和问题认真解决，在污染治理设备供应、设施运行维护等环节，提供优质高效的服务和指导。

（十三）推进城市及周边绿化和防风防沙林建设

充分利用城镇周边闲置土地和荒山坡地开展植树造林，加大生态修复力度，加强公共绿地、道路绿化建设。加大平凉城区南北面山和防风防尘林带建设力度，确保面山绿化率达到100%。组织实施一批城区增绿工程，努力打造绿色城市、花园城市、景观城市，扩大城市建成区绿地规模，特别是森林植被规模。城市林业是城市的绿色基础设施，对建设生态结构合理、生态服务功能高效的城市生态系统，保障城市可持续发展意义重大。在城市生态系统中，有限的绿地空间需要承载更多的生态功能。比起草坪、硬化地面和华而不实的人工园艺，健康的森林生态系统能够实现生态功能的良性循环，减少人工投入。在改善生态环境、减缓城市热岛效应、吸碳释氧、促进居民健康方面的作用不容忽视。据测算，1 公顷阔叶林每天可以吸收 1 吨二氧化碳，释放 730 千克氧气，1 年可以滞留灰尘 36 吨；夏日林地的地温比广场要低 10 至 17 度，5 至 7 米的防护林带可以降低城市噪音 8 至 10 分贝，城市森林的生态功能是一般草坪、园地和广场所不可比拟的，尤其是适合当地生长的以乔木为主的近自然森林。公众对城市林业减少水土流失、调控雨洪灾害、维持生物多样性等还关注不够。平凉市城市绿化用地有限，应当坚持"以树为主、花木相随、优化品种、植物多样、和谐搭配"的原则，尽量实行"树下有花、花下有草"的立体绿化模式。要尽可能做到"点线面、高中低、多品种"的科学有机结合，使城市真正成为"城在林中、林在城中、花木繁茂、四季常青"的大花园。实现让森林走进城市，让城市拥抱森林，让森林与城市真正融合。

（十四）狠抓环境监管执法

加大执法力度，对偷排偷放、超标排放等各种恶意违法行为"零容忍"，发现一起处理一起。对严重违法、屡查屡犯的企业坚决查处，依法追究企业主体责任和部门监管责任。

对所有新改扩建项目必须进行环境影响评价，达不到环评要求的一律不得上马。继续开展排污许可证核发和工业企业环保标准化建设工作，实行动态管理，其评定结果与企业诚信度、国家补助项目和政府扶持政策等各类激励、制约措施挂钩。加大环境信息公开力度，主动接受社会监督。

平凉市大气污染防治工作虽然取得了一定成绩，但与当前环境保护形势相比，在贯彻落实大气污染防治措施上还存在以下问题：一是公众环保意识还有待加强，对环境保护和大气污染防治宣传教育力度不够，全社会共同参与大气污染防治工作的氛围还没有形成，联防联治的工作机制还没有建立，存在各自为政、单打独斗的现象。二是大气污染成因复杂，防范难度大，受多方面因素影响较大，涉及面广，工作难度大，污染治理资金严重不足。三是随着城镇化建设步伐加快，群众生活水平提高，道路扬尘、餐饮油烟、汽车尾气已成为影响大气环境质量的重要因素，由于污染成分复杂、涉及面广、缺乏相应的监管措施，防治力度不够。四是个别企业环保法律意识淡薄，环保法律法规的措施落实不到位，存在污染防治设施运行不正常、"三防"措施落实不到位、突出问题整改不到位等现象。

四、大气环境的法治保障

（一）大气污染防治的法律法规和规章

法律是治理大气污染等环境问题的有力保障。大气污染防治法律体系包括《中华人民共和国环境保护法》《中华人民共和国大气污染防治法》《中华人民共和国突发事件应对法》《中华人民共和国大气污染防治法实施细则》《环境空气质量标准》《关于加强防尘防毒工作的决定》《汽车排气污染监督管理办法》《大气污染防治行动计划》等法律和行政法规、部门规章以及其他规范性法律文件。早在 1982 年国务院制定了《环境空气质量标准》，1996 年第一次修订，2000 年第二次修订，2012 年第三次修订。《环境空气质量标准》规定了环境空气功能区分类、标准分级、污染物项目、平均时间及浓度限值、监测方法、数据统计的有效性规定及实施与监督等内容，适用于环境空气质量评价与管理。2012 年第三次修订后，增加了 PM2.5 值监测。1987 年我国出台了《中华人民共和国大气污染防治法》，1995 年对这部法律作了修改，2000 年 4 月 29 日第九届全国人民代表大会常务委员会第十五次会议又进行了修订，但现行法源头治理薄弱，管控对象单一，重点难点针对不足，问责不严，处罚不够，已经不能适应现实的需求。2014 年 12 月 22 日，第十二届全国人民代表大会常务委员会第十二次会议首次审议大气污染防治法修订草案，2015 年 8 月 29 日三易其稿的《大气污染防治法》由十二届全国人大常委会第十六次会议修订表决通过，自 2016 年 1 月 1 日起施行。新修订的《大气污染防治法》明确提出防治大气污染应当以改善大气环境质量为目标，规定了地方政府对辖区大气环境质量负责、环境保护部对省级政府实行考核、未达标城市政府应当编制限期达标规划、上级环保部门对未完成任务的下级政府负责人实行约谈和区域限批等一系列制度措施，为大气污染防治工作全面转向以质量改善为核心提供了法律保障。

　　27 年后首次大修的大气污染防治法不仅在法条数量上几近翻一倍，内容上也基本对所有现行法条作出修改，其中不少规定凸显从治标走向治本的立法思路。被称为"史上最严"《大气污染防治法》，主要表现在四个方面：对政府要求最严、对污染源控制最严、对污染量控制最严和对违法行为处罚最严。提高违法成本，加大处罚力度，是大气污染防治法首次大修的鲜明特点。违法成本低，守法成本高，被公认为是近年来中国环境违规问题屡禁不止的重要原因之一。新的大气污染防治法共129条，涉及法律责任的条款有30条，具体的处罚行为和种类接近90种，大大提高了这部法律的可操作性和针对性。

新法的着力点在于总量控制强化责任、控车减煤源头治理、重典处罚不设上限、信息公开奖励举报等。新修订的《大气污染防治法》规定："防治大气污染，应当加强对燃煤、工业、机动车船、扬尘、农业等大气污染的综合防治，推行区域大气污染联合防治，对颗粒物、二氧化硫、氮氧化物、挥发性有机物、氨等大气污染物和温室气体实施协同控制。"

（二）大气污染防治的法律制度和法律措施

1. 大气污染物排放总量控制和许可证制度。这是防治大气污染的一项重要制度，是2000年修订的《大气污染防治法》新确立的法律规范。当前在我国许多人口和工业集中的地区，由于大气质量已经很差，即使污染源实现浓度达标排放，也不能遏制大气质量的继续恶化，因此，推行大气污染物排放总量控制势在必行。

在《大气污染防治法》中首先规定，国家采取措施，有计划地控制或者逐步削减各地方主要大气污染物的排放总量；地方各级人民政府对本辖区的大气环境质量负责，制定规划，采取措施，使本辖区的大气环境质量达到规定的标准；同时规定，国务院和省、自治区、直辖市人民政府对尚未达到规定的大气环境质量标准的区域和国务院批准划定的酸雨控制区、二氧化硫污染控制区，可以划定为主要大气污染物排放总量控制区。并且进一步明确，主要大气污染物排放总量控制的具体办法由国务院规定。在这个基础上，《大气污染防治法》中又规定，大气污染物总量控制区内有关地方人民政府依照国务院规定的条件和程序，按照公开、公平、公正的原则，核定企业事业单位的主要大气污染物排放总量，核发主要大气污染物排放许可证。对于有大气污染物总量控制任务的企业事业单位，《大气污染防治法》则要求，必须按照核定的主要大气污染物排放总量和许可证规定的条件排放污染物。向大气排放污染物的单位，必须按照国务院环境保护行政主管部门的规定向所在地的环境保护行政主管部门申报拥有的污染物排放设施、处理设施和在正常作业条件下排放污染物的种类、数量、浓度，并提供防治大气污染方面的有关技术资料。

排污单位排放大气污染物的种类、数量、浓度有重大改变的，应当及时申报；其大气污染物处理设施必须保持正常使用，拆除或者闲置大气污染物处理设施的，必须事先报经所在地的县级以上地方人民政府环境保护行政主管部门批准。向大气排放污染物的，其污染物排放浓度不得超过国家和地方规定的排放标准。

2. 污染物排放超标违法制度。《大气污染防治法》对大气环境质量标准的制定、大气污染物排放标准的制定作出了规定，同时先于其他环境污染防治法律明确了"达标排放、超标违法"的法律地位，规定：向大气排放污染物的浓度不得超过国家和地方规定的排放标准。超标排放的，应限期治理，并被处十万元以上一百万元以下的罚款（2000 年《大气污染防治法》为一万元以上十万元以下的罚款）。

3. 重点大气污染物排污权交易制度。所谓排污权交易是指在污染物排放总量控制指标确定的条件下，利用市场机制，建立合法的污染物排放权利即排污权，并允许这种权利像商品那样被买入和卖出，以此来进行污染物的排放控制，从而达到减少排放量、保护环境的目的。它是用法律制度将环境使用这一经济权利与市场交易机制相结合，使政府这只有形之手和市场这只无形之手紧密结合来控制环境污染的一种较为有效的手段。2015 年 7 月 23 日，财政部、国家发展改革委、环境保护部印发《排污权出让收入管理暂行办法》（财税〔2015〕61 号，下称《办法》）。该《办法》自 2015 年 10 月 1 日起施行。该《办法》明确，排污权出让收入为政府以有偿出让方式配置排污权取得的收入。排污权出让收入属政府非税收入，全额上缴地方国库，纳入地方财政预算管理。由地方环保部门按照污染源管理权限负责征收，并定期向社会公开污染物总量控制、排污权核定、排污权出让方式、价格和收入、排污权回购和储备等信息。排污权出让收入纳入一般公共预算，统筹用于污染防治。政府回购排污单位的排污权、排污权交易平台建设和运行维护等排污权有偿使用和交易相关工作经费，由地方同级财政预算予以安排。排污交易制度相较于传统的直接收费征税与事后处罚模式更适宜于市场发展的需要。这项制度的立意在于根据污染控制目标发放排污许可证，然后允许在各污染源之间进行许可证交易，将污染治理的成本交由市场机制来调节。具体来说，就是由环保部门通过测量确定出一定区域的环境质量目标，据此评估该区域的环境容量以及污染物的最大允许排放量，然后通过发放许可证的办法将这一排放量在不同的污染源之间分配，接着通过建立一个排污权交易市场使得这种由许可证代表的排污权能合理的买卖。对于政府来说，这样的制度有助于减少政府环境管理的成本，并遏制环保部门的寻租行为。而对于企业来说，由于排污许可证是可以交易的，所以排污交易制度使得企业在治理污染的方式上更具有灵活性。同时为了追求利益的平衡，企业对于治理污染往往更有积极性。根据这项制度的理论，在排污权的交易中，排污处理能力强和治理成本低的企业实际上处理了更多的污染，其多出的治理能力也没有浪费，从整体上讲社会的治理污染的成本也会随之降低。相对于传统的直接管制方式，排污交易还有一个潜在的好处，那就是对新污染源加入的控制。传统的直接管理制度采用的是收费制度，即先确定一个排污标准，然后让市场确定排放总量。如果新的污染源加入，只需要交费就可以进行排污，随着经济发展，排污量的增长会变得难以避免。而排污交易则是首先确定排放总量然后让市场确定排污价格，不管加入多少新的污染源，排污总量是不会变的，变化的只是治理成本。这样的设计能更稳定的保护环境。且企业不再向政府索取排污权而转为到市场中竞争排污权。这样的转变有利于预防政府的不当干预。相较于传统的直接征收排污费或征税制度，排污权交易制度更加强调了市场机制在污染处理中的作用，在应对污染处理之时也更具有灵活性。

4. 防治特定污染源、污染物的措施。《大气污染防治法》中除了对大气污染防治采取带有共性的监督管理措施之外，还对防治燃煤和其他能源污染、工业污染、机动车船污染、扬尘污染、农业和恶臭等其他污染则分别用专章作出了专门的规定：

（1）防治燃煤和其他能源污染的措施。在我国，煤炭占一次能源消费量的70%左右，并且由于煤炭资源的相对丰富，它在我国能源结构中所占的重要地位不会轻易改变。所以对于燃煤特别是直接燃用煤炭导致的大气污染给予了重视，成为防治大气污染的一个重点，因而在《大气污染防治法》中专列一章规定了相关的措施，主要内容包括：控制煤的硫分和灰分、改进城市能源结构、推广清洁能源的生产与使用、发展城市集中供热、要求电厂脱硫除尘，城市人民政府可以划定并公布高污染燃料禁燃区，鼓励燃煤单位采用先进的除尘、脱硫、脱硝、脱汞等大气污染物协同控制的技术和装置等。

（2）工业污染防治。随着我国经济的不断发展，工业污染越来越严重。《大气污染防法》要求：企业应当采用清洁生产工艺，配套建设除尘、脱硫、脱硝等装置；产生含挥发性有机物废气的生产和服务活动，应当在密闭空间或者设备中进行，无法密闭的，应当采取措施减少废气排放；储油储气库、加油加气站、原油成品油运输船舶和油罐车、气罐车等，应当按照国家有关规定安装油气回收装置并保持正常使用；企业应当加强精细化管理，采取集中收集处理等措施，严格控制粉尘和气态污染物的排放。特别值得一提的是新修改的法律取消了现行法律中对造成大气污染事故企业事业单位罚款"最高不超过50万元"的封顶限额，变为按倍数计罚，同时增加了"按日计罚"的规定；还规定，造成大气污染事故的，对直接负责的主管人员和其他直接责任人员可以处上一年度从本企业事业单位取得收入50%以下的罚款。对造成一般或者较大大气污染事故的，按照污染事故造成直接损失的1倍以上3倍以下计算罚款；对造成重大或者特大大气污染事故的，按污染事故造成的直接损失的3倍以上5倍以下计罚。

(3) 机动车船污染控制的措施。机动车船在流动中排放大气污染物,这种流动污染源有其特点,但是又必须加以控制,因此在《大气污染防治法》中专门对防治机动车船排放污染作出了明确规定:国家倡导低碳、环保出行,大力发展城市公共交通,提高公共交通出行比例;推广应用节能环保型和新能源机动车船、非道路移动机械;禁止生产、进口或者销售大气污染物排放超过标准的机动车船、非道路移动机械;机动车、非道路移动机械生产企业应当对新生产的机动车和非道路移动机械进行排放检验。经检验合格的,方可出厂销售;在用机动车污染物排放标准未通过排放检验的,不得上路行驶;国家建立机动车和非道路移动机械环境保护召回制度;城市人民政府可以根据大气环境质量状况,划定并公布禁止使用高排放非道路移动机械的区域。同时对机动车船的日常维修与保养、车船用燃料油、排气污染检测抽测等作出了原则规定。考虑到机动车船排放污染的流动性这一特征,在机动车船地方标准的制定权限方面也作出了特殊规定,即省、自治区、直辖市人民政府可以在条件具备的地区,提前执行国家机动车大气污染物排放标准中相应阶段排放限值,并报国务院环境保护主管部门备案。

　　(4) 扬尘污染防治措施。扬尘是造成大气污染的主要污染物,是可吸入颗粒物(PM10)的主要来源,必须采取一些特定的措施进行防治,以防止或者减轻对人体健康的危害。在防治粉尘污染方面,要求地方各级人民政府应当加强对建设施工和运输的管理,保持道路清洁,控制料堆和渣土堆放,扩大绿地、水面、湿地和地面铺装面积,防治扬尘污染;建设单位应当将防治扬尘污染的费用列入工程造价,并在施工承包合同中明确施工单位扬尘污染防治责任;施工单位应当制定具体的施工扬尘污染防治实施方案；暂时不能开工的建设用地，建设单位应当对裸露地面进行覆盖；超过三个月的，应当进行绿化、铺装或者遮盖。在防治城市扬尘污染方面，城市人民政府应当加强道路、广场、停车场和其他公共场所的清扫保洁管理，推行清洁动力机械化清扫等低尘作业方式，防治扬尘污染；要求人民政府采取措施提高人均绿地面积，减少裸露地面和地面尘土，消除或者减少本地的空气污染源。

（5）农业和其他污染防治措施。农业生产活动产生的污染是农村污染的主要方面，修订后的《大气污染防治法》对此专节规定。要求地方各级人民政府应当推动转变农业生产方式，发展农业循环经济，加大对废弃物综合处理的支持力度，加强对农业生产经营活动排放大气污染物的控制；农业生产经营者应当改进施肥方式，科学合理施用化肥并按照国家有关规定使用农药，减少氨、挥发性有机物等大气污染物的排放；禁止在人口集中地区对树木、花草喷洒剧毒、高毒农药；各级人民政府及其农业行政等有关部门应当鼓励和支持采用先进适用技术，对秸秆、落叶等进行肥料化、饲料化、能源化、工业原料化、食用菌基料化等综合利用，加大对秸秆还田、收集一体化农业机械的财政补贴力度。

废气恶臭是造成大气污染的主要污染物，必须采取一些特定的措施进行防治，以防止或者减轻对人体健康的危害，防止或者减轻对动物、植物的危害，防止对经济资源的损害，也要防止严重的污染所导致的大气性质的改变。在《大气污染防治法》中规定的主要措施有：在防治废气污染方面，禁止露天焚烧秸秆、落叶等产生烟尘污染的物质；向大气排放持久性有机污染物的企业事业单位和其他生产经营者以及废弃物焚烧设施的运营单位，应当按照国家有关规定，采取有利于减少持久性有机污染物排放的技术方法和工艺，配备有效的净化装置，实现达标排放。在防治恶臭污染方面规定，畜禽养殖场、养殖小区应当及时对污水、畜禽粪便和尸体等进行收集、贮存、清运和无害化处理，防止排放恶臭气体；企业事业单位和其他生产经营者在生产经营活动中产生恶臭气体的，应当科学选址，设置合理的防护距离，并安装净化装置或者采取其他措施，防止排放恶臭气体；从事服装干洗和机动车维修等服务活动的经营者，应当按照国家有关标准或者要求设置异味和废气处理装置等污染防治设施并保持正常使用，防止影响周边环境；禁止在人口集中地区和其他依法需要特殊保护的区域内焚烧沥青、油毡、橡胶、塑料、皮革、垃圾以及其他产生有毒有害烟尘和恶臭气体的物质；禁止生产、销售和燃放不符合质量标准的烟花爆竹；不得在城市人民政府禁止的时段和区域内燃放烟花爆竹；鼓励和倡导文明、绿色祭祀；火葬场应当设置除尘等污染防治设施并保持正常使用，防止影响周边环境。

在餐饮业油烟污染方面，要求城市饮食服务业的经营者，必须采取措施，防治油烟对附近居民的居住环境造成污染；禁止在居民住宅楼、未配套设立专用烟道的商住综合楼以及商住综合楼内与居住层相邻的商业楼层内新建、改建、扩建产生油烟、异味、废气的餐饮服务项目；任何单位和个人不得在当地人民政府禁止的区域内露天烧烤食品或者为露天烧烤食品提供场地。

在消耗臭氧层物质替代产品方面，专门规定了国家鼓励、支持消耗臭氧层物质替代品的生产和使用，逐步减少直至停止消耗臭氧层物质的生产和使用。

除了上述四项主要内容外，《大气污染防治法》还有以下重要内容：强化政府责任，新的大气污染防治法第三条明确规定，县级以上人民政府应当将大气污染防治工作纳入国民经济和社会发展规划，加大对大气污染防治的财政投入。地方各级人民政府应当对本行政区域的大气环境质量负责，制定规划，采取措施，控制或者逐步削减大气污染物的排放量，使大气环境质量达到规定标准并逐步改善；建立重点区域大气污染联防联控机制，统筹协调重点区域内大气污染防治工作，编制可能对国家大气污染防治重点区域的大气环境造成严重污染的有关工业园区、开发区、区域产业和发展等规划，应当依法进行环境影响评价。规划编制机关应当与重点区域内有关省、自治区、直辖市人民政府或者有关部门会商；建立重点区域重污染天气监测预警机制，统一预警分级标准；建设项目应进行环境影响评价并公开环境影响评价文件；重点大气污染物排放实行总量控制；对严重污染大气环境的工艺、设备和产品实行淘汰制度等制度。

（三）大气环境的守法和执法

1. 加大环保执法力度。平凉市大气环境质量自 2014 年以来较 2013 年前有所下降，应加大执法监管及查处力度。推进联合执法、区域执法、交叉执法等执法机制创新，明确重点，加大力度，严厉打击环境违法行为。对偷排偷放、屡查屡犯的违法企业，要依法停产关闭。对涉嫌环境犯罪的，要依法追究刑事责任。落实执法责任，对监督缺位、执法不力、徇私枉法等行为，监察机关要依法追究有关部门和人员的责任。

首先，在城市建设扬尘防治方面，住建部门和城市综合执法等相关部门大力配合，加大执法监管及查处力度。随着平凉市城区机动车数量的快速增加，道路扬尘和机动车排气污染有所加重，空气中可吸入颗粒物（PM10）和细颗粒物（PM2.5）呈上升趋势，2014 年可吸入颗粒物（PM10）年均值为 100 微克/立方米，2015 年可吸入颗粒物（PM10）年均值为 95 微克/立方米，细颗粒物（PM2.5）为 48 微克/立方米。由此可见，执行新标准后，平凉城区的首要污染物仍将是可吸入颗粒物（PM10）和细颗粒物（PM2.5），治理可吸入颗粒物（PM10）和细颗粒物（PM2.5）的任务仍很艰巨。在城市道路扬尘防治方面，环境卫生和城市综合执法部门改进道路清扫方式，合理安排清扫时间，加大对中心城区主街道喷雾和路面喷洒的范围和频次，减少二次扬尘污染。

其次，在餐饮业油烟防治方面环保、工商、食药监和城市综合执法部门积极配合，对城市饮食服务业、单位食堂、露天烧烤等污染采取使用清洁燃料、安装油烟净化装置、设置专用烟道等措施进行治理，做到餐饮业油烟污染物达标排放。

最后，在工业污染防治中，环保部门加强重点工业污染源除尘、脱硫、脱硝等污染减排设施的建设及管理，加大环境执法力度，确保污染治理设施正常运行，污染物达标排放。制定实施固定资产投资项目碳排放影响评估制度，从源头上控制高耗能、高污染、高碳排放项目。

2. 设立烟花爆竹的禁燃区、禁燃期和限制措施。过年放爆竹、烟花是传统文化的组成部分，对于营造过节的喜庆气氛很有意义。但是过量烟花爆竹的燃放对于空气质量的影响还是非常严重的，燃放烟花爆竹将产生大量的二氧化硫、二氧化氮、二氧化碳、一氧化碳等有害气体，影响群众身体健康。监测数据表明，大量燃放烟花爆竹会急剧增加空气中颗粒物、二氧化硫等污染物浓度，特别是对 PM2.5 浓度的增加更为显著，在不利气象条件下，将对空气质量产生明显影响。为减少空气污染，维护群众身体健康，应制定科学、有效的春节期间烟花爆竹禁限放工作方案，落实目标责任，明确烟花爆竹禁限放时间，划定禁限放区域，按照烟花爆竹安全质量标准要求，确定允许销售、燃放的烟花爆竹规格和品种，并予以公布。合理控制烟花爆竹销售网点，加大环保烟花销售比重。提倡公众购买、燃放安全环保型烟花爆竹。通过严管销售渠道、严控燃放区域、严格监管手段等措施，加强烟花爆竹禁限放管理工作。大力倡导文明节俭过绿色春节，引导公众自觉减少燃放数量，依法、安全、文明燃放，切实减轻对空气质量的影响。全国有超过 130 个城市出台烟花爆竹禁放措施，有 530 余个城市出台限制燃放的政策，一些地方政府也出台禁令，倡议人们春节减少燃放鞭炮的同时，对违规燃放实行 1 万到 5 万元不等的处罚。虽然很多城市放鞭炮的人确实少了，但除夕夜许多城市依然陷入雾霾。一个鞭炮会产生多少霾污染？根据上海交通大学燃烧与环境技术研究中心上官文峰教授团队的实验结果，将一串千响鞭炮中的 3 只小鞭炮在 30 立方米的测试舱中燃放，产生的 PM2.5 浓度为 1230 微克/立方米，该数据为爆表值 500 微克/立方米的 2.46 倍。也就是说，燃放 1 个鞭炮足以让 10 立方米内的 PM2.5 严重爆表。烟花爆竹短期集中燃放会造成 PM2.5 的增加和空气污染，平凉应通过地方立法或政府规范性文件在平凉城区居民集中区、城市中心地带春节期间限放烟花爆竹，在平常应禁放烟花爆竹。民众也应该理解和支持政府的政策，转变观念和一些生活方式，主动加入少放或者不放的行列，为少一点霾多一些蓝天尽自己一份力，同时也把这种观念传播到更多人。

3. 强化机动车尾气治理。机动车尾气中含有多环芳烃等16 种高致癌物质，粒径一般在 0.1~0.04 微米，远小于 2.5微米，可进入人的血液，且人口的高度集中分布导致机动车的集中分布，机动车尾气已对城市居民健康造成严重威胁。由于在排放标准、检测方法、专业维护、监管力度方面存在诸多问题，导致机动车尾气检测造假突出，大量高污染机动车仍在"合法"行驶，花费巨大人力财力的机动车尾气治理措施流于形式，防治效果大打折扣。

为治理机动车尾气污染，平凉市各级政府根据《大气污染防治行动计划》等文件对机动车尾气治理的相关部署和要求，实施了一系列治理措施，如建立在用车尾气监测、环保标志核发等管理制度，逐步提高机动车排放标准和油品质量，加速淘汰老旧车和黄标车。

现行的机动车治理措施并没有抓住重点，机动车污染仍在增加，使得花费大量人力财力的机动车治理措施流于形式，效果大打折扣。柴油车排放造假突出，由于没有明确的法律授权，以及机动车环保排放未纳入产品质量标准体系，机动车环保一致性监管缺乏力度；同时，各地机动车尾气检测进展不一，有的中小城市还没有检测机构或没有实施尾气检测，机动车这种流动性污染源仅靠区域性防治，监管难度大，不少车辆到没有开展尾气检测的地方取得环保合格标志。在2015 年 4 月 20 日中国环境科学学会等联合举行的"环检机构专项整治核心问题专家研讨会"上，北京建筑大学机电与车辆工程学院教师姚圣卓、环保部机动车排污监控中心研究员韩应健等专家指出，机动车尾气检测设备造假作弊和"车虫寄生"现象普遍。由于机动车尾气治理链条不完善，机动车尾气检测造假已成为行业潜规则。专家警示，若不采取有效措施，机动车尾气污染将会更加严重。

机动车排放超标跟油品质量、发动机和燃烧系统问题、尾气净化器密切相关。近年来，我国大力提高机动车排放标准和油品标准，部分城市已实施轻型汽油车国5标准，提前供应国5汽油、柴油，汽车制造水平不断提高，发动机和燃烧系统出现问题的概率较小且污染并不严重。

当前我国机动车尾气治理的薄弱环节在于尾气净化装置的管理上。机动车尾气净化器可将尾气中CO、HC和NOx三种主要有害物质转化为无害物质，也称三元催化器，是治理尾气的关键装置，一旦失效，尾气污染物排放会成倍增加、严重超标。

新修订的《大气污染防治法》规定，"制定燃油质量标准，应当符合国家大气污染物控制要求"。随着这一法律于2016年1月1日起施行，油品质量会逐步提升，柴油车排放标准造假将会得到遏制。

国家标准GB18352规定，国Ⅰ至国Ⅲ汽油车净化器的寿命为8万公里或5年，国Ⅳ汽油车为10万公里或5年，以先到者为准。陈耀强领衔的科研团队实验证明，国Ⅲ汽油车HC、CO、NOx的国家排放标准分别是0.2克/千米、2.3克/千米、0.15克/千米，一台行驶29.44万公里、催化器失效的国Ⅲ汽油车这三种污染物的排放量分别达到1.27克/千米、17.4克/千米、8.02克/千米，分别超出国标6.35倍、7.56倍、53.4倍，而更换催化器后排放量降低到0.1克/千米、1.29克/千米、0.16克/千米。为系统治理机动车尾气污染，许多国家和地区都建立了I/M（Inspect/Maintenance）制度，即强制检查维护制度，其中定期更换尾气催化器是重要内容，欧盟仅1999年就更换了190万只，美国从1984年执行I/M

制度，美国环保署分析，到 1993 年美国 CO 就减少了 40％，我国至今尚未要求定期强制更换尾气催化器。

尾气催化器超过 5 年失效，如未更换，2010 年前购买的汽油车肯定超标排放，但绝大多数都在路上"合法"行驶。除了检测造假，还有一个重要原因就是排放标准和检测方法存在问题。

国家强制标准 GB18352 对机动车排放标准作出了限定，而有关部门 2005 年又出台了 HJ/T240－2005 推荐标准，以"考虑车辆排放控制系统的正常劣化"将标准放宽，最高分别放宽了 12 倍和 25 倍。全国多数地方以稳态工况法和简易瞬态工况法检测尾气，HJ/T240－2005 中规定，稳态工况法以体积浓度为计量单位，而国家标准以每公里排放多少克为计量单位，两者缺乏换算对应关系，测出的数据无法准确说明车辆是否超出国家标准；简易瞬态工况法要求冷车检测，但很多监测站是用热车做检测，测出的结果远远低于实际排放量。尾气催化器未强制更换、排放标准冲突、检测数据失真，已使机动车尾气治理陷入困境。

此外，缺乏严格的处罚措施导致机动车超标排污成本过低。美国、加拿大等国对每辆车的催化器均设有编号，若不按时更换，美国对车主将罚款 2.5 万美元，加拿大对车主每天罚款 100 加元，监测站、维修站和车企如作假，将面临巨额罚款。正是得益于排放标准、尾气检测、后期维修、监管处罚等一整套治理体系的 I/M 制度，如洛杉矶等机动车保有量远多于北京、上海、广州等国内大城市，但并未造成严重的空气污染。我国重庆市规定，车辆定期尾气检测多次复检不合格将无法通过年审，路面抽检如果不合格将会被扣下驾驶证，在全国来说都算是严格的。应尽快建立适合我国国情的机动车 I/M 检查维护制度。

首先，加快实施机动车尾气催化器定期更换，形成合理的定价机制。机动车是种流动性污染源，只有将每辆车"管"起来，才能真正取得治理成效。目前催化器成本约 500～600 元/升，定期更换还能促进充分燃烧，节省约 10% 的燃油，并不会增加车主的经济负担。由于缺乏监管，市面上催化器假冒伪劣产品较多，同时 4S 店垄断汽车零部件，本来便宜的催化器售价过高，尤其是奔驰等高档车，常常需要几万元，建议相关部门加强市场监管，打破垄断，让催化器价格回归理性。

其次，统一机动车检测标准和方法。陈耀强介绍说，许多国家机动车排放只有一个标准，我国新车排放标准已经接近欧美，但在用车排放标准却放宽数倍，这种"新车严、在用车松"的"双轨制标准"大大抵消了提高机动车排放标准和油品质量所产生的减排效果。因此，应统一严格执行国家标准 GB18352，统一使用简易瞬态工况法进行检测，并制定规范操作方法，确保检测真实。

最后，建立 M 站制度，明确部门职责，严厉处罚造假行为。我国尾气治理 I 站即检测站已基本建立，应制定 M 站即尾气维护站资质认定、设备管理等系列制度，明确 M 站的职责为更换催化器、维护发动机和燃烧系统，细化 M 站的评估、考核和收费标准，在机动车维修业开展规范化的尾气排放维修。同时，还要明确公安、环保、质监、交通、工商等部门在尾气治理中的职责和权限，出台严格的监管措施，严打黄牛造假行为，对造假的检测站、维修站、车企、催化器生产企业以及不定期更换催化器的车主给予重罚。

（四）完善环境信息公开

各级环保部门和企业要主动公开新建项目环境影响评价、

企业污染物排放、治污设施运行情况等环境信息，接受社会监督。环保主管部门和其他负有大气环保监管职责的部门应当及时在当地主要媒体及时发布空气质量监测信息。涉及群众利益的建设项目，应充分听取公众意见。公布举报电话、电子邮箱等，方便公众举报。建立重污染行业企业环境信息强制公开制度。环保主管部门和其他负有大气环保监管职责的部门接到举报的，应当及时处理并对举报人的相关信息予以保密；对实名举报的，应当反馈处理结果等情况，查证属实的，对举报人给予奖励。

（五）科学有序地承接产业转移

应摒弃以损害环境为代价的"追赶模式"，转为以国家主体功能区规划和地区环境资源承载力为基础，科学有序地承接产业转移。对将要引入的企业，应根据当地的环境功能区划、环境容量，建立空间准入、总量准入、项目准入"三位一体"的环境准入制度和专家评价、公众评价"两评结合"的环境决策咨询机制，从源头上防止污染迁移。

第七章　平凉市森林资源法治
保障问题研究

森林资源是林地及其所生长的森林有机体的总称，其中包括森林、林木、林地以及野生动植物等资源。

一、森林生态体系功能

森林资源是陆地生态系统的主体，不仅具有重要的经济价值，而且具有巨大的生态和社会功能。森林资源能够为人们的生产、生活提供木材和原材料，更重要的是，森林在水源涵养、水土保持、防风固沙、改善人居环境等方面具有重要的生态功能。

森林是重要的环境资源，森林资源的可持续利用对实现社会经济可持续发展至关重要，联合国环境和发展大会通过的《关于森林问题的原则声明》指出："森林对于所有的环境与发展问题和机会有关，包括在可持续基础上的社会经济发展的权利"，同时还强调"森林对于经济发展和维持所有的生命形式都是必要的。"[1]

---

〔1〕 张守功等：《森林可持续经营导论》，中国林业出版社 2001 年版，第15 页。

森林生态体系是陆地生态的核心，是淡水资源和物种资源之母，是人类文明之母。森林资源具有涵养水土、净化水质、保持生物多样性、调节区域气候、维持大气碳氧平衡等具有重大作用。森林茂盛则水沛物丰、气候优良、环境宜人。可见，保护管理好森林资源，建设优良的生态体系，是生态平凉建设的关键环节。

二、森林资源的概况

全市现有森林、生态系统及野生动物自然保护区 5 个，总面积 7.4 万公顷，占国土面积的 6.6%，森林覆盖率达到 30.9%。现有各种植物资源 90 科 260 属 500 多种，其中列入国家保护的树种资源 51 科 81 属 254 种，动物资源 9 目 22 科 150 种，国家重点保护的一、二级保护动物 29 种。其中甘肃太统—崆峒山国家级自然保护区是陇东地区惟一的国家级自然保护区。保护区是泾河流域重要的水源涵养基地，其森林植被是黄土高原保存较为完整的典型森林生态系统，在涵养水源、调节气候、防风固沙、保持水土、保障泾河中上游地区生态平衡、维护下游地区经济可持续发展方面具有重要作用。《中国植被》将保护区区划为温带草原植被区域的甘肃黄土高原南部森林草原植被区，其地带性植被是落叶阔叶林和草甸草原。

近年来，平凉市坚持绿色发展取向，以国家级生态市建设为统揽，以建设黄土高原丘陵沟壑水土流失防治区为重点，以重点生态工程为载体，大力实施林业重点生态工程。"十一五"期间，全市完成造林封育面积 102.92 万亩，其中人工造林 78.75 万亩，封山育林 24.17 万亩。其中：退耕还林工程51.85万亩；天然林保护工程封山育林11.4万亩，天保工程区森林管护321.9万亩；三北四期工程造林封育39.67万亩。新建农田林网2680公里，累计绿化省、县、乡、村四级公路381条3696公里，完成义务植树3000多万株。纳入国家森林生态效益补偿范围的国家公益林371.92万亩，比"十五"末增长36.6%。活立木蓄积由"十五"末的870万立方米，提高到980万立方米，林地面积达到434.07万亩。年森林碳汇贮备达到3742万吨、释放氧气3655万吨。森林覆盖率由"十五"末的17.98%提高到22.32%。水土流失治理面积294.7万亩，控制水土流失450万亩。中心城市绿地率、绿化覆盖率、人均公共绿地分别由"十五"末的13.32%、14%和6.3平方米，增长到22%、26.5%和9平方米。2013年底，全市造林封育面积达到471.8万亩，绿化城镇面山30万亩，建成绿色通道3600公里，营造农田林网1330公里，在增加林草植被、防止水土流失的同时，有效改善了生态环境和大气质量。2014年全市完成造林23.6万亩，全市有林业用地868.48万亩，其中有林地面积508.75万亩。控制水土流失面积2051.3平方公里，活立木总蓄积1016.26万立方米，年森林碳汇贮备1793.4万吨，森林覆盖率27.7%，平凉市的森林覆盖率远高于全省和全国水平。在2013年结束的第八次全国森林资源清查中，甘肃林地面积为1042.65万公顷，占全省总土地面积的23.18%。其中，全省森林面积为507.45万公顷，森林覆盖率达到11.28%。[1]2014年全国森林覆盖率为21.63%。2015年，全市造林33.61万亩，其中完成生态造林29.03万亩。义务植树673万株，生态育苗10

---

〔1〕　陈泳："甘肃：奏响森林资源保护曲"，载《甘肃日报》2015年4月23日。

万亩,绿色通道 168 条 1614 公里,城镇面山治理 27 处 2. 59
万亩。全年新植果园 21. 66 万亩,补植 10. 8 万亩,树种改优
10 万亩,林下种植 24. 3 万亩,林权流转 7 万亩,组建家庭
林场 16 个。"十二五"完成人工造林 115 万亩,有林地由
1978 年的 100 多万亩增加到现在的 500 多万亩,森林覆盖率
由 1978 年的 7. 8% 提高到 2015 年的 30. 9%,城市绿地率提
高到 31. 8%。[1]

三、森林资源发展目标

甘肃是国家"十二五"规划纲要确定的青藏高原生态屏
障、黄土高原—川滇生态屏障、北方防沙带的重要组成部分。
按照"西北乃至全国的重要生态安全屏障"的国家战略定
位,2012 年甘肃省与中科院联合开展调查研究,提出了打造
国家生态安全屏障综合试验区的战略设想。2013 年 2 月,习
近平总书记在视察甘肃时指出,甘肃是我国西北地区重要的
生态屏障,在保障国家生态安全中具有重要地位和作用,要
求甘肃省着力加强生态环境保护,提高生态文明水平。2014
年 1 月,国务院审议通过了《甘肃省加快转型发展建设国家
生态安全屏障综合试验区总体方案》,这是甘肃获得国家支
持的又一重大政策性战略平台。平凉市是国家黄土高原丘陵
沟壑水土保持生态功能区的重要组成部分,根据《平凉市林
业发展"十二五"和中长期规划(2010 ~ 2020 年)》,到
2015 年,全市新增生态林 193. 75 万亩,其中退耕还林工程
53. 05 万亩、三北防护林五期工程 117. 5 万亩、天然林保护

---

〔1〕 臧秋华:"2015 年平凉市政府工作报告",载《平凉日报》2016 年 2
月 5 日。

工程 20 万亩、其他工程 3.2 万亩，森林覆盖率达到 30% 以上，活立木蓄积量达到 2000 万立方米以上，人均公共绿地面积达到 12 平方米以上。并提出以构建陇东生态屏障为重点，东部泾河流域以保塬护沟为主，中南部汭河黑河流域以保护水源涵养林为主，西部葫芦河水洛河流域以水土流失治理为主，打造"三屏三区"生态功能示范区，实现造林绿化全覆盖。

从 2013 年开始，平凉市认真实施了一批城区面山治理、绿色通道建设、乡镇面山绿化、城市街区增绿、绿化单位创建、农村植绿"六个一"绿化工程，给黄土高原添绿色，向青山绿水要环境。荒山绿化，以"三屏三区"生态屏障为重点，向山上延伸，向城区拉进，营造了以侧柏、油松、刺槐混交为主的水土地保持林，建设千亩城镇面山治理工程 35 处 6.1 万亩、绿色通道 420 条 4427 公里。城镇绿化，以提升档次，打造亮点为主，绿化公园、广场、花坛、街道，栽植大规格雪松、云杉、国槐和花灌木等各类苗木。单位小区绿化，依托生态文明单位小区创建，栽植各类绿化苗木，大力开展绿化美化，增加绿量。乡村绿化，以建设美丽乡村为重点，结合新农村建设，在田间林网、家庭庭院、房前屋后，发展以林果为主的生态经济林。道路绿化，国省市干道绿化实行宽林带、多树种、大通道营造，县乡道路沿路双行栽植，沿线面山扩绿。新农村绿化示范村 110 个，建成崆峒山、云崖寺、龙泉寺、太统山、米家沟等 6 个国家和省级森林生态旅游公园，创建国家和省级园林县城 4 个、绿化先进单位 8 个，拓展了一批旅游市场。

2014 年投资 3900 万元，在城区新建和改扩建三大绿地公园，对泾河大道南侧和 4 条城区道路进行了绿化，建成了环城绿带和新区绿地公园；统筹三北防护林、退耕还林、公益林建设、生态功能区转移支付等生态项目。认真构建区域生态屏障，大力推进植树造林、乡村绿化、森林城镇创建。至2014年底，全市湿地面积约有148.9万亩，其中河谷面积约120万亩，人工水库30座，总库容量约1.57亿立方米，有效面积约8.92万亩，天然湖1个，面积约15亩，依附在其上的野生动物约有50多种，鸟类约有164种，湿地资源得到有效保护。在泾河沿岸开展净化水质试点工作，泾河平凉段沿岸已栽植芦苇400亩，关闭自备水源井100口，对缓解热岛效应、调节城市微气候、提升空气质量起到了重要作用。[1]初步建成山川秀美、碧水蓝天、绿满城乡的新平凉。

2015年2月市委市政府专题研究中心城区绿化工作，研究讨论的2015年中心城区绿化工作实施方案，确定2015年实施重点绿化工程10个方面45项，新增绿化面积3.2万平方米，城区绿地覆盖率提高到31.5%。到2020年，全市新增生态林105.3万亩，森林覆盖率达到35%（林草覆盖率达到40%以上），活立木蓄积量达到2500万立方米以上，人均公共绿地面积达到15平方米以上，果树经济林面积达到300万亩，其中优质苹果250万亩，林果产业综合收入达到50亿元。2015年10月，中共平凉市委办公室、平凉市人民政府办公室印发《关于贯彻落实〈省委省政府关于进一步支持革命老区脱贫致富奔小康的意见〉的实施意见》提出，积极推进三北防护林"百万亩造林工程"、天然林保护、生态公益林、退耕还林、黄土高原丘陵沟壑区水土保持林等林业生态工程建设项目进度，规划实施太统——崆峒山自然保护区、崆峒

---

〔1〕 陈斌、肖永明："呵护城市'绿肺'——聚焦平凉大气污染防治系列报道之四"，载《平凉日报》2014年12月17日。

山风景名胜区、云崖寺森林公园、崆峒山地质公园建设。加快黄土高原水土保持综合治理，大力开展植树造林、封山育林、淤地坝建设和梯田建设，加强小流域山水田林路综合治理，加大泾河、汭河、葫芦河、达溪河、水洛河等主要流域生态环境综合治理力度。

2016 年平凉市计划完成城乡造林 23 万亩，义务植树 650 万株，森林覆盖率达到 31.16%。新植补植果树经济林和油用牡丹 25 万亩，建成苹果矮化密植园 2 万亩，落实果园提质增效工程 150 万亩，新增各类认证基地 41 万亩。

四、重视森林城市建设，让百姓方便地进入森林、享受森林

城市绿地不仅具有游览、健身、休闲、娱乐、防灾等功能，还具有一定的抗空气污染和其他污染的功能及调节微气候的生态作用，被喻为城市"绿肺"，体现了人们对于城市绿色人居环境的不懈追求。"十二五"期间平凉改造提升了东湖、宝塔等五处城市公园，建成了绿地公园、泾河两岸等绿地景观，新增公共绿地面积 390 万平方米，城市建成区绿地率达到 30.1%，比"十一五"末增长 4.4%。

平凉市在城市绿化中尽量避免盲目引进非本地树种、大力推广奇花异草以及纯林过多和管护过度等违背尊重自然、尊重科学规律的做法。在森林城市建设中体现尊重自然、顺应自然、天人合一的理念，依托现有山水脉络等风光，让城市融入大自然。并注意做好三个转变：从注重视觉效果向视觉与生态功能兼顾的转变、从注重绿化建设用地面积的增加向提高土地空间利用效率的转变、从集中在建成区的内部绿化美化向建立城乡一体的城市森林生态系统的转变。

青山常在，绿水长流，让百姓乐享生态美景，这是历届市委、市政府的庄严承诺。按照《平凉市城市总体规划（2012～2030 年）》构想，以公园绿地、综合公园、专类公园、社区公园和街旁绿地、防护绿地、其他绿地建设为依托，到 2030 年，平凉中心城区人均公园绿地面积将达到 18.8 平方米/人，城区绿地率和绿化覆盖率分别达到 40% 和 45%。我们有理由相信，平凉的天会更蓝、水会更绿！

五、森林执法与守法

（一）森林生态保护执法存在的问题和不足

1. 执法人数少，截止到 2015 年，全市林政专门执法人数仅 25 人，公安民警 106 人。这些人员有相当部分分布在市级林业行政机构，基层直接办案人员的数量不到 60%，就全市平均水平而言，人均行政执法面积 1000 hm²，基层行政执法面积将会超过 1500 hm²，执法人数严重短缺。

2. 林政管理形势不容乐观，林业执法任务异常繁重。每年都有的林业用地面积被占用或被改变用途，变为非林业用地，盗伐和偷运木材屡禁不止。另外，森林超限额采伐现象非常严重，年平均超限额消耗森林资源 8679.4 万 m³。

3. 林业执法任务与林政执法资源的配置不协调。《森林法》规定的林政管理任务名目繁多，主要有林地管理、采伐限额管理、采伐迹地监督管理、木材流通管理以及林区治安等，但是没有就执法所需要的社会执法资源的合理配置进行规范，致使林业执法所需要的人力、才力等必要的物质条件始终没有法律保障。由于人力、财力的限制，许多林政管理只能采取形式审核而非实质审核批准的方式，难以做到现场调查与监督管理，如采伐迹地现场监督管理制度的虚设，客观上造成了采伐迹地管理的无序状态，这也是导致森林资源超限额采伐的原因之一。

4. 林业行政执法环境与执法质量令人担忧。一是法治思想淡薄，林业行业依法治林的思想意识淡薄，加大了林业执法的难度。二是地方严重的行政干预，林业在地方经济和社会发展中的法律地位不高，林业执法所遭遇的社会阻力大，执法效果不尽如人意。尤其是执法中的行政干预、地方保护，常常使得林业执法力不从心。三是林业公安管理体制障碍严重，林业公安的人员、经费、编制、职能等实际上没有纳入全国公安政法系统，造成人员混杂，工作面过窄，人员流动性差；林业公安人事管辖权集中在林业行政机关，人员调配非常封闭，林业公安人员素质一直难以提高。加大了林业行政执法的难度。

5. 林业执法机构结构不合理，林业内部执法机构过于分散，如木材检查站、森林公安、林政稽查大队等林业部门自管的机构，都依法或授权享有林业行政执法权，造成林业行政执法权的不适当分散，执法权限和范围界限不明，执法依据不统一，存在以罚代收，以罚代刑现象，在个别地方还非常严重，这样，不便于管理与监督，常常造成相互之间的推诿和扯皮，部门之间执法冲突比较严重，不利于案件的及时处理，也不利于执法工作的监督。

（二）强化执法，保护森林资源

市、县（区）森林公安、林政稽查和森林植物检疫等执法力量，认真贯彻落实《森林法》《退耕还林条例》和《森林防火条例》等法律法规，开展林业执法专项活动。"十一五"期间，共查处各类涉林案件474起，处理违法人员647人，收缴木材129.7立方米，林政罚款46.7万元。检疫各类苗木 4583.59 万株、林木籽种 566.8 吨、木材 0.12 万立方米、果品 200 多万吨。

（三）进行专项执法，保护野生动物资源

为进一步加大我市野生动物资源保护工作力度，坚决遏制非法猎捕、杀害候鸟等野生动物，非法收购、运输、出售野生动物及其制品的违法犯罪行为，根据省森林公安局《关于开展打击破坏野生动物资源违法犯罪专项行动》的通知精神，2014 年平凉市森林公安局开展了打击破坏野生动物资源违法犯罪专项整治行动（即"2014 利剑行动"）。在重点林区及川区河道开展了拉网式排查，重点打击非法猎捕、杀害、贩卖野生动物资源违法犯罪行为。进一步加大对野生动物驯养繁殖场所的清理检查力度，对无证驯养野生动物、超出《驯养繁殖许可证》的规定驯养繁殖野生动物，未经批准擅自出售、利用其驯养繁殖的野生动物及其制品等行为，依照有关规定予以整治和查处，对非法收购、出售野生动物及其制品行为进行严厉打击。在这次专项行动中，全市共出动警力 242 人（次），出动车辆 89 台（次），清查整治古玩城、市场等重点场所 34 处，清理整顿野生动物驯养繁殖场等厂 3 家，收到群众举报的案件线索 1 条，查处各类涉林案件 41 起，其中查处野生动物案件 3 起，处理各类违法行为人 41 名，收缴各类罚没款 5.19 万元、野生动物死体 2 只。2015 年开展"2015 秋季行动"，在市林业局统一安排部署下，由市森林公安局、市林业局森林资源与林政管理科、崆峒区林业局、平凉市森林公安局崆峒分局执法人员和平凉电视台记者组成联合专项执法检查组，在全市范围内开展打击非法猎捕、非法经营野生动物和非法经营加工木材行为的摸底排查及专项整治行动。从源头上治理和有效防控乱捕滥猎野生动物和非法加工、经营木材的行为发生，坚决斩断贩卖野生动物及其制品和非法经营木材的流通市场和交易渠道。集中行动期间，专项执法检查组共出动人员 28 人（次），车辆 6 台（次），共清查餐馆、饭店 9 家，排查车辆 6 辆。通过此次专项行动切实提高广大人民群众保护森林和野生动物资源的法治观念，有力地震慑了破坏森林资源及野生动物资源违法犯罪活动。

（四）积极推进林业产权制度改革

平凉市自 2008 年开始进行了大规模的林业产权制度改革，并且取得了显著的成就，2015 年泾川县作为全国林改工作百强县成为国家林业局在全国选定的开展集体林业综合改革试验示范区建设的 22 个县市区之一，也是甘肃省惟一被列入试验示范区建设的县市区。泾川县通过林权制度改革模式、林权流转、林权抵贷款、林下经济发展等方面积极探索，在全国率先走出了一条生态脆弱地区林权改革的成功路子，受到了国家林业局的高度重视和肯定。截至 2015 年 6 月，泾川县累计完成林权抵押贷款 1.68 亿元，林下经济总产值达 3.6 亿元，参与农户户均增收 6428 元。

全国集体林业综合改革试验示范区建设，旨在为全国进一步全面深化集体林权制度改革，破解制约农村林业发展的体制机制问题探索经验。根据试验示范区任务安排，泾川县将在坚持家庭承包经营长久不变的基础上，探索开展集体林地所有权、承包权、经营权"三权分离"试点，建立健全林业社会化服务体系试点，完善金融支持制度试点，构建以森林经营方案为基础的科学管理体系试点，建立林权流转机制和制度试点，为深入推进全国农村林业改革发展创造新经验。

（五）建立健全执法队伍

2008 年 6 月组建了武警平凉市森林支队，2008 年 12 月整合成立了平凉市森林公安局，标志着平凉市的生态建设和森林保护工作进入了一个崭新的阶段。依托20个国有林场组建半专业森林防火队16支451人，依靠群众建立义务扑火队402支9484人。全市现有护林员5366人，其中专职2086人，连续二十多年无重大森林火灾，确保了森林资源安全。

六、森林生态体系的法治保障

森林资源的保护管理，除了物质和技术的保障外，关键是法律保护。

法律作为保护森林资源多种手段中最强有力的制裁手段发挥着震慑作用，并以规范性、稳定性而著称。法律规范了林权制度，使各方利益主体责权利明晰。因此，加强用法律保护森林资源，完善森林资源保护的相关制度，对于维护生态安全起着至关重要作用。

（一）森林资源保护的法律法规和规章

为了保护和扩大森林资源，改善资源环境，我国制定了一系列森林保护的法律、法规和规章，基本形成了比较完备的森林保护法体系。

1. 国家层面。其中主要的有全国人大和常委会制定的《中华人民共和国森林法》《中华人民共和国野生动物保护法》《关于开展全民义务植树运动的决议》等。国务院制定的《中华人民共和国森林法实施条例》《中华人民共和国自然保护区条例》《森林防火条例》《城市绿化条例》《风景名胜区条例》《森林病虫害防治条例》《野生植物保护条例》等。国务院部门制定的《林业行政处罚程序规定》《植物检疫条例实施细则》《国有林场改革方案》和《国有林区改革指导意见》等。

2. 省级层面。甘肃省制定的地方性法规有《甘肃省实施〈中华人民共和国森林法〉办法》《甘肃省湿地保护条例》《甘肃省实施野生动物保护法办法》《甘肃省自然保护区管理条例》《甘肃省森林病虫害防治检疫条例》《甘肃省全民义务植树条例》等。

3. 市级层面。平凉市政府颁布了《关于进一步加强平凉城区面山义务植树工作的意见》（平政发〔2011〕72号）《关于切实做好平凉城区北山义务植树工作的通知》（平绿委办〔2011〕3号）《生态环境支持计划实施方案》《中共平凉市委办公室平凉市人民政府办公室关于进一步加强森林资源管护工作的通知》等。

（二）森林资源保护的法律制度和法律措施

1. 森林资源产权制度。森林资源产权是指森林资源的所有者占有、使用和管理森林资产的权利，也就是包括对森林资源的所有权、使用权、收益权和处分权等一系列权利。对森林资源产权的内涵进行确定首先要区分的就是林业产权、林权、森林产权、森林资源产权。林权是以森林、林木、林地为客体的产权；森林产权是以森林为客体的产权；林地产权以林地为客体的产权；林木产权以林木为客体的产权；森林资源产权是以森林、林木、林地生存的野生动物、植物和微生物为客体的产权。

根据我国《森林法》的规定，林权分为国家林权、集体林权、机关团体林权和公民个人林权。除法律规定属于集体所有外，森林资源属于全民所有；全民所有制单位营造的林木，由营造单位经营并按照国家规定支配林木收益；集体所有制单位营造的林木，归该单位所有；农村居民在房前屋后、自留地、自留山种植的林木，归个人所有；城镇居民和职工在自有房屋的庭院内种植的林木，归个人所有；集体或个人承包全民所有和集体所有的宜林荒山荒地造林的，承包后种植的林木归承包的集体或者个人所有。此外我国还规定，部分森林、林木、林地的使用权可以依法转让，也可以依法作价入股或者作为合资、合作造林、经营林木的出资或合作的条件。其中，这类森林、林木和林地包括用材林、经济林、薪炭林及其林地使用权和采伐迹地、火烧迹地的林地使用权等。转让的限制条件之一，就是不得将林地改为非林地。但由于现行森林资源产权制度是在计划经济的框架内设计的，加上长期产权制度的频繁变动，森林资源产权制度仍然存在着一些严重法律问题：

（1）产权界定不清晰。主要表现为权属不清，林权纠纷过多；所有者与经营者的权利义务界定不清晰；所有权不完整，林木的所有权中处分权受到严格的限制。

（2）产权界定不科学。一是林地、林木和其他地上森林资源之间的天然联系被割裂；二是实践中商品林与公益林界定不清。

（3）权利主体缺位。对集体所有的森林资源而言，所有权主体地位形同虚设；对国有森林资源而言，权利主体地位被抽象化了；对森林生态环境资源和森林其他经济性资源实践中缺乏明确的具有可操作性的法律法规。

（4）林权流转的法律规定不尽一致。主要表现在林权流转的期限、流转方式、允许抵押的对象、流转的范围、自留山和责任山能否流转等问题上。这些法律涉及《森林法》《土地管理法》《农村土地承包法》《担保法》和《物权法》。因为这些法律的规定不一致或不明确，影响了林权的流转。

（5）法律救助不济。由于产权不明，多级管理，山林踏界工作不细导致林地四至不清楚等因素，林权纠纷的发生原因本身就纷繁复杂；除了成文法、习惯法、家族势力、老人权威、行政干预等因素在乡土社会中尚发挥着作用，尤其是在比较闭塞的林区，法律的作用有时还不及其他的习俗。一旦纠纷产生，最后的救济结果千差万别。

加强森林资源保护，除政策上深化林业产权制度改革外，必须从法律的角度完善森林资源产权制度。

（1）必须打破森林国家、集体二元所有的结构，保持森林资源产权的整体性，以使林地、林木和其他森林资源不被割裂，从而形成森林资源产权多元结构，建立起混合形态的森林资源产权制度。

（2）要彻底改革目前僵化落后的政府森林管理模式，坚持有所为有所不为，市场能办好的事，尽量由市场去调节。对部分林业资源的评估认证、科研工作可由社会中介组织完成。国家通过行政许可的方式，授予符合资格条件的社会中介组织从事这方面业务的资格，让其自主从事森林认证、科研活动。国家通过设定行政许可，授予符合条件的社会中介组织从事资产权交易中介活动的资格，让其自主从事产权交易中介活动。

2. 森林生态补偿机制。生态效益补偿机制是自然资源有偿使用制度的重要内容，是调动森林资源保护和管理者的积极性，保障生态体系安全重要手段。尽管我国《森林法》中明确规定"国家建立森林生态效益补偿基金，用于提供生态效益的防护林和特种用途的森林资源、林木的营造、抚育、保护和管理"。然而，却一直没有正式出台对基金的来源、怎样补、补多少的下位法，造成了森林的经营者只有投入而无回报的不合理状况。

3. 森林限额采伐制度。森林限额采伐制度与森林采伐行政许可制度是实施森林资源法律保护的重要手段，在林业管理中推行森林限额采伐制度与森林采伐行政许可制度具有十分重要意义。既可控制森林资源过度采伐和消耗，又能保护生态环境和森林资源的可持续利用。但从现行的森林资源保护法规看，特别是集体林权制度改革后，在实际运行中主要存在以下几个方面问题：

（1）社会认同问题。凭证采伐社会普遍认同的法律意识在我国相对薄弱，我市也没有引起相应的重视，特别是在一些边远而森林资源较为丰富的地区，人们的环境意识和法律意识普遍较差，无证采伐、有证滥伐的现象较为严重。

（2）法律协调问题。尽管森林限额采伐制度和行政许可制度在《森林法》《森林法实施条例》《森林采伐更新管理办法》等法律法规中都有明确的规定，但这些规定相当分散、繁杂，而且存在不少漏洞，与实际生活相脱节不利实际操作，导致该制度运行当中矛盾重重，发挥不了其应有的功能。

（3）限额采伐问题。集体林权改革后，采伐限额制度限制了林权主体经营权能，抑制了林业投资意愿，也就是说，采伐限额制度在遏制乱砍滥伐的同时，却演变为限制物权主体的法律工具。

（4）采伐许可问题。采伐许可制度剥夺了林权主体收益权，不能有效策应林改的顺利推进。

由于实施的主体、许可期限等，我国《森林法》都没有作出明确的规定，在实践中采伐指标很容易被权利群体和财力群体掌控，易激化社会矛盾。又由于林改形成的多元经营主体给采伐许可证发放带来实践上的难题，特别是在林分相同、树龄相同的情况下如何进行限额范围内分配就成了棘手的问题，无证违法采伐成为必然。

随着林业产权制度改革的不断深入，森林采伐管理体制的变革和完善，应紧紧围绕"生态保护，农民实惠"的最终目标，转变行政管理理念，变直接管理为高效服务和依法监管。

4. 植树造林和绿化。植树造林和绿化是增加森林面积，提高森林覆盖率的主要途径，也是保护森林资源的主要措施之一。

（1）全民义务植树。我国规定植树是全民的义务，年满11周岁的中华人民共和国公民，除老弱病残者外，都要每年义务植树，并规定每年的3月12日为植树节。

（2）实行植树造林责任制，各级人民政府应当制定植树造林规划，因地制宜地确定本地区提高森林覆盖率的奋斗目标；各级人民政府应当组织各行各业和城乡居民完成植树造林规划确定的任务；宜林荒山荒地，属于国家所有的，由林业主管部门和其他主管部门组织造林；属于集体所有的，由集体经济组织组织造林；铁路公路两旁、江河两侧、湖泊水库周围，由各有关主管单位因地制宜地组织造林；工矿区，机关、学校用地，部队营区以及农场、牧场、渔场经营地区，由各该单位负责造林；国家所有和集体所有的宜林荒山荒地可以由集体或者个人承包造林；新造幼林地和其他必须封山育林的地方，由当地人民政府组织封山育林。

5. 森林防火制度。森林火灾是危害森林资源的主要灾害之一，我国建立了严格的森林防火制度。《森林法》和《森林防火条例》对森林防火的组织、职责，森林防火的预防、扑救、调查、统计和对违法者的处罚有了较为完备的规定。

规定地方各级人民政府应当切实做好森林火灾的预防和扑救工作。在森林防火期内,禁止在林区野外用火;因特殊情况需要用火的,必须经过县级人民政府或者县级人民政府授权的机关批准;在林区设置防火设施;发生森林火灾,必须立即组织当地军民和有关部门扑救;因扑救森林火灾负伤、致残、牺牲的,国家职工由所在单位给予医疗、抚恤;非国家职工由起火单位按照国务院有关主管部门的规定给予医疗、抚恤,起火单位对起火没有责任或者确实无力负担的,由当地人民政府给予医疗、抚恤。

(三)森林资源法治保障的不足与完善

尽管国家和省、市对森林资源法律保护工作相当重视,相继制定和出台了一些法律法规和规定,但从森林资源法律保护整体上看,相关法律法规整体性不足:

1. 现行的森林法律法规内容陈旧。如现行的《森林法》《森林法实施条例》中对权利的主体规定为四种:国家、集体、单位和个人。然而在现实中,从事森林经营的既有国家、集体、也有自然人、企业、非企业组织,甚至还有外国投资者等,上述的法律规定显然难以适应现实权利主体多元化的需要。再如,《行政许可法》出台后,《森林法》《森林法实施条例》依然是行政审批与行政许可不分,有些行政管理制度明显制约市场经济的发展,与《行政许可法》相抵触。

2. 森林法律体系不健全。目前,我国森林法律法规体系还不健全,现行的《森林法》《森林法实施条例》的规定过于笼统、不全面,造成了有些行为无法可依的局面。如:缺少有关林木、植物育苗的法律;森林托管与经营行政许可的法律;森林资源流转的法律等。

3. 相关领域法律不协调。《森林法》与《民法》《土地

法》《水法》《环境保护法》《物权法》等相关法律之间都存
在诸多不协调的关系。

针对上述问题，建设生态文明，维护生态安全，必须保
持森林资源保护法律制度的整体性。

1. 要把森林、水、土壤等作为一个整体来考虑，因为它
们三者对维持生态系统来说都是至关重要的。如果没有适当
的保护土壤和淡水资源，仅仅保护森林资源是毫无意义的。
要将有关森林、水、土壤的法律纳入同一法律体系，完善相
关制度，加强彼此间的法律关系的协调。

2. 要加强对从事影响森林活动的企业、公司、政府和国
家援助机构的协调。例如，对所有的森林项目或直接影响森
林的水力发电、河流分水等项目进行长期影响评估。这些评
估应当立足于从整体上分析生态，并考虑对现在或将来生活
在该地区（或附近地区）居民的影响。森林保护相关法律法
规和管理制度应当要求那些从事影响森林活动的企业、公司、
政府、银行和国家援助机构应当把这种评估作为他们项目可
行性研究的一个重要的组成部分。

（四）强化森林行政执法机制建设

1. 重视林业队伍建设，解决基层林业执法人员偏少的问
题。要增加人员编制，加强工作力量，加强业务培训，努力
提高依法行政能力。合理配置林业行政执法资源，保障资金、
设备等投入的合理水平，改善执法设施，为林业行政执法创
造必要的物质条件，提高办案效率。

2. 推行林业行政主管部门内部各类执法机构的集中归
并，形成执法和执法监督制约机制及良性循环。

3. 提高林业执法人员法律素质。重视林业行政机关执法
与管理人员的法律普及，特别重视林业行政机关领导人员的

法律素质的日常培养；建立林业行政机关工作人员违法责任追究制度，预防职务违法个人责任免除权利的滥用，约束具体行政行为；建立行政规章以及其他执行性林业文件法律审查程序，预防违法违规林业文件或规定的出台，提高林业抽象行政行为能力，规范林业行政机关领导者的行为。

4. 探索管护新机制。结合集体林权制度改革，认真研究森林资源管护工作中出现的新情况、新问题，积极探索建立专业管护与农户管护相结合的新机制。

（五）加强森林保护法律监督

按照《林业行政执法监督办法》的规定，参与大案、要案和恶性案件的督查、处理，并及时进行通报。建立从下至上的林业行政执法社会监督体系，完善检举、举报"绿色通道"，保持法律的运行纳入社会普遍监督之下；强化权力机关、检察机关的法律监督，重视林业行政违法案件的司法诉讼解决，加大行政林业侵权案件的司法审判力度，遏止和预防行政机构针对林业和林农的乱收费等财产侵权行为；逐步建立林区的林业法律法规服务网络，普及林业法律法规，为林区林业生产单位以及林农个人提供及时的法律咨询与服务，拓展法律援助对象和范围，将林区林农以及基层林业生产者纳入援助范围，维护林区合法权利。

近年，我市非常重视森林资源法律保护，尤其是森林资源法律监督工作得到了进一步加强，加大了政府违法征用地、毁林开垦，以及退耕还林工程实施的监督，并取得了一定的成绩。但是一些监督管理部门的监督力度仍然不够，对林地用途管理制度、占用林地审核制度的监督力度及对破坏森林资源案件的监察力度还未落到实处。针对上述存在的问题，森林资源管理和监督部门要把对森林资源保护管理监督作为重点工作，按照有关森林法律法规的要求，采取严格的要求，重点督查因政府行为发生的违法征占林地及毁林开垦等导致林地逆转问题，巩固扩大森林资源保护的成果，切实保障平凉市生态经济区建设的生态安全。

1. 加强林地用途管制制度落实情况的监督，防止有林地逆转和林地非法流失。市、县政府要积极开展森林资源规划设计调查，健全森林资源档案，真正把森林资源保护管理落实到山头地块。加强对林地使用、开发、利用和权属变更情况进行监督检查，督促县级林业主管部门及时更新森林档案，并对其准确性进行实地抽查核实，为林地保护管理提供基础数据。加强森林资源流转的监督，坚决制止并及时依法纠正国有森林资源资产流失和森林破坏现象。继续抓好林权登记工作，明确权属，使林权权利人的合法利益的保护落到实处。

2. 严格征占用林地审核制度监督，依法规范林地利用行为。工程项目征占用林地的，必须依法办理审批手续，林业主管部门要认真履行职责，从严审核，并按规定收取、使用、管理森林植被恢复费，确保恢复不少于因占地而损失的林地面积，达到林地总量动态平衡的目标。

3. 加大对破坏林地案件的督查力度，切实维护森林资源安全。各级林业主管部门对毁林开垦和非法占地行为要始终保持强有力的打击态势，凡是出现毁林开垦和非法占地的，要严格执行法律法规，不仅要做到谁破坏，谁恢复，而且要依法追究相关责任人和有关领导的责任。加大对违法征占用林地、毁林开垦和林间过度放牧等工作监督检查力度。对违法乱批乱占林地和拒不缴纳或擅自减免森林植被恢复费的违法行为，坚决予以查处。认真做好破坏森林资源案件查处结果的跟踪监督，对所有违法行为一查到底，决不姑息，切实树立起执法者的权威。

（六）加强依法管护，进一步巩固和发展林业建设成果

针对当前森林资源管护中存在的一些问题，组织林业、公安、工商等部门，定期不定期开展专项行动，严厉打击破坏森林资源的违法犯罪行为。市、县（区）林业主管部门要经常组织森林公安和林政稽查单位，开展执法检查，做到森林资源管护规范化、制度化，确保森林资源安全。

1. 加强林木采伐管理。各级各有关部门要依法保护好现有林木资源，坚持谁审批、谁颁证、谁负责的原则，逐级明确责任，规范工作程序，严格执行林木限额采伐管理制度、采伐许可证制度和年度木材生产计划（备案）制度，严管天然林，管好公益林，管活商品林。承担国有、集体林木管护和采伐审批的主体单位，要切实负起责任，依法搞好监管。严禁采伐天然林，严禁任何单位和个人无证采伐、少批多伐或者未批滥伐，对违法者县（区）以上林业主管部门依法严肃处理，触犯刑律的，依法追究法律责任。

在严格执法的同时，科学编制森林经营方案，将限额采伐纳入经营方案进行统筹。森林经营方案是各国森林管理主要法律手段，良好的森林经营方案能够保障森林持续经营。故采伐制度变革首要从编制森林经营方案入手。结合平凉市生态经济区的实际，建立以强制编制为主，自愿编制为补的类别机制，审批和备案相结合的编制程序，确定方案的基本内容，方案的资金保障和法律效力，通过"森林经营方案"规范和引导，将森林采伐限额管理寓于森林经营和森林生态系统管理之中予以完善。

以确权和分类为指导，建立许可和备案结合采伐审批制度。基于我市目前森林权属和森林分类的现状，森林采伐许

可应完善以下几个方面的制度。具体而言，一要明确森林经营方案对采伐许可的作用，突出森林经营方案的地位。二要明确非林业用地林木采伐不纳入限额管理，解决农民因为调整种植结构在农田等非林业用地上造林采伐难的问题。三要简化森林采伐的类型和管理环节，提供"一站式"服务，建立便捷高效的审批机制。四要推行森林采伐公示制度，保障采伐指标分配科学、公平、公开、公正。五要改变森林采伐管理方式，实行采伐限额"蓄积量"单项控制，允许经营期内采伐指标结转。

2. 强化木材流通监管。按照属地管理的原则，各县（区）要认真执行木材凭证运输和经营加工制度，依法加强对木材市场及木材经营加工企业和个人的监督检查，确保木材流通依法规范有序进行。木材市场设立，要根据县（区）经济社会发展状况和人民群众需求，合理布设，严禁在林区和林缘区设立。公路、交通等部门要积极配合林业部门做好木材、林木产品的运输管理，严禁无证运输木材。林业、工商部门要加强对木材经营加工单位和个人的监管，严格审核颁发《木材经营加工许可证》《营业执照》，依法规范木材流通秩序。各级林政稽查组织和木材检查站要充分发挥职能作用，切实加强对木材生产、经营、加工、运输的监督检查，对非法设立的木材市场、企业和摊点，要严肃查处。

3. 严格林地保护利用。各县（区）要严格征占用林地管理，认真审核，从严把关，按程序和权限上报审批。凡征用或者占用公益林地、商品林地和临时占用公益林地，必须经市、县（区）林业局预审和初审，报省林业厅审核审批；临时占用商品林地面积2公顷以下，由县（区）林业局审批；面积2公顷以上10公顷以下，由市林业局审批；面积在10

公顷以上，报省林业厅审核审批。用地单位在交纳森林植被恢复费和林地、林木补偿费、安置补助费后，林业部门颁发使用林地审核同意书，方可办理建设用地手续。临时占用林地的期限不得超过两年，不得在临时占用的林地上修筑永久性建筑物，占用期满后，用地单位必须恢复林业生产条件。森林经营单位在管辖范围内建设林业生产设施或其他设施，需占用林地，按规定程序报批。对未批先占、少批多占林地，擅自改变林地用途，随意在林地内开山取土取石，以及国家机关工作人员随意改变林地保护利用规划、变更林地权属、越权审批林地等行为，给予行政处罚或行政处分，情节严重的，依法追究刑事责任。

4. 做好野生动物保护。要进一步强化舆论引导，落实保护措施，切实加强对林区、河流湿地、自然保护区等野生动物栖息地的保护和管理。驯养繁殖和经营利用野生动物，都须办理驯养繁殖和经营利用许可证。属国家重点保护的，逐级上报国家林业局审批颁证；属省重点保护的，由市林业局审批颁证；属国家和省保护的有益的或者有重要经济、科学研究价值的及其他野生动物，由县（区）林业局审批颁证。停止驯养繁殖和经营活动的，应向颁证部门申请注销许可证，按规定妥善处理野生动物。要建立林业、工商、公安、交通、卫生等部门协调联动机制，加强对野生动物驯养繁殖场所、花鸟集贸市场、宾馆酒楼等地点的监管，认真做好野生动物疫源疫病的监测防控。对在正常生产生活中，国家和省重点保护野生动物造成人身伤害和重大财产损失的，当地政府要依照相关规定进行医疗救治和经济补偿。对非法猎捕、运输出售、窝藏走私珍贵或濒危野生动植物及其制品，以及伪造、变造、买卖相关证件和文书的行为，林业、公安、工商等部门要依法严厉打击。

5. 抓好森林防火工作。要高度重视森林防火工作，完善森林防火组织指挥体系，建立健全森林防火应急响应机制，严格落实森林防火行政首长负责制和成员单位分工责任制，认真落实林权所有者、经营者和巡山护林人员的责任，真正做到山有人看、林有人护、火有人管、责有人担。不断加大经费投入，建立森林防火物资储备仓库，配备灭火器械和通信器材，修筑防火道路和隔离带，努力改善森林防火基础设施条件。要深入开展森林防火法规知识"进单位、进乡村、进社区、进学校、进家庭"活动，大力普及森林防火知识，不断增强全民森林防火意识和能力。严禁在林区野炊、玩火，引导群众开展文明祭扫。林业、旅游、民政等部门和乡村组织要加强对林区重要部位、关键地段、敏感时期和旅游景区、墓地的防火力度，加强跟踪督查监管，从源头上防止火灾发生。对未经批准，擅自在林区内野外用火、实弹演习和爆破作业等活动，以及政府、相关部门和工作人员未履行森林防火责任、擅离工作岗位、失职渎职，酿成森林火灾，瞒报迟报火情，造成损失的，要及时查处，情节严重的，要追究法律责任。

6. 落实封山禁牧措施。各县（区）政府要制定完善符合各自实际的封山禁牧办法，积极引导广大农民群众改变传统放牧习惯，普及舍饲圈养。积极推广普及生态养殖、设施养殖，加大项目扶持力度，认真实施玉米秸秆青贮饲料工程，建设优质牧草饲料基地，努力实现养殖业由分散牧养向现代化养殖的转变，从根本上为封山禁牧创造条件。尤其是乡村两级，要把封山禁牧作为保护生态的一项长期任务来抓，落实乡镇干部包村、村干部包户、护林员包片的封山禁牧负责制，明确管护地界、管护内容、管护指标。对封山禁牧措施落实不力、问题较多的地方，依法逐级追究行政责任。对违反规定放牧毁林，造成较大经济损失的行为，严肃追究法律责任。

7. 加强林业行政监管。严格征占用林地审核，扎实开展林地变更调查，积极做好森林资源一类清查，确保森林资源安全。

8. 重视森林资源保护法治宣传教育。组织开展多层次、多形式的森林保护法治宣传教育活动，进一步强化各级领导和广大干部群众对森林资源管护重要性的认识，把林业政策法规宣传到乡村、基层林场和农户，做到家喻户晓。在重点林区、路段、湿地等处设立生态建设工程、护林防火、保护野生动物、封山禁牧等宣传警示牌。鼓励引导村社组织制定护林规约，实现群防群管。新闻媒体要大力宣传林木管护有关政策法规，及时曝光典型案例，刊登公益广告，进一步提高广大干部群众法制观念和爱绿护绿、保护生态意识，使崇尚绿色、建设生态文明成为全社会的自觉行动。

七、持续推进林业改革

切实抓好国家林业局确定的泾川县综合改革试验示范区建设，按期完成林地经营权流转证和果树经济林林权证发放，扎实搞好国有林场改革工作。

第八章 平凉市土壤环境防治法治保障问题研究

　　土壤污染是指具有生理毒性的物质或过量植物营养元素进入土壤而导致土壤性质恶化和植物生理功能失调的现象，包括农业耕地污染、城市棕色地块污染以及矿区土壤污染。[1]土壤污染改变了土壤生态结构，使土壤中的有用微生物下降甚至破坏，重金属等有害物质被农作物吸收后残留在食物链中危害人体健康。

一、土壤污染的特点

　　1. 局域性。土壤是一个固定的介质，跟水和大气不一样，水和大气是流体介质，很容易流动，而土壤作为固体介质不容易流动。所以土壤污染是区域性的。
　　2. 土壤污染物类型复杂。以耕地污染物为例，就至少包括镉、镍、铜、砷、汞、铅、滴滴涕和多环芳烃等多种类型的污染物，呈现出新老污染物并存、无机有机污染混合的特点。

---

　　[1] 曹春艳、吴群："我国土壤污染防治的难点与突破"，载《光明日报》2014 年 10 月 12 日。

3. 治理难度大。土壤污染的治理比大气和水的问题要困难得多，土壤虽具有一定的自净能力，但一旦被污染，特别是被重金属污染，就很难恢复。

4. 隐藏性、长期性和分散性。土壤污染是农业生产各个环节和各个过程中自觉或不自觉产生的。它不像工业生产上的点源污染，有问题关掉就行了，污染处理起来比较麻烦。

二、土壤污染的状况

（一）全国土壤污染的情况

2014 年 4 月 17 日环境保护部和国土资源部公布的《全国土壤污染状况调查公报》显示，全国土壤环境状况总体不容乐观，部分地区土壤污染较重，全国土壤总的点位超标率为 16.1%，耕地土壤点位超标率为 19.4%，主要污染物为镉、镍、铜、砷、汞、铅、滴滴涕和多环芳烃。中国是全球土壤污染最严重的国家之一，早在 2006 年，据不完全调查，中国受污染的耕地就约有 1.5 亿亩，占 18 亿亩耕地的 8.3%。2015 年 6 月，中国地质调查局发布的中国耕地地球化学调查报告（2015 年）显示，我国已查明无污染耕地达 12.72 亿亩，占本次调查耕地总面积的 91.8%，主要分布在苏浙沪区、东北区、京津冀鲁区、西北区、晋豫区和青藏区。我国重金属中—重度污染或超标比例占 2.5%，覆盖面积 3488 万亩，轻微—轻度污染或超标比例占 5.7%，覆盖面积 7899 万亩。另外局部地区土壤有机质下降，北方土壤碱化趋势与南方土壤酸化趋势同时出现。[1]

---

〔1〕 袁于飞、叶乐峰："我国查明无污染耕地超 12 亿亩"，载《光明日报》2015 年 6 月 27 日。

（二）平凉土壤污染的情况

平凉市 2004～2011 年农田土壤重金属 As、Hg、Pb、Cr、Cd 平均含量分别为 9.96、0.038、32.16、65.98、0.119 mg/kg，变异系数分别为 30.72%、93.94%、47.72%、28.36% 和 60.84%。[1]2012 年，平凉市在全省首次开展了土壤环境例行监测工作。对本市崆峒区柳湖乡土坝村、静宁县治平乡安宁村、灵台县什字镇长坡村等 3 个不同行政区划的非污灌区基本农田土壤环境进行采样分析。监测结果表明，非污灌区基本农田土壤环境质量总体较好，土壤中参与评价的各类污染物指标单项污染指数（Pi）均小于 1，综合污染指数（PN）均小于 0.7，土壤环境污染等级为清洁。2013 年，对崇信县锦屏镇于家湾村、崆峒区安国乡土桥村、庄浪县万泉镇霍李村等 3 个不同行政区划的非污灌区蔬菜种植基地土壤环境进行采样分析。根据监测结果，三个非污灌区基本农田土壤环境质量总体较好，土壤中参与评价的各类污染物指标单项污染指数（Pi）均小于 1，综合污染指数（PN）均小于等于 0.7，土壤环境污染等级为清洁。2014 年监测也表明土壤环境污染等级为清洁。[2]2015 年，为深入了解我市畜禽养殖场周边土壤环境质量现状，根据环境保护部有关规定，按照《国家土壤环境质量例行监测工作实施方案》要求，环保部在全市范围内选取静宁县辰宇生态农业开发有限责任公司、静宁县良种繁育基地、静宁县庙咀村养鸡小区三家畜禽养殖场开展土壤环境质量监测，完成了全部土壤样品中 pH 值、有机质含量、阳离子交换量、镉、汞、砷、铅、铬、铜、锌、

---

〔1〕 蒋军锋："甘肃省平凉市土壤重金属潜在生态风险评价"，载《中国农学通报》2014 年第 8 期。

〔2〕 2012 年、2013 年、2014 年平凉市环境质量公报。

镍、六六六、滴滴涕、苯并［a］芘等14项指标的分析工
作。监测结果表明，我市3个畜禽养殖场土壤环境质量保持
良好，所有监测指标均达到《土壤环境质量标准》
（GB15618—1995）二级标准，未受到重金属和有机物的
污染。

（三）平凉土壤污染的主要来源

平凉市土壤污染相对较低，主要是废旧塑料包装物、化
肥、农药、固体废渣、生活垃圾、污水对土壤的污染。平凉
市农药对土壤的污染各县区情况不尽相同，灌溉农业区大于
旱作农业区，化学除草剂的施用量也逐年上升，由于化学除
草剂品种多，分子结构不同，在土壤中残留半衰期也不一样。

1. 化肥污染。平凉化肥施用量低于全国和全省的平均施
用水平，施用的化肥主要是硝铵为主的氮肥和氨肥，对土壤
的污染以硝酸盐、亚硝酸盐和氨氮超标为主。

2. 废旧塑料包装物污染。这是指由农用薄膜、包装用塑
料膜、塑料袋和一次性塑料餐具（以上统称塑料包装物）的
丢弃所造成的环境污染。由于废旧塑料包装物大多呈白色，
因此称之为"白色污染"。塑料是一种合成的高分子化学制
品，由于其阻燃、耐热、抗腐蚀、用途广、质量轻且成本低
廉，塑料制品悄然深入到社会的每个角落，从工业生产到人
们的衣食住行，无处不在。由于塑料成分极其稳定，在自然
界停留的时间很长，降解需要200～300年，有的可达500
年。近年来可降解塑料问世，大大提升塑料的降解速度，但
依然需要2～3年的时间。废旧塑料包装物进入环境后，由于
其很难降解，造成长期的、深层次的生态环境问题。首先，
废旧塑料包装物混在土壤中，影响农作物吸收养分和水分，
将导致农作物减产；其次，抛弃在陆地或水体中的废旧塑料

包装物，被动物当作食物吞入，导致动物死亡（在动物园、牧区和海洋中，此类情况已屡见不鲜）；最后，混入生活垃圾中的废旧塑料包装物很难处理：填埋处理将会长期占用土地，混有塑料的生活垃圾不适用于堆肥处理，分拣出来的废塑料也因无法保证质量而很难回收利用。平凉市土壤的"白色污染"主要是农用地膜和生活用塑料袋污染。

（1）地膜的白色污染。作为全国最先引进和试验地膜覆盖栽培技术的地区之一，平凉市自 20 世纪 70 年代末开始试点推广地膜覆盖栽培技术以来，因其显著的增温保墒、抗旱节水、增产增收作用，地膜覆盖面积逐年扩大，地膜使用量连年增加。但是，随着地膜技术的成熟及大面积推广，农村广袤的土地逐渐被巨量废弃地膜侵占，由此造成的土地板结、环境污染等问题日益严重。如何解决这一问题，防止"白色污染"在农村继续蔓延，已成为农村发展面临的重要问题。地膜残留在土壤中难以分解，形成物理性质的污染，影响土壤结构，使土壤中的水分分布不均，并使土壤中的微生物难以正常地进行分解活动，造成农田"白色污染"。平凉市是典型的旱作雨养农业区，冬春连旱、十年九旱是我市基本农情。可以说，平凉的市情决定了农业要实现稳产高产，必须走地膜覆盖这条路子。地膜覆盖栽培技术的运用，尤其是全膜双垄沟播技术的创新研发推广，破解了水资源短缺对平凉农业的制约瓶颈，不仅提高了自然降水的高效利用，而且解决了冷凉地区积温不足的劣势，促进了全市种植业结构调整，扩大了玉米、马铃薯、蔬菜等高产高效作物的种植范围，对平凉农业增收、农村经济增长和实现粮食丰收发挥了无可替代的作用。地膜覆盖技术既可以蓄水保墒、保肥、抵御干旱灾害，又可以提高地温、抑制杂草生长、减轻病害、促进作物生育，是旱区农业发展的关键措施，在稳定粮食产量、保障粮食安全、促进农民增收中发挥着重要作用。2014 年，全市以旱作农业为主的地膜覆盖面积达到 300 多万亩，农膜使用量达到 1.96 万吨，随着地膜覆盖技术特别是全膜双垄沟播技术的大面积推广，废旧农膜残留问题也日益突出，每年产生的废旧农膜数量达 1.2 万吨以上。大力推广以全覆膜为主的旱作农业技术，在取得突出的增产增收效果的同时，也带来了较为严重的"白色污染"。同时，全市地膜覆盖技术推广集中在旱塬、山台地，覆盖范围广，捡拾难度大，回收成本高，加之群众环境保护意识不强，治理工作跟不上，回收率相对较低，致使每年约有 30% 左右的废旧农膜残留在土壤中。[1]尽管地膜覆盖为我市农业高产稳产起到了不可忽视的作用，可随着地膜使用量的快速增长，伴随产生了大量的废旧地膜，不仅造成了视觉上的污染，还存在降低耕地质量、牲畜误食、焚烧处理引发二次污染等潜在威胁。残留地膜的危害主要表现在以下几方面：一是破坏土壤结构，影响耕地质量和土壤的透气性、透水性等；二是影响作物的出苗，造成作物减产。地膜污染造成的经济损失也是惊人的，一亩地土壤含残膜达 3.9 公斤时，将导致各种农作物减产 11% ~ 23%；三是影响农作物对水分、养分的吸收，超薄型地膜的大量使用更加剧了对耕地土壤结构的侵害，农作物苗期易出现苗黄、苗弱甚至死亡；四是对牲畜有害，牲畜吃了带有地膜的饲料后，会引起消化道疾病，甚至死亡；五是造成化学污染。[2]

---

〔1〕 吕娅莉："让'白色污染'不再戕害良田"，载《平凉日报》2015 年 5 月 22 日。

〔2〕 孙海峰："甘肃探索消除农村'白色污染'之路实现农业可持续发展"，载《甘肃日报》2015 年 12 月 3 日。

（2）使用塑料袋的污染。2008 年 6 月 1 日颁布的《商品零售场所塑料购物袋有偿使用管理办法》，俗称"限塑令"明确规定，在全国范围内，厚度小于 0.025 毫米的塑料购物袋，禁止生产、销售和使用。在所有超市、商场、集贸市场等商品零售场所，一律不得免费提供塑料购物袋。薄塑料袋容易破损，随意丢弃后，成为"白色污染"主要来源。但对许多市民来说，如今对生活的影响也不是那么大。买斤水果，要个塑料袋；买点蔬菜，要个塑料袋；餐馆打包，还是要个塑料袋……塑料袋在我们的生活中无处不在。

自"限塑令"执行以来，我市的大型超市均执行了塑料袋有偿使用。但在餐饮、集贸市场上一直是免费提供的。大部分商贩每日要消耗两三百个塑料袋。以一个市场 50 个摊位估算，一天所消耗的塑料袋就高达一两万个，估算到全市，数量则更加惊人。据笔者在聚贤菜市场调查，塑料袋每月销量在 4 万个左右。

三、土壤污染的治理情况

与早已展开的空气和水污染治理相比，土壤治污却还在起步阶段。我们的大气和水污染治理已经走了将近 40 年的历程，但是土壤污染治理与修复行动迟缓。我们应严格控制新增土壤污染；将耕地和集中式饮用水水源地作为土壤环境保护的优先区域；强化被污染土壤的环境风险控制；开展土壤污染治理与修复；提升土壤环境监管能力。

（一）白色污染治理情况

2013 年平凉市人民政府下发了《关于集中治理残留废旧农膜工作的实施意见》（平政办发〔2013〕161 号），安排部署废旧农膜回收利用工作。全市采取电视、网络、报纸、手机报等多种形式宣传，指导广大农民科学销售和使用厚度大于0.008毫米地膜，禁止加工企业生产厚度小于0.008毫米的超薄地膜。从2010～2014年，全市积极争取国家、省、市回收加工扶持补助资金3085万元，扶持建办了恒达、兴盛、鑫隆、森源等4家1000吨以上回收加工企业，改扩建了永兴、金达等13家400吨以上回收加工企业。回收加工废旧农膜31 500吨，企业实现产能效益850万元，截至2014年底实施项目以来，17家企业共回收加工废旧农膜3.2万吨，棚膜2.3万吨，其他废旧塑料包装制品回收加工2.56万吨，回收利用率逐年提高。2014年，全市回收利用废旧地膜14 883吨，回收利用率达75.77%，比2013年提高3.77个百分点。回收利用棚膜近3877.7吨，回收率达到100%。为科学治理"白色污染"，市农机推广站引进推广农田残膜机械化捡拾技术，选型引进2MT—160型、1JM—1200型、2MT—120型等6种不同类型的农田残膜捡拾机械，在泾川、崆峒等地开展机具性能试验、示范及推广。至2014年全市推广农田残膜捡拾机械560台，每县（区）建立了1～2个农田残膜机械化捡拾示范点，完成农田残膜机械化捡拾面积8.7万亩。同时，不断改进完善机具性能，逐步解决了农田残膜捡拾机械性能和农艺要求不相适应的问题，提高了作业质量。2015年全市农业地膜覆盖面积303.67万亩，农膜使用量达到24 033.1吨，建成废旧农膜回收网点256个，覆盖全市128个乡镇，参与废旧地膜回收的企业达20户，回收利用率达80.4%。基本形成县上有加工企业回收生产、乡镇有回收网站、村级有回收点的网络化服务体系，回收利用网络体系逐步健全，废旧农膜回收利用的市场化机制得到进一步巩固。

2013～2015 年，共争取国家废旧农膜回收清洁生产项目 6个，涉及五县一区七个加工企业，补助资金 2988 万元。

经过多年不懈努力和持续多年政府补贴使用高标准地膜，有力促进了农民捡拾的积极性和主动性，捡拾清理农田废旧地膜已经成为我市广大农民群众的自觉行动。特别是在旱作农业区粮食生产中，由于宣传到位，经过努力农用地膜"白色污染"问题得到有效治理，成效开始显现。

但居民使用塑料袋的习惯没有大的改观。其实，在"限塑令"出台后的当年，工商、物价部门紧随其后出台了有关商品零售场所塑料购物袋有偿使用的相关文件。按照分工，商务、价格、工商等主管部门在各自职责范围内对商品零售场所塑料购物袋有偿使用过程中的经营行为进行监督管理。但商务部门负责的是大型超市和商场"限塑"，工商部门负责的是塑料购物袋在市场流通环节的监管，质监部门负责的是塑料购物袋的生产企业监管等，但经过非正规企业生产的、在市场上免费提供的、厚度小于 0.025 毫米的不达标塑料袋，存在监管空白。"限塑令"主要受制于三个方面：一是超薄塑料袋的生产源头没控制住，地下黑工厂隐秘性强，查处难；二是市民的环保意识差，只图方便，没环保观念，纠正难；三是农贸市场及小商店、餐饮店等普遍免费赠送超薄塑料袋，法不责众，治理难。

（二）化肥农药使用治理情况

2014 年 3 月全市储备化肥 16.75 万吨、农药 134.1 吨、农膜 1607 吨，分别占春播需求量的 84%、64%、58.7% 和76%。[1]2014 年平凉市农用化肥施用量（折纯）9.9 万吨，

---

[1] "庆阳、平凉两市春季农业生产情况"，载甘肃农业信息网 2014 年 3月 19 日。

增长 2.48%，亩均 40.9 公斤。略低于甘肃亩均用量 50.53 公斤和全国每亩 61.82 公斤化肥用量，却是世界平均每亩化肥用量的 2 倍多。

2015 年年初农业部提出《化肥使用零增长行动方案》，科技部正制定《化学肥料农药减施增效综合技术研发重点专项实施方案》，省农牧厅也制定了《甘肃省化肥使用量零增长行动方案》。倡导科学施肥，助推现代农业。化肥对粮食生产的贡献率达 30% ~ 40%。在粮食连年增产这一高起点，积极探索产出高效、产品安全、资源节约、环境友好的现代农业发展之路，努力实现"稳粮增收调结构，提质增效转方式"的总体目标，对"增产、经济、环保"使用肥料提出了前所未有的新挑战，也引来了千载难逢的新机遇。为加快推进现代农业发展步伐，农业部、省农牧厅出台了全国和我省化肥零增长行动方案。为了推进化肥零增长行动，今后平凉市将通过测土配方施肥、耕地质量保护与提升、高效农田节水等重点项目，结合马铃薯、高原夏菜、优质林果等优势产业，集成全膜双垄集雨沟播、高效农田节水等主推技术，整合科研、推广、企业等多方力量，以农业龙头企业、农民专业合作社、家庭农场、土地流转等种植大户为抓手，主动帮助肥料企业进行技术改造、开展产品升级，及时向农户筛选推荐经济环保的肥料，大力推广生物肥料、有机肥、水溶性肥料等新型肥料，实现藏粮于地、藏粮于技，为现代农业快速发展提供有力的物质和技术支撑。特别是平凉市测土配方施肥工作坚持"统筹规划、分级负责、整体推进、技术指导、企业参与、农民受益"的原则，突出"推进农民转变施肥观念，扩大配方肥生产供应，指导农民按方施肥"三个重点，实现了"增产施肥、经济施肥和环保施肥"的有机统一，成效显著。2014 年全市七县（区）104 个乡（镇）、1477 个行政村、36.66 万农户中，完成测土配方施肥示范推广 548.01 万亩，其中：小麦 196.21 万亩，玉米 130.23 万亩，马铃薯 90.45 万亩，胡麻 13.5 万亩，油菜 9.79 万亩，蔬菜 34.3 万亩，其他 73.53 万亩。测土配方施肥田较常规田平均亩增产 52.65 公斤亩，节肥（纯量）0.4 公斤，亩增产节支 100.05 元，总增产节支 54 830.32 万元。

（三）农村面源污染治理情况

当前，面对环境污染和生态问题，面对绿色发展问题，我们必须走绿色环保的生态农业发展之路。2010 年全市农业源排放化学需氧量 17 759.82 吨，氨氮 617.15 吨，农业养殖污染成为新的污染源。对畜禽粪便的处理，也是平凉市污染减排的一项重要举措。2007 年，崆峒区草峰镇丁寨村首次引进了发酵床养猪技术（生物环保养猪技术），由于能有效节约资源降低能耗，提高效益，解决粪污排放问题，该技术随后在全市得到推广应用。2013 年，灵台县上良乡荣旺村养殖小区，采用西北农林科技大学的专利技术处理牛粪。该技术利用蚯蚓喜食发酵腐熟牛粪的习性，将牛粪装入发酵池进行预处理后，再投放种蚯蚓，通过蚯蚓的吸收转化，使牛粪变成肥效极高的蚯蚓粪便有机肥，成年蚯蚓还被用作高蛋白饲料。随后，经过粉碎、包装等后续加工，蚯蚓粪便有机肥被销往市场，用于农作物种植。现在，全市畜禽粪便的综合利用率达到 90% 以上，无害化处理率达到 90%，纳入统计的256 家规模化畜禽养殖场，有 170 家完成了减排治理任务，累计减排化学需氧量 1725 吨，氨氮 70 吨。

2015 年初，中央一号文件提出要加强农业生态治理，加强农业面源污染治理，深入开展测土配方施肥，大力推动农业循环经济发展。从绿色环保新型肥料看，当下较为流行复合微生物肥、水溶性肥。特别是复合微生物肥，不但含有作物生长所必须的大量元素、微量元素，还复混添加了改善农产品品质的有机质、腐殖酸、氨基酸和恢复土壤生态的多种微生物。该产品通过微生物降解磷钾秸秆腐熟等活动，可以大大提高化肥的利用率，提高渗透压导致生物活性不足问题。经初步测算，可以减少化肥使用量 30%～50%（折纯）；微生物的活动可以提高低温 2～3 摄氏度，活化土壤、平衡酸碱，解决土壤板结问题，利用植物生根扎根，促进作物早熟 1 周以上；有机质、腐殖酸、氨基酸的使用有效改善了农产品的品质，使瓜有瓜味、果有果味、菜有菜味、粮有粮味。复合微生物肥使用中有益菌的大量繁殖，还可以抑制作物一些病害的发生，如重茬病、白粉病、枯萎病、软腐病等顽固性疾病，可以部分替代抗病毒药和农药，减少农产品药物残留，保证农产品的绿色安全。

（五）重金属污染治理情况

2011 年市政府制订了《平凉市重金属污染防治实施方案》，对 5 户涉重企业从产业结构调整和优化、严格执行环境影响评价制度、开展强制性清洁生产审核和加大污染综合整治等方面提出了目标任务和整治时限。在重金属污染源普查调查的基础上，编制上报了《平凉市"十二五"重金属污染防治规划》，进一步明确了"十二五"重金属污染防治的指导思想、目标任务和工作重点，确定了重点防控行业和企业，筛选上报了重金属污染防治项目。

2014 年以来，通过市、县（区）环保部门共同努力，市上和七县（区）环境监测业务用房项目已列入国家环保部重点支持计划，争取国家投资 1600 多万元，目前静宁县业务用房已建成；争取国家重金属污染防治能力建设资金 434 万元，为市环境监测站、市环境监察支队和市核与辐射安全监督管理站配备重金属监测、监察、核与辐射应急设备 78 台（件），市政府采购办已完成招标工作。2015 年制定了《平凉市土壤环境保护和综合治理方案》《平凉市土壤环境污染事件应急预案（试行）》，对全市拟列入国家土壤污染治理与修复试点备选项目材料进行了补充完善，初步筛选上报项目 9 个，总投资 1.96 亿元，治理面积 10 280 亩，受益人口 17.42 万人。

四、土壤环境的法治保障

（一）土壤污染防治的法律法规和规章

尽管我国在环境保护方面有《环境保护法》《大气污染防治法》《水污染防治法》和《固体废弃物污染防治法》等多部法律法规，但在土壤污染防治方面却没有比较详细的法律规定，还没有一部土壤污染防治的专门立法，仅在《环境保护法》《农业法》等法律中进行了原则性规定，如新修订的《安全生产法》明确禁止使用高毒、剧毒农药，只有《基本农田保护条例》作了较为具体的规定。虽然近年来国务院办公厅下发了《关于印发近期土壤环境保护和综合治理工作安排的通知》，环保部出台了《污染场地土壤修复技术导则》《场地环境调查技术导则》《场地环境监测技术导则》《污染场地风险评估技术导则》《污染场地术语》等多项污染场地系列环保标准，旨在为各地开展场地环境状况调查、风险评估、修复治理提供技术指导和支持，为推进土壤和地下水污染防治法律法规体系建设提供基础支撑。特别是 2016 年 5 月 31 日国务院印发的《土壤污染防治行动计划》以改善土壤环境质量为核心；实施分类别、分用途、分阶段治理，严控新增污染，逐步减少存量的十个方面的措施，对确保土壤生态环境改善，构建土壤污染防治体系具有重要作用。

甘肃省也出台了土壤污染防治的规范性文件。2009 年，省政府出台规范性文件，明确提出禁止使用厚度小于 0.008 毫米的超薄地膜。2013 年，省政府再次发出通知，在全省范围内明令禁止生产、销售和使用超薄地膜。2014 年起，我省对旱作农业区地膜政府招标进行采购时，充分体现废旧地膜回收因素，优先采购具有废旧地膜回收加工能力企业生产的地膜，以此鼓励和引导地膜生产企业积极参与到废旧地膜回收的工作中来，逐步引导形成"谁生产、谁回收"的良性机制。

同时，在旱作农业项目实施中通过政府招标采购补贴农民使用厚度高、强度大、耐候期长、易回收的高标准地膜，为废旧地膜回收与综合利用创造了基础性条件。2013 年 11 月，我省率先出台了全国首部关于废旧农膜回收利用方面的地方性法规——《甘肃省废旧农膜回收利用条例》，将成熟的管理经验和行之有效的政策上升到了法规层面，对农膜的监管者、生产者、销售者、使用者、回收者的责任均作了具体规定，不仅从源头上限制了不利于回收利用的超薄地膜进入农资市场，而且使每一个参与其中的主体都有明确的定位，形成了责任链条。为保证该《条例》的贯彻实施，2014 年 4 月，甘肃省又及时发布了地膜生产地方标准——《聚乙烯吹塑农用地面覆盖薄膜》（DB62/2443—2013），甘肃省地方标准在该《条例》相关规定的基础上，从地膜厚度、耐候期、抗拉伸强度等相关影响地膜回收性的参数上，进一步进行了具体和细化，相关指标均严于现行国家标准，有效提高了该

《条例》贯彻实施的可操作性。对治理"白色污染",保护农业生态环境有着积极作用。但这些法律法规以及规范性文件并没有形成有效的土壤污染综合防治体系。

（二）土壤环境法治保障的不足与完善

虽然第十二届全国人大常委会第八次会议通过的《中华人民共和国环境保护法》修正案中新增和强调了土壤污染、生态补偿和生态修复等内容,说明土壤污染如何预防以及污染土壤如何修复已经得到政府、学者和广大民众的关注。但我国还没有一部土壤污染防治的专门立法,至今无法可依,诸多环境法律之间存在矛盾冲突造成效应抵消,诸多外部法律对现行生效的环境法律的实施形成阻挡力量,这些问题亟待得到高度重视,迫切需要谋求土壤环境立法与执法的新模式。我国土壤环境立法方面存在"空白""损害""内耗"等问题,导致目前土壤环境管理重行政管制,轻市场调节、社会管理,重规划、评价和审批,轻过程和后果;在土壤环境执法方面,存在执法依据不明晰、执法体制存在障碍及执法能力和保障不足等问题,导致法律实施效果不佳。

1. 加强土壤污染防治的立法工作,建立一套适合我国国情的土壤污染防治法规及标准体系,确保土壤污染治理工作有法可依。通过制定专门的土地污染防治法,明确土壤污染防治的责任主体,实施严格的土壤污染责任追究机制,构建科学有效的土壤污染动态监管制度。健全土壤污染防治标准体系。中国目前的土壤污染防治系列标准多是一些泛泛而谈的标准,不具有针对性。要针对土壤污染来源、土地用途等不同,分门别类制定土壤污染风险评估标准、监测监控标准、土壤修复技术标准等,从而形成具体的、可操作的土壤污染防治标准体系。[1]

2. 完善土壤污染防治资金来源制度。土壤污染治理需要大量资金,成本投入成为摆在各方面前的一大难题。要确立土壤污染防治与修复的"污染者付费"制度。污染者付费是解决环境污染问题的根本原则,同样也应当适用于土壤污染防治的情况,应确立具体适用的土壤污染防治与修复的"污染者付费"制度。建立土壤污染防治与修复政府基金。由于土壤污染责任人的特殊性和土壤污染长期性和潜伏性的特点,"污染者付费"制度在某些情况下有可能会失灵,因此应建立土壤污染防治与修复政府基金及时对其进行介入。引导和鼓励社会力量投资土壤污染防治。引导和鼓励社会力量以成立基金、直接投资等方式投资土壤污染防治,形成土壤污染防治资金来源的多方合力。

3. 要尽快制定和完善农业生产和农村环境保护标准与法律,提高企业入驻农村的标准。重点支持生态经济、循环和低碳型工业、生态循环型农业以及节能环保产业,遏制工业污染蔓延的势头。

4. 认真执行农业部《关于打好农业面源污染防治攻坚战的实施意见》(以下简称《实施意见》),遏制农业面源污染扩大。《实施意见》就防治农业面源污染提出了"一控两减三基本"目标:"一控"即严格控制农业用水总量,大力发展节水农业;"两减"即减少化肥和农药使用量,实施化肥、农药零增长行动;"三基本"指畜禽粪便、农作物秸秆、农膜基本资源化利用。《实施意见》提出,确保规模畜禽养殖场(小区)配套建设废弃物处理设施比例达75%以上,秸秆

---

〔1〕 曹春艳、吴群:"我国土壤污染防治的难点与突破",载《光明日报》2014年10月12日。

综合利用率达85%以上,农膜回收率达80%以上。导致农村面源污染的原因错综复杂,既有基层政府对农村环保重要性认识不到位、投入不足等,又有农业生产者环保意识不强、环境监管和保障体系不健全因素。此外,农村"空心化"问题又导致治理力量严重缺乏,使农村污染治理难以形成合力。农村成为环境污染的低谷,环境保护的盲区。

要大力发展农业循环经济,加强对种植业污染和养殖业污染的防治,加快转变传统种植、养殖增长方式,持续改善农村生态环境和人居环境。养殖业在农业面源污染所占比重超过一半,其环保控制措施要前移,从选址、圈舍设计、雨水处理等方面都考虑到环保问题,最后再处理末端生产产生的污染,形成全链条式环保处理模式。

5. 按照"减量化、资源化、再利用"的理念,构建行政推动、政策扶持、企业带动、农户参与的废旧农膜回收利用体系,有效促进废旧农膜的回收和再生利用。将废旧农膜回收与全膜双垄沟播技术推广一并纳入县政府年度目标管理责任进行考核,按覆膜面积、农膜使用量给乡镇分解下达回收任务,并将废旧农膜回收利用与全膜双垄沟播技术推广同安排、同检查。把废旧农膜回收与农村环境整治相结合,给群众讲道理、摆事实、算效益账,广泛动员群众大力回收废旧农膜、清理村庄垃圾和渠道淤泥,改善农村生产生活环境。大力推广一膜两用、适时揭膜等技术,并推广使用厚度大于0.01毫米、耐候期大于12个月且符合国家其他质量技术标准的农用地膜,严禁使用厚度小于0.008毫米的农用地膜,切实解决超薄农膜易破碎、不宜捡拾和回收利用难度大等突出问题。废旧地膜回收和利用主要涉及农户捡拾、网点回收、企业加工三个环节。但是长期以来,由于回收网点少,回收价格低，企业与农民都缺乏足够的积极性认真回收废旧地膜。从实际情况看，我市大多数废旧地膜回收加工企业还普遍存在规模较小、工艺设备落后、回收加工体系仍旧十分脆弱等问题。在治理"白色污染"方面，政府应给企业一定的回收补贴，要求企业生产多少就回收多少，政府考核企业；对旱作农业不作为、怕担责的部门要警醒组织约谈；设立各级推广部门推广费，确保新材料、新技术的推广；建立新型经营主体的社会化服务体系，探索农业技术评价、农业生产科技咨询、专业技术服务等。

地膜对平凉旱作农业区粮食增产贡献巨大，但大量使用也带来了耕地污染及资源浪费的新问题。主要体现在：政府、农业部门的重视度需要进一步加强，宣传效果不明显，群众的认识度不高，参与性不强；市场的监管力度不够，农膜企业效益低；废旧农膜回收利用缺少上规模的龙头企业引领等。面对越来越多的新问题，我们应该狠抓生产源头管理，提高农膜质量和市场秩序；广泛宣传《甘肃省废旧农膜回收利用条例》《甘肃省农膜地方标准》，强化农膜市场监管，有效治理"白色污染"；加大政策扶持力度，优先采购优质产品；引导终端的长效管理机制，扶持优质企业做大做强，实现规模降成本、技术创新降成本、政策扶持降成本，降低农民用膜成本，走高标准回收再利用、全生物降解试验、功能化绿色发展道路。

治理农村"白色污染"，仅靠政府推动、企业参与还远远不够，必须提高公众尤其是广大农民对此的认识，这样才能增强农民治理污染的主动性。通过广泛组织观摩会、视频会、宣传月等活动，积极引导农民使用高标准易回收地膜，使社会公众尤其是广大农民群众加深对废旧地膜残留危害的认识，增强农民群众参与废旧地膜回收利用的积极性和主动性。

通过多年的细致工作，平凉市按照农业清洁生产理念和农业循环经济理念，逐步探索出了"强化源头防控、政府扶持引导、企业市场运作、行政监管推动、技术支撑保障、法制引领规范"这一解决废旧地膜残留的有效途径，基本形成了"地膜增产增收、废膜回收利用、资源变废为宝、农业循环发展"的可持续发展模式。

但是，废旧地膜回收、加工仍存在许多瓶颈，距离形成真正的产业链条也还有很大距离。因此，必须综合运用行政、经济、技术和法制等手段，将顶层设计与基层创新相结合，方可逐步控制、消除农村"白色污染"。

从国家层面来讲，修订国家地膜生产标准已迫在眉睫。目前，废旧地膜回收难的主要瓶颈在于低标准超薄地膜的大量使用。同时，农业部也提出了主要农作物生产全程机械化推进行动，这也对地膜的标准提出了更高要求。为此，当务之急是尽快修订国家地膜生产标准，提高地膜厚度、抗拉伸强度、耐候期等关键性指标，抓好地膜源头防控这个关键环节，以确保地膜使用后的可回收性和再生利用价值。

在政策方面，出台地膜回收加工企业优惠政策已非常迫切。回收加工企业是从根本上拉动废旧地膜回收的关键环节，是开展废旧地膜综合利用工作的主体。废旧地膜回收利用属微利行业，具有公益性质。因此，国家层面尽快出台对废旧地膜回收加工企业优惠政策，如扩大资源再利用的税收优惠，对企业用地、用电、用水及信贷等方面给予优惠等，以扶持废旧地膜回收与综合利用产业健康持续发展。

在法律方面，应开展废旧地膜回收利用专门立法。在当前加强法制建设的大背景之下，国家层面应开展废旧地膜回收利用专门立法，明确生产者、销售者、使用者、回收利用者、监管者等相关参与主体的责任、权利与义务，加强地膜生产、流通、使用和回收利用环节的法律约束与监督管理，将地膜回收利用纳入法制化轨道。特别是要对地膜生产环节进行规范，引领实行"谁生产、谁回收"的机制，倒逼地膜生产企业生产具有可回收性的高标准地膜。

6. 严格执行禁塑令，加大对使用塑料袋的执法力度。2015 年 1 月 1 日起，吉林省在全省范围内禁止生产销售和提供一次性不可降解塑料购物袋、塑料餐具，成为全面"禁塑"第一省。平凉市应抓住建设全国生态市的机遇，在全市范围或者中心城区禁止销售、使用一次性不可降解塑料用品。

7. 推广使用生物有机肥。2011 年，平凉西开集团聘请国内外专家来企业会诊，投资 3800 万元，建设生物有机肥生产企业，解决畜禽粪便的污染问题，2012 年 5 月，与美国瑞科公司成功签约，采用全套美国技术生产，开发适应中国各类土壤的有机肥。目前，企业生产的生物有机肥已获得全国工业产品生产许可证和 4 个品种的化肥生产许可证，产品销售到了西北五省区。腐植酸与氮磷钾配合使用，可提高土地养分利用率 10% ~30%。西开集团生产的腐植酸，尤其是全水溶性腐植酸，是国家鼓励发展的产业之一，对发展农业，提高粮食和经济类产量有着重要意义。目前，平凉市农作物生产多施用单质肥料，施肥中氮、磷、钾比例不平衡，造成土地板结，地力下降，施肥水平远远低于发达国家水平。因此，西开集团年产 10 万吨全水溶腐植酸及腐植酸生物菌肥项目具有良好的市场前景。在我国，有机肥发展的前景非常广阔，首先，最重要的是，我国资源丰富，为有机肥产业化发展提供可持续的原料供应：一是人类及动物排泄物；二是农作物秸秆；三是其他有机肥资源，如农副产品深加工及工业企业废弃物、部分城市垃圾等。从环保角度看，环保政策支持有机肥产业的发展：比如垃圾污染、水体富营养化等，很多和以上废弃物的处理不当有关。其次，高品质生活对高品质消费品也有需求：优质的有机肥可有效提高作物的品质。最后，有机原料却是取之不尽的，有机原料部分替代无机原料用于制造生产肥料是一种必然。但是在市场化经济条件下，单单依靠市场的推广、财力有限的地方政府的扶持及生产厂家的宣传是远远不够的，还必须有国家的一些相关政策扶持。

第九章　平凉市水土流失治理法治
保障问题研究

水土资源是生态系统最重要的控制因子，生态环境问题主要表现在两个方面：一是生态破坏，二是环境污染。生态破坏的主要表现形式就是水土资源的破坏及土地生产力的降低或丧失即水土流失。

一、水土流失的含义与类型

水土流失是指"在水力、重力、风力等外营力作用下，水土资源和土地生产力的破坏和损失，包括土地表层侵蚀和水土损失，亦称水土损失"。

水土流失与人类文明史一样源远流长，是一个古老的自然现象。在人类出现以前的漫长时间里，水土流失仅表现为水力、风力、冻融和重力作用下产生的正常侵蚀现象。根据产生水土流失的"动力"，分布最广泛的水土流失可分为水力侵蚀、重力侵蚀和风力侵蚀三种类型。随着人类的出现，以及人口不断增加和人类对水土、植物资源的开发利用，正常侵蚀的速度逐渐加快，产生加速侵蚀，这种侵蚀现象对人类构成了威胁。现在我们常说的水土流失，就是指这种加速侵蚀。

二、水土流失的危害

因水土流失，我国年均土壤流失量 45 亿吨，损失耕地100 万亩，水库淤积泥沙 16.24 亿立方米。全国现有坡耕地3.59 亿亩，每年土壤流失量约 15 亿吨。因水土流失造成的经济损失相当于当年 GDP 总量的 3.5%。

严重的水土流失导致土地退化，毁坏耕地，加剧旱情发展，威胁国家粮食安全；加剧洪涝灾害，并进一步影响到公共安全；削弱生态系统的调节功能，成为我国生态安全的重要制约因素；降低涵养水源能力，加重土壤面源污染，对我国饮水安全构成严重威胁，既是我国重大的生态环境问题，也是制约我国经济社会可持续发展的重要因素。

平凉市是全国水土流失最严重地区之一，水土流失面积大，分布广。当前，平凉正处于大开发、大开放、大发展的重要机遇期，随着公路、铁路、石油、天然气、煤炭及煤化工等建设项目相继开工建设，在有力促进全市经济社会发展的同时，也对水土保持生态环境提出了严峻挑战，必须处理好发展与生态环境的关系。

三、平凉市全市水土流失情况

平凉市位于甘肃省东部，总属西北黄土高原组成部分，根据第二次全国土地调查数据成果，2009 年全市控制面积1 117 115.24 公顷，其中含宁夏回族自治区隆德县飞地5322.53 公顷。耕地：404 547.91 公顷（606.82 万亩），占36.21%，其中全市基本农田面积 308 580 公顷（462.87 万亩)。园地：42 224.34 公顷（63.34 万亩）占 3.78%。林地：421 087.25 公顷（631.63 万亩）占 37.69%。草地：100 482.48 公顷（150.72 万亩）占 8.99%。城镇村及工矿用地：66 047.99 公顷（99.07 万亩）占 5.91%。交通运输地：15 101.94 公顷（22.65 万亩）占 1.35%。水域及水利设施用地：11 913.59 公顷（17.87 万亩）占 1.07%。其他土地：55 709.74 公顷（83.56 万亩）占 4.99%。[1]在历史上相当长的时期，也曾是植被良好繁荣富庶之地，森林覆盖率约在 50%左右。但随着人们对土地资源的过度开发利用，全市境内水土流失严重，2010 年水土流失面积 9859.6 平方公里，占总土地面积的 88.5%，多年平均土壤侵蚀模数 6707.7 吨/平方公里，年均土壤侵蚀量 7464.3 万吨。截至 2015 年水土流失面积 8821.8 平方公里，占全市土地总面积的 79.2%，森林覆盖率仅为 30.9%，是全国水土流失最严重的地区之一。

四、平凉市水土流失治理

近年来，平凉市不断深化对市情的认识，市、县两级高度重视水土保持生态建设工作，坚持把黄土高原水土流失治理作为生态环境建设和社会经济发展最基础、最根本的任务来抓，开展以梯田建设为主要措施的水土保持综合治理，水土流失综合治理水平显著提高。2014 年 2 月国家发展改革委印发的）《甘肃省加快转型发展建设国家生态安全屏障综合试验区总体方案》，该方案将全省划分为河西内陆河地区、

---

〔1〕 司庆元："平凉市第二次全国土地调查数据成果新闻发布会召开——我市现有耕地606.82万亩"，载《平凉日报》2014 年 10 月 8 日。

中部沿黄河地区、甘南高原地区、南部秦巴山地区、陇东陇中黄土高原等五大区域。其中陇东陇中黄土高原以水土保持和流域综合治理为重点，促进黄土高原生态屏障建设。2015年7月中共平凉市委办公室、平凉市人民政府办公室印发《关于贯彻落实〈省委省政府关于进一步支持革命老区脱贫致富奔小康的意见〉的实施意见》又提出，每年新修高标准梯田18万亩，推进黄土高原水保生态工程建设，每年治理水土流失220平方公里，促进水生态系统保护与修复。"十二五"确定全市每年列建26条重点小流域，建成了泾川田家沟、庄浪榆林沟、堡子沟、静宁北岔集、灵台东沟等一批科技含量较高、示范作用明显的重点小流域。在黄土高原沟壑区探索出了"塬面条田、道路林网、坡面梯田、经济林果、沟壑刺槐、封育绿化、沟底谷坊加库坝"的治理模式，在黄土丘陵沟壑区探索出了"梁峁乔灌戴帽，湾滩梯田缠腰，地埂牧草锁边，沟道林草坝库穿靴"的治理模式，为全市发展平凉金果产业的重点区域、梯田化的示范流域、水保综合治理的典型样板，具有广泛的推广应用价值。列入重点项目建设的静宁、庄浪、崆峒、泾川等县（区）整流域整片区建设的力度较大，全市水土保持工作经历了由单一治理向综合治理的重大转变，进入了项目支撑、片区开发、综合治理的新阶段，有效减少入黄泥沙，改善了生态环境。"十二五"期间，治理水土流失1176平方公里，新修梯田118.69万亩，综合治理87条重点小流域，完成人工造林115万亩，森林覆盖率达到30.9%，一定程度上改善了我市黄土高原沟壑区的生态环境和生产生活条件。

（一）部门联动，合力持续推进梯田工程建设

经测算，梯田拦泥效率达到92%，蓄水效率达到90%。

长期以来，平凉市重视梯田建设，特别是2009年省委、省政府启动实施了全省1000万亩梯田建设工程，为平凉市水土保持工作持续健康发展提供了新的机遇，注入了新的活力。市委、市政府进一步加强领导，市、县两级均成立梯田建设协调领导小组，发改、国土、农综、扶贫、水保等相关建设部门各司其职、各负其责、紧密配合，部门职能作用发挥充分，形成整体合力，大力推行各级政府目标管理责任制，按照"修梯田、兴水利、调结构、促增收"的发展思路，整合退耕还林口粮田建设、土地复垦整理、农业综合开发、水保重点工程、扶贫开发等项目资金，每年以24万亩的速度稳步推进，"十二五"期间，全市多渠道拼盘建设资金5.2亿元，新修梯田118.69万亩，新修梯田产业路4100公里。

2013年全市绿化城镇面山30万亩，治理水土流失350平方公里，新修梯田27.7万亩。开发复垦整理土地12.9万亩，建成高标准基本农田11.8万亩。2014年新修梯田24.4万亩，完成造林23.6万亩，治理水土流失350平方公里。[1]截止到2013年底，全市梯田面积达到366.13万亩，全市已有1个县（庄浪县）37个乡（镇）实现了梯田化，梯田化程度达到65.6%，结合梯田建设，配套整修高标准田间道路1.68万公里。梯田数量的不断增加，拦泥、蓄水效率不断提高。截止到2013年底，累计治理水土流失面积5725.6km^2，其中：兴修梯田2440.9 km^2、营造水保林2771.6 km^2、人工种草270.2 km^2、封禁治理243 km^2，治理程度达到64.9%。2015年全市完成梯田工程19.06万亩，综合治理水土流失面积330平方公里，年末全市累计建成梯田405.54万亩，占宜

---

〔1〕 臧秋华："2015年平凉市政府工作报告"，载《平凉日报》2016年2月5日。

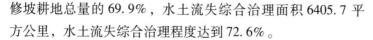

修坡耕地总量的 69.9%，水土流失综合治理面积 6405.7 平方公里，水土流失综合治理程度达到 72.6%。

（二）因地制宜，建设淤地坝工程

多年以来，按照黄土高原区小流域地貌类型特点，全市共建各类大、中、小型淤地坝 120 座，坝控面积 259.22 平方公里，总库容 3519.06 万立方米，拦泥库容 1093.42 万立方米，其中"十二五"新建淤地坝 7 座。截止到 2015 年，总蓄水量 725.85 万立方米，拦泥沙 348.56 万立方米。经过多年监测，淤地坝对沟道泥沙的拦蓄效益非常明显，同时在解决山区群众生产生活行路难问题发挥了重要作用，部分地区还利用淤地坝的蓄水解决农业灌溉用水，缓解季节性农业用水问题，生态社会经济效益功能兼备，群众对淤地坝的建设、开发积极性较高，工程运行正常。

（三）狠抓项目建设，坚持开展水土保持综合治理

2015 年共争取落实国、省投资 1.06 亿元，和 2014 年相比增加 1866 万元。崆峒、庄浪、静宁 3 县（区）实施国家坡耕地水土流失综合治理工程，完成投资 3750 万元，其中中央投资 3000 万元；庄浪县实施国家水土保持重点建设工程，完成投资 928.56 万元，其中中央投资 650 万元；泾川、灵台、崇信 3 县实施国家农业综合开发水土保持项目，完成总投资 1251 万元，其中国、省投资 1108 万元；全市实施巩固退耕还林基本和重点口粮田建设任务 9.97 万亩，完成中央投资 5351.4 万元；建成中央预算内小流域综合治理项目 4 个，完成投资 487 万元，其中中央投资 389 万元。

在总结全市"十二五"水土保持工作成绩和分析影响全市水土保持工作的困难和问题的基础上，依托全省"6363"水利保障行动计划，科学编制了《平凉市水土保持"十三

五"规划》，规划水土保持专项 5 大类 63 个项目，估算总投资 26.19 亿元。为今后水土保持工作投资建设奠定了良好基础。

（四）加强淤地坝建设和管护工作

坚持"安全第一、建管并举"的防治理念，持续加强淤地坝工程的建设和管理。一是建立健全淤地坝防汛安全责任制。进一步落实了各级政府的防汛责任，签订了《淤地坝防汛责任书》，形成了一级抓一级，层层抓落实的防汛责任格局。二是轮番检查，发现问题，落实整改。采取面上检查和重点抽查的办法，对中型以上的淤地坝，从上坝道路、坝体、涵卧管、泄水陡渠等主要部位进行了现场技术评估，限期落实了整改任务和责任。三是进一步争取病险淤地坝除险加固项目，全市经省上认定，现有中型以上病险淤地坝 39 座，其中骨干病险坝 29 座，中型病险坝 10 座，估算总投资 4822 万元。"十二五"以来实施淤地坝除险加固工程 22 座。

五、平凉市水土保持与治理执法和守法

一是以县（区）为单位普遍开展了人大"一法一条例一办法"执法视察活动，强化水土保持部门的执法地位和执法能力。二是积极组织各县（区）开展水土保持预防监督执法专项检查活动，对企业的生产建设项目进行了现场检查，逐项目提出了书面整改通知书。三是依法征收水土保持补偿费。2015 年按照新的补偿费征收办法和标准，全市共征收水土保持补偿费 280 万元，占计划任务 200 万元的 140%。平凉市水土保持局预防监督工作被黄河委员会授予先进集体称号。四是扎实开展《水土保持法》进党校宣传教育活动。紧紧抓住

2015年平凉市被水利部列为全国水土保持国策宣传教育进党校试点单位的机遇，按照见班搭车、聘请专家讲课、媒体宣传报道、学员实地考察等形式，开展了丰富多彩的宣传教育活动。市、县两级共举办各类培训班70期（次），培训各级领导干部4493人，开展实地考察2次，参加人数130多人。

六、平凉市水土流失治理存在的不足和问题

（一）水土流失治理资金投入不足

一是受国家宏观经济政策制约，水保投资规模不足，缺少大项目的支撑和带动。目前在我市实施的只有7县（区）巩固成果基本口粮田，静宁、崆峒、庄浪国家坡耕地综合整治，庄浪国家水土保持重点建设，泾川、灵台、崇信国家农业综合开发水土保持建设项目。项目少，投入资金总量不足。二是梯田建设经费的严重不足。据调查测算修成一亩高标准梯田土方量基本上在300方左右，成本都在800～1000元左右，现有补助经费远远不能满足当前梯田建设的实际需要，导致工程道路配套、边埂整修等措施不能及时到位，影响了工程建设标准。三是水土保持生态环境建设及淤地坝建设等生态环境建设工程，都是在建设项目前期论证阶段，按照国家发布的投资概估算定额编制概估算，但在资金筹措上都是有中央投资和地方配套两部分组成，有些项目地方配套的比例较大，而且大多数由于地方财政困难，难以实现配套承诺，致使水土保持生态环境建设质量下降。

（二）水土流失治理措施单一

近年来水土保持项目建设内容基本上以梯田为主，小流域治理基本没有项目资金支撑，综合治理水平难以提升，特别是林草措施、淤地坝等拦蓄工程4年没有安排项目资金，

单一的梯田治理模式制约了水土保持的科学、互补、综合的基本属性，从而导致了水土保持发展阶段上的不连续性，生态脆弱区的水土流失得不到有效治理，治理手段上缺乏综合性，影响生态屏障建设进程。

（三）淤地坝工程建设有待进一步加强

目前，省上基本取消了淤地坝工程建设，部分批复实施的坝系工程，中途停建，导致淤地坝工程管理、管护资金匮乏，群众迫切要求修建的工程无法实施。

（四）生态补偿标准偏低

现行开发建设项目破坏水土保持设施的生态补偿费用为 $0.5\sim1.0$ 元/m²，是 20 世纪 80 年代制定的，随着物价上涨和治理水土流失成本的提高，现行标准远远不能满足治理水土流失和生态补偿的需要。

七、水土流失治理的法治保障

（一）水土流失治理的法律法规和规章

早在 1957 年政务院发布了我国第一部水土保持法规《中华人民共和国水土保持暂行纲要》，1982 年国务院颁布《水土保持工作条例》，1988 年经国务院批准，国家计委和水利部联合发布《开发建设晋陕蒙接壤地区水土保持规定》，1991 年 6 月 29 日第七届全国人民代表大会常务委员会第二十次会议通过《中华人民共和国水土保持法》，2010 年 12 月 25 日第十一届全国人民代表大会常务委员会第十八次会议修订。1993 年 8 月，国务院发布《中华人民共和国水土保持法实施条例》（2011 年 1 月 8 日修订），各省市制定了水土保持条例。此外，《环境保护法》《土地管理法》《森林法》《草原法》《水法》《环境影响评价法》《固体废物污染防治法》

《防沙治沙法》《地质灾害防治条例》《退耕还林条例》都对水土保持有相应的规定。特别是 2010 年 12 月修订后的《水土保持法》在许多方面进行了重大修改，为依法防治水土流失提供了有力的法律规范和保障。一是明确了水土保持地方政府目标责任制；二是确立了水土保持规划的法律地位；三是强化了水土保持预防保护和人为活动控制；四是加强了建设项目水土保持方案管理；五是提高了水土流失治理的强度和资金支持力度；六是完善了水土保持监测管理和经费保障；七是设定了水土保持补偿制度；八是加大了水土保持违法处罚和强制措施的力度。修订后的《水土保持法》凸显了规划的作用，加强了政府职责，细化了项目监管，强化了法律责任。

另外，中共中央、国务院制定、发布了《中国 21 世纪议程》《全国生态环境规划》《水污染防治行动计划》《加快推进生态文明建设的意见》等政策，特别是 2015 年 10 月国务院印发《关于全国水土保持规划（2015～2030 年）的批复》是今后一个时期我国水土保持工作的发展蓝图和重要依据，是贯彻落实国家生态文明建设总体要求的行动指南。

（二）《全国水土保持规划（2015～2030 年)》的主要内容

《全国水土保持规划（2015～2030 年)》（以下简称《规划》）关于水土保持工作提出了系统的治理要求。

1. 总体要求。《规划》要求，全国水土流失防治工作要树立尊重自然、顺应自然、保护自然的生态文明理念，坚持预防为主、保护优先，全面规划、因地制宜，注重自然恢复，突出综合治理，强化监督管理，创新体制机制，充分发挥水土保持的生态、经济和社会效益，实现水土资源可持续利用，为保护和改善生态环境、加快生态文明建设、推动经济社会持续健康发展提供重要支撑。《规划》明确，用15年左右的时间，建成与我国经济社会发展相适应的水土流失综合防治体系，实现全面预防保护，林草植被得到全面保护与恢复，重点防治地区的水土流失得到全面治理。

2. 水土保持工作的总体布局和主要任务。《规划》综合分析了水土流失防治现状和趋势，以全国水土保持区划为基础，以保护和合理利用水土资源为主线，以国家主体功能区规划为重要依据，提出了全国水土保持工作的总体布局和主要任务：一是全面实施预防保护，促进自然修复，扩大保护林草植被覆盖，强化生产建设活动和项目水土保持管理，全面预防水土流失，重点突出重要水源地、重要江河源头区、水蚀风蚀交错区水土流失预防。二是在水土流失地区，开展以小流域为单元的山水田林路综合治理，加强坡耕地、侵蚀沟及崩岗的综合整治，重点突出西北黄土高原区、东北黑土区、西南岩溶区等水土流失相对严重地区，坡耕地相对集中区域，以及侵蚀沟相对密集区域的水土流失治理。三是建立健全综合监管体系，强化水土保持监督管理，完善水土保持监测体系，推进信息化建设，建立和完善社会化服务体系。

3. 保障措施。《规划》从加强组织领导、健全法规体系、加大投入力度、创新体制机制、依靠科技进步、强化宣传教育等六个方面，提出了规划实施的保障措施。

（三）水土流失与保持法治保障的不足

1. 干部群众对水土保持的法律法规和政策知晓率比较低。对水土保持法律法规宣传覆盖面不够广，经常性宣传不够，有的乡镇基层领导和少数群众对贯彻实施水土保持法律法规的重要性认识不深、理解不透，有的甚至认为贯彻实施水土保持法律法规是水务部门自己的事，因而在全市尚未形成人人遵守水法律法规的良好氛围，执行水土保持法律法规的自觉性相对滞后。老百姓对涉水土保持法律意识比较差，自觉守法意识不强。

2. 执法力量薄弱，执法力度不够。新上项目方案申报审批率不到95%，在建项目水土保持工程落实率不到90%，验收率不到85%以上，严格落实生产建设项目"三同时"制度和提高水土保持预防监督工作的水平有待提高。执法队伍建设配备不足，各县执法人员严重不足，执法相对较低，执法水平还有待提高。

3. 缺乏执法监督手段（技术手段），在执法监督检查过程中，人员少，监督手段过于单一，技术监督手段相对缺乏。无论是开发建设项目还是水土保持生态环境的监测，其承担者都是现有水土保持机构或水文机构人员，这两类人员，均存在技术弱项，难以整合。有法不依现象仍然存在，加之平凉地域广阔，执法开展难度大，涉水土保持执法面广，不能更深入的开展执法监察。

4. 水土保持工作与建设生态文明的要求尚有距离。水土流失治理任务依然艰巨，水土保持的投入保障机制有待加强，水土保持违法成本过低，水土保持管理能力有待进一步提升等。

八、加强水土流失治理

深入贯彻生态文明建设方略，以实施甘肃生态安全屏障行动为主攻方向，以改善生态环境和生产生活条件为重点，坚持不懈治理水土流失。根据平凉地貌流域特点，大力推行综合治理和清洁型小流域建设，提高综合治理水平，改善生态环境。

（一）抓好生态项目建设

以小流域为单元的水土流失综合治理、淤地坝建设十分切合我市黄土丘陵沟壑区水土保持特点，是被实践证明了的成功经验，对甘肃省生态屏障建设十分重要，加大对相关项目的投资力度，在继续实施好在建项目的同时，积极调研论证储备一批好项目、大项目，论证实施平凉市陇东（中）黄土高原沟壑区小流域综合治理、清洁型小流域建设、黄土丘陵沟壑区庄静淤地坝示范区建设、平凉市坡耕地综合整治、淤地坝安全除险加固等一批水土保持生态建设项目。

1. 渭河流域生态经济型水土流失综合治理示范区。以葫芦河、水洛河为重点，充分挖掘庄浪、静宁县水土资源潜力，加快坡耕地整治步伐，加大淤地坝建设力度，大力实施生态林草措施，为发展优质、高效果品产业提供有力支撑。打造陇东黄土高原丘陵沟壑区水土保持综合治理示范区。

2. 泾河流域生态清洁型小流域区。以泾河流域为重点，选择交通便利、面积在30平方公里左右、代表不同类型区的小流域进行论证规划，争取项目支撑，在农业面源污染、畜牧养殖方式转变、农村生活习惯改变、农村污水垃圾治理、生态环境建设等方面开展清洁型小流域的试点示范，推动全市水土保持小流域综合治理工作再上新的层次和水平。

3. 关山林缘区生态修复区。以关山林缘区为重点，以保护生态、自然修复为主要内容，实施汭河、黑河、达溪河、水洛河、胭脂河等流域封禁治理项目。

4. 坡耕地综合整治区。以静宁、崆峒、崇信、灵台为重点，以实施国家水土保持综合治理项目和水土保持重点县为契机,大力开展坡耕地整治工作,全市每年以 24 万亩的速度推进梯田工程建设,实行山、水、田、林、路、村综合治理。

（二）提高梯田建设补助标准

平凉市剩余的未进行梯田建设的坡耕地大多分布在边远山区,修建难度越来越大,加之机械费、人工费、油料费等价格的上涨,梯田建设的费用在 800~1000 元/亩之间,国家每亩 400~600 元的梯田补助标准,已不能适应当前的建设需要,群众投工投劳难,一定程度上制约着梯田建设的进度和质量,积极争取国家和省上提高补助标准。

（三）启动关山林缘区水土保持生态修复工程

关山林缘区的汭河、黑河水系作为陇东重要的水源涵养区,对保障黄河上中游生态安全有着重要作用,但由于过度放牧等人为因素影响,水源涵养能力降低,生态功能减弱,水土流失现象严重,多年的水土保持治理成果遭到不同程度破坏,市委市政府应加大现有保护力度,采取封山禁牧、舍饲圈养措施,大力开展生态保护治理,创建优质饲草基地,推广沼气池、节能灶,封山育林育草等措施为主的生态修复围栏保护工程,充分发挥大自然的自我修复功能,恢复建成一批林、草、畜和谐发展的生态示范区。

（四）完善生态补偿机制

要实现生态社会建设目标,实现经济和环境"双赢",一方面必须运用生态学的原理、循环经济理论,充分依靠科技进步,大力发展生态经济,根据环境容量资源分布的丰瘠程度来调整优化生产力布局。另一方面对牺牲的这部分发展权必须得到相应的补偿,将开发建设项目破坏水土保持设施的生态补偿费用提高到 2.5~3 元/m²,建立起一套行之有效的生态补偿机制,使开发建设项目造成的水土流失得到有效治理。平凉属于经济欠发达地区，当地财力紧张，用于环境保护的投资捉襟见肘，对今后水土保持生态环境建设项目，国家应加大投资来，取消地方配套，提高水土保持生态环境建设力度，从而达到改善生态环境的目的。应该说，要保持生态环境健康持续发展，需要从根本上改变生态补偿难或者"今天补、明天不补"的现状，建立生态补偿的长效机制，生态补偿的立法工作亟须全面跟进。生态保护的问题表面上是人与自然的关系，但根本上已经演变为人与人的关系，而这种关系的核心则是利益均衡问题。只有加快生态补偿立法步伐，使生态补偿有法可依，再辅以相关的经济手段，才能使生态补偿这一国际通行的环境治理方式得以有效落实，并逐步取得实效。

（五）抓好以梯田建设为重点的小流域综合治理

针对目前梯田建设面积分散的实际情况，因地制宜，宜小则小，宜大则大，不能一味求大，破坏生态。要下力气解决质量不高、数字不实的问题，把底子弄清，把基础夯实。按照山、水、田、林、路、村综合治理的要求，全面规划，科学布局，配套建设，集中抓建重点小流域，不断提高小流域治理水平。在水保工程建设中，要严格落实项目基建程序，全面推行项目法人制，纠正个别县（区）在口粮田项目中将建设任务和资金分解下达给乡（镇），由乡（镇）负责招标实施的做法，避免因此导致的项目责任主体不清、建管脱节、质量不高、资料混乱的不良后果。

九、加强预防监督职能，依法防治水土流失

一些部门、企事业单位和个人对水土保持的重要性和紧迫性认识不足，尤其是水土保持的基本国策意识和法制观念

不强。有法不依，执法不严现象普遍存在。《水土保持法》明令规定"禁止在25°以上陡坡地开垦种植农作物"，并根据实际情况，逐步退耕、植树种草、恢复植被，或者修建梯田，但这项规定目前还未真正得到落实。近年来，项目建设力度较大，但开发项目水保方案编报率低。进一步健全与加强水土保持法制队伍，严格执行《水土保持法》《森林法》《环境保护法》《草原法》《水法》等法律法规，以及与水土保持相关的政策，依法打击各种违法犯罪行为。督促有关部门、企业在经济开发和项目建设时，要充分考虑对周围水土保持的影响，严格执行水土保持有关法律法规。严格控制在生态环境脆弱的地区开垦土地，坚决制止毁坏林地、草地以及污染水资源等造成新的水土流失发生的行为。

第十章　其他污染防治法治保障

一、光污染

　　光污染是继废气、废水、废渣和噪声等污染之后的一种新的环境污染。全国科学技术名词审定委员会审定公布的光污染的定义是：过量的光辐射对人类生活和生产环境造成不良影响的现象。上海市质量技术监督局于 2004 年 6 月 29 日发布并于 9 月 1 日实施的上海市地方标准《城市环境（装饰）照明规范》附录 A（规范性附录）城市环境（装饰）照明规范的术语和定义明确规定光污染的定义：由外溢光/杂散光的不利影响造成的不良照明环境，狭义地讲，即为障害光的消极影响。在一般意义上讲，光污染是指现代城市建筑和夜间照明产生的滥散光、反射光和眩光等对人、动物、植物造成干扰或负面影响的现象，属于一种新型的环境污染。

　　（一）光污染及其危害

　　人的眼睛，由于瞳孔具有调节作用，对一定范围内的光辐射都能适应，但这种辐射增至一定量的时候，就会对环境及人体健康产生不良影响，这就是"光污染"。光污染分为"白光污染"和"彩光污染"两大类。

白光污染指的是装有玻璃或镜子的墙面、磨光大理石地面及各种涂料等反射的光线。其危害是：刺激视网膜，易使眼睛疲劳，甚至可导致视觉功能下降。长时间待在这种环境中的人，视网膜和虹膜会受到不同程度的损害，视力会下降，白内障的发病率高达45%。另外，还可能引发失眠、食欲下降、情绪低落等症状。

彩光污染由各种彩色光源引起。照明灯，电视、电脑等带屏幕的电器也是主要污染源，这些光源有一定的辐射作用。其危害是：不仅影响人的生理功能，还会影响人的心理健康。彩色光源让人眼花缭乱，不仅对眼睛不利，而且干扰大脑中枢神经，使人感到头晕目眩，甚至出现恶心呕吐、失眠等症状。如果长期受到彩光照射，可诱发流鼻血、白内障等。另外，样式过于复杂，比如周围吊有水晶的灯饰，开灯后墙上会出现影子，也会影响视力。此外，光污染会破坏生态环境。大多数动物不喜欢强光照射，但是夜间室外照明产生的天空光、溢散光、反射光等往往把动物生活和休息的环境照得很亮，打乱了动物的生物钟。照明器具发射出的辐射能量对动物生活和生长也有影响。另外，夜间过亮的室外照明，使不少的益虫和益鸟直接扑向灯光而丧命。光污染浪费能源。据统计，我国年照明耗电量约为2000亿度，其中2/3是靠火力发电，火力发电的3/4是使用燃煤。因此，城市照明的光污染，不仅耗电过多，也消耗了大量能源。

（二）光污染的防治

1. 对白光污染的防治。尽量少在墙上安装镜子、玻璃等饰品；选择光反射系数低的涂料，墙面以米黄、浅蓝等浅色为主；避免使用经过抛光的地砖。

2. 对彩光污染的防治。起主要照明作用的大灯最好选择冷色调，也就是发出白光的灯；减少采用彩色光源；光线照射方向避免直射眼睛，最好别选彩色的和样式过于复杂的大灯。选择柔和的白炽灯及荧光灯，这样会把"光污染"的影响减少到最小。

（三）光污染防治的法治保障

目前国家对于光污染还没有明确的标准和规定。《物权法》第90条仅规定：不动产权利人不得违反国家规定弃置固体废物，排放大气污染物、水污染物、噪声、光、电磁波辐射等有害物质。但我国诸多地方法规对光污染这种环境污染类型已作了明确的规定，1998年，上海市颁布的《关于再建设工程中使用幕墙玻璃有关规定的通知》中规定，"内环线以内的建设工程，除建筑物的裙房外禁止设计和使用幕墙玻璃；内外环线以内的建设工程、幕墙玻璃不得超过外墙面建筑面积的40%"。1999年，天津市颁布《城市夜景照明技术规范》，这是我国第一个有关夜景照明的技术规范。2010年，北京市《室外照明干扰光限制规范》规定非商业区和非文化娱乐区不宜设置频繁变换模式的照明，并应限制商业区、娱乐区、体育场馆等场所区域的照明对此类区域外的环境产生的干扰光。2012年12月厦门市政府通过的《厦门市建筑外立面装饰装修管理规定》规定对周围环境会产生光照污染的玻璃幕墙或金属幕墙，应采用低辐射等镀膜或非抛光金属板，不得采用镜面玻璃或金属板等材料。

二、噪声污染

美国顶尖的录音师戈登·汉普顿在他的新作《一平方英寸的寂静》中写到"'人类终有一天必须极力对抗噪音，如同对抗霍乱与瘟疫一样.'这是诺贝尔奖得主暨细菌学家罗伯特·柯赫在 1905 年提出的警语。历经一个世纪后，这一天已经比先前近得多。"

城镇噪声无处不在，噪声污染，已成为城市人的苦恼。特别是在中考、高考期间，噪声更是成为公众关注的焦点和整治的重点。

（一）噪声及其危害

噪声是现代城市居民每天感受的公害之一。噪声是使人烦躁不安，注意力不能集中，降低工作效率的声音。[1]噪音污染不仅让人烦躁、睡眠差，还会引发或触发心脏、心理等方面的疾病，进而减少人的寿命。同时，人为噪音也改变着生态系统，最为直接的是野生动物的逃离，让人与野生动物的亲近变得更加困难。环境噪音直接对禽类的生存适应问题造成负面影响。公路附近有许多鸟种的数量变得较少。也有愈来愈多研究指出，在吵闹的地盘上，它们的繁殖成功率会降低。

噪声的卫生标准是 30~40 分贝，分贝数越大，噪声越强。通常人们讲话的声音是 40~60 分贝，交通噪声是 70~100 分贝，高音喇叭可达 110 分贝，60 分贝以上就是有害噪声。美国得克萨斯大学发现，人持续暴露在噪音下，会影响大脑对语音的辨识度，引起听力下降，进而影响语言功能。美国耳聋及其他交流障碍研究所的数据显示，近 50% 的 20~69 岁美国人有噪音性听力伤害，病因是耳朵长期受高分贝噪音影响，伤及耳蜗毛细胞。暴露在中高强度高频或低频噪音近 1 小时就会对听力造成损伤。这种损伤还会导致大脑对高音声频的

----

〔1〕　张平军：《甘肃环境保护与可持续发展》，甘肃人民出版社 1997 年版，第 112 页。

刺激不敏感,进而影响到大脑对语言的辨识能力,造成语言障碍,尤其是在噪音环境下。

噪声的来源主要是交通噪声(各种车辆的行使噪声都可高达 90 分贝,拖拉机噪声高达 95 分贝,汽车喇叭高达 105 分贝以上。)、生活噪声,施工噪声、工业噪声和其他噪声。城市噪声中的生活噪声占很大比例,叫卖声、招揽生意的音响、人的嘈杂声、娱乐声、小区丧事的音响吹打声、广场舞的音响大音量播放等。

(二)平凉市声环境质量

2010 年全市区域环境噪声采用 500 米×500 米的网格在 26.8 平方公里的建成区共设 107 个采样点,监测结果表明:平均等效声级为 54.8 分贝,2010 年城区六条主要干线道路交通噪声平均等效声级为 69.1 分贝,均符合国家规定的标准限值。2011 年全市区域环境噪声平均等效声级为 54.9 分贝,2011 年城区六条主要干线道路交通噪声平均等效声级为 68.9 分贝,达到国家相应标准限值。2012 年对全市七县(区)城区进行了区域环境噪声监测,监测结果表明,平凉市区域声环境平均等效声级范围在 50.9~54.9 分贝之间,2012 年全市道路声环境平均等效声级范围在 62.6~69.7 分贝之间,均达到国家相应标准限值。2013 年全市七县(区)城区区域声环境平均等效声级范围在 50.8~54.9 分贝之间,2013 年全市道路声环境平均等效声级范围在 59~68.6 分贝之间,均达到国家相应标准限值。2014 年全市七县(区)城区区域声环境平均等效声级范围在 50.8~54.9 分贝之间,均达到国家相应标准限值。

(三)噪声控制

噪声的控制是为人们创造一个能接受的声学环境,消除噪声污染。噪声控制要从设计控制、管理控制、技术控制、规划控制四方面同时进行。设计控制就是在工程或产品设计上，使其符合国家噪声标准。管理控制就是对噪声源的使用加以控制，主要是环境执法和行政执法。技术控制是对声源的某些装置，采取一定的技术措施，使其发出的声音变小（如消声器、隔声、减震处理等）。规划控制就是对城市各类建筑物、道路交通、园林绿化等设施进行全面、合理的布局，对城市环境噪声进行分区编制，分类规划，创建一个城市居民能够接受的室内外声学环境。

噪声污染执法部门分散，执法力量不足，噪声的管理控制比较薄弱，执法缺乏震慑和常态化。2010 年环保部门在全市范围内开展了环境噪声污染整治月活动，2011 年、2012 年市环保局与崆峒区联合开展了"城区环境噪声整治月"专项执法活动，2013 年现场协调解决环境噪声污染等投诉案件38 起。

（四）噪声污染防治的法治保障

对于噪声的治理，我国已出台了《中华人民共和国环境噪声污染防治法》等相关法律。《中华人民共和国治安管理处罚法》也明确规定了噪声扰民的处罚规定。2013 年 10 月 1日，甘肃省又颁布实施了《甘肃省环境保护监督管理责任规定》《甘肃省城镇噪声管理暂行办法》，进一步对相关环保行政机关的监管职责进行细化和明确。不同的噪声源，都由不同部门监管。其中：未经审批的夜间建筑施工噪声污染的查处属于城管执法部门职责范围。对于工业噪声污染的查处，属于环保部门职责范围。对于燃放烟花爆竹、街道、广场、公园等公共场所高音喇叭产生的噪声、居民楼内噪声污染，由社区管理或公安部门处理。对于学校内的高音喇叭产生的噪声污染，由教育部门和公安部门处理。

由于城市噪声扰民问题越来越突出，投诉越来越多，应加强噪声污染控制。

1. 认真执行《中华人民共和国环境噪声污染防治法》，《甘肃省城镇噪声管理暂行办法》，加强监督、检查。对噪声超标单位和个人加大执法力度，严格处罚，控制噪声污染源。

2. 控制机动车辆噪声，禁止机动车在市区鸣笛，禁止噪声污染严重的机动车进入市区，对噪声污染严重又难以进行技术改造的机动车辆强制报废。交管部门应采取有效措施，加大对鸣笛现象的监督管理，确保禁鸣规定的贯彻执行；广大的司机朋友也要自觉遵守禁鸣规定，从自身做起，坚持文明驾驶，共同维护公共秩序，让城市清静一点。

3. 科学进行城市规划，医院、学校、居民小区、图书馆、疗养院等要远离铁路、高速公路、城市主干道、铁路枢纽站、集市贸易场地和飞机。

三、生活垃圾污染

随着社会经济的快速发展和城市化进程的不断加快，城市生产生活中产生的垃圾废物日益增多。受垃圾分类回收体系不完整、垃圾处理技术水平低、垃圾处理厂建设不合理等影响，中小城市面临生活垃圾围城的困境。在一些城乡接合部，成片的桔梗菜叶、成堆的生活垃圾、成山的废弃塑料袋成为常见的景象。而且生活垃圾在收运过程中，垃圾暴露面较大，臭气影响周围环境，污水洒漏，对道路造成二次污染等现象严重；生活垃圾卫生填埋场在运营管理过程中，会产生渗漏，渗滤液污染土壤和地下水日见增多；垃圾填埋场产生的臭气很难控制。现在人们的环境意识和维权意识高涨，对城市市容环境卫生提出的要求越来越高，为了更好地保护居民身心健康、提高城市卫生质量，破解"垃圾围城"，给市民提供山清水秀、绿树成荫的居住环境，城市生活垃圾管理成为城市的重要问题。

（一）生活垃圾的处理状况

1. 全国生活垃圾处理状况。生活垃圾的管理目标被概括为"四化"，即无害化、减量化、资源化和无害化前提下的低成本化，中国人民大学国家发展与战略研究院发布的《中国城市生活垃圾管理状况评估》报告显示，2006~2012年，市辖区生活垃圾无害化处理率呈上升趋势，但仍然较低。2012年均值为62.02%，远低于统计年鉴中的城区生活垃圾无害化处理率均值93.43%。"其余接近40%的生活垃圾（主要指农村地区的垃圾）没有收集或只是简单堆放，未进行无害化处理"。该报告评估对象为有数据的地级及以上城市2006~2012年的生活垃圾管理状况。[1]根据报告，2012年，全国有数据的地级及以上城市（258个）生活垃圾简单填埋量为814.1万吨，仅占垃圾清运量的6.59%。简单填埋不是无害化处置，这部分生活垃圾产生的大量渗滤液不处理直接排放将对地下水和土壤产生巨大危害。即使进入无害化处理设施的生活垃圾，也并非都实现了无害化处理。一些公开的报道显示，部分大城市的生活垃圾卫生填埋场、焚烧厂没有实现废水、废气连续达标排放，未严格执行排放标准。

报告显示，评估城市的人均生活垃圾日清运量较高，减量化没有取得实质性进展。2012年，人均生活垃圾日清运量

---

[1] 宋国君："中国城市生活垃圾管理状况评估报告"，载北极星节能环保网2015年5月8日。

平均水平为 1.12 千克，而台北市已减少到 0.37 千克/人·日。生活垃圾减量化具有较大潜力。

目前国内中国航天科工集团公司二院 23 所已经研制出了利用微波技术裂解垃圾的装置，是目前国内首个能够将垃圾处理和资源再生同步完成的先进技术，已在北京市的研发生产基地试验运行。作为国家环保产业重点推荐项目，它将垃圾进行微波加热、分解，不但可将垃圾无害化处理，还可以分层次对垃圾进行能源综合利用，实现多用途的变废为宝。因为在炉子里面没有氧气的条件下进行，不会像焚烧垃圾那样，产生有毒气体。处理过程在还原性条件下进行，不产生氮氧化物、硫氧化物、二噁英、高价的重金属氧化物等有毒有害物，其中还有部分碳被固定下来，生产出活性炭，大大降低了 CO_2 的排放，符合目前大力提倡的低碳经济的要求，处理后的废水达到国家排放标准，并能循环利用。经过测算，一台 20 千瓦的微波垃圾裂解设备处理 1 吨垃圾可以产生 37.5 立方米的天然气，37~62 升燃料油和一定量的活性炭。150 千瓦的"超级微波炉"每天可以处理 80 吨原始垃圾，预计可日产出 2964~4964 升的燃料油，以及约 3000 立方米的天然气，这相当于近 600 个天然气罐的使用量。不仅能够解决目前垃圾围城的窘境，更能真正实现变废为宝，实现环境和资源的可持续发展。

2. 平凉市生活垃圾处理状况。传统垃圾处理有三种方法：焚烧法、填埋法和堆肥法。其中生活垃圾焚烧具有占地少、污染低、产生的热量可用来供热和发电等优势，是实现垃圾减量化、无害化、资源化处理的有效措施。但在垃圾处理过程中，人们发现虽然这些方法能部分解决垃圾处理难题，但都存在污染环境、资源利用率不高的问题。如垃圾焚烧处理的整体水平还比较低。有的焚烧处理机构不仅处理能力有限，而且无害化处理水平不高，渗沥液、废气或残渣违规排放，造成二次污染。

平凉市崆峒区每天产生大约300吨以上城市垃圾。为了有效解决这一问题，原先中心城区采用了国内通行的卫生填埋技术，但是随着填埋场地的逐渐缩小以及渗滤液体污染地下水源问题的出现，寻找一个更好的垃圾处理方式成了政府部门首当其冲的问题。崆峒区政府经过多次考察和调研，最终决定引进安徽芜湖海螺创业投资有限公司研发的生活垃圾气化焚烧处理技术。2013年09月，为解决平凉中心城区生活垃圾污染环境、占用土地、浪费资源的问题，改善城市垃圾处理模式，平凉市崆峒区政府采取合作的方式与芜湖海创实业有限责任公司、平凉海螺水泥有限责任公司全面启动利用水泥窑协同处理城市生活垃圾项目。项目总投资1.2亿元，占地约5亩，主要建设内容为建设两套日处理能力为300吨的城市生活垃圾处理系统及相关配套设施，包括日处理300吨城市生活垃圾生产线1条、垃圾预处理及焚烧炉处理综合房1座、购置地重衡2套、气化炉烟气管道与分解炉接口改造、厂区南侧道路修建及相应公用工程及辅助生产设施等。并于2014年11月建成了利用水泥窑资源化协同处理生活垃圾的项目。

该项目是全国第三家、西北地区首个利用水泥窑资源化协同处理生活垃圾项目。这一项目以水泥窑为依托，配套建设一个资源化处理城市生活垃圾系统，在处理过程中，垃圾气化后变成可燃气体，代替水泥窑部分燃料进行燃烧，其所形成的灰烬又能作为水泥生产的原料，整个过程完全实现了垃圾的减量化、资源化和无害化，对于减少环境污染，优化人居环境无疑有着巨大作用。

这一项目计划在中心城区新建日收集转运生活垃圾 442 吨，垃圾转运站 9 座，总投资 2168 万元。转运站建成后，垃圾压缩、运输过程达到了全封闭操作的要求，粉尘、气味、噪音污染小，避免了转运途中的二次污染，提升了中转效率和处理效果，不仅省时省力，降低了运营成本，还大大缩短了垃圾中转的时间，保证了城区生活垃圾能及时清运出城，实现日产日清。

这项利用水泥窑协同处理城市生活垃圾项目正式生产后，已形成日处理城市生活垃圾 300 吨的能力，累计处理生活垃圾 2.2 万吨。仅此一项，每年节约标准煤 1.3 万吨、减排二氧化碳约 3 万吨。2015 年崆峒区卫生填埋垃圾 4.58 万吨，无害化处理垃圾 4.17 万吨。

2010 年庄浪县投资 1643 万元，建成日处理垃圾 135 吨、使用期达 10 年的庄浪县城区生活垃圾处理工程，这一项目将使城区垃圾无害化处理率提高到 98% 以上。2014 年七县（区）城市生活垃圾填埋场管理规范，生活垃圾做到了"全收集、全处理"，运行率达到 100%。泾川县汭丰信泰建材厂投资 1500 多万元建成了煤矸石空心转生产线，原料是煤矸石和建筑物垃圾，吸引了孟加拉国、吉尔吉斯斯坦等国家的同行前来参观学习。

（二）生活垃圾治理的法治保障

涉及生活垃圾的法律法规和规章主要有《固体废物污染环境防治法》《中华人民共和国清洁生产促进法》《中华人民共和国循环经济促进法》《废弃电器电子产品回收处理管理条例》《国务院批转住房城乡建设部等部门关于进一步加强城市生活垃圾处理工作意见的通知（国发〔2011〕9

号)》《国家计委、建设部、国家环保总局关于印发推进城市污水、垃圾处理产业化发展意见的通知》《环境保护部关于环保系统进一步推动环保产业发展的指导意见》《环境保护部关于印发〈生活垃圾处理技术指南〉的通知》《城市建筑垃圾管理规定》《城市生活垃圾管理办法》等。甘肃省在 2015 年 6 月出台了《甘肃省废弃电器电子产品回收处理管理办法》。

1. 加大垃圾源头分类管理。在工业化和城镇化过程中，可循环利用的钢铁、有色金属、贵金属、塑料、橡胶等资源，被形象地称之为"城市矿产"。它产生和蕴藏于工地、企业以及居民使用的汽车、饮料瓶、包装物等废料中，其可利用量相当于原生矿产资源。与各类生活垃圾迅猛增加相比，人们对垃圾的处理却相对滞后，生活垃圾的严格分类处理，在我国很多大城市都还未能实现，在中小城市更是无从谈起。很多可以循环利用的垃圾废物并没有回收利用，所以垃圾处理要从严格分类开始，分类做得好就容易资源化利用，垃圾分类循环利用应该成为城市的配套设施。

城市生活垃圾管理目标不完整，减量化、资源化和低成本化目标缺失。我国应该建立和完善垃圾分类的相关法律，对垃圾进行严格分类，最终引导公众树立垃圾分类的意识，培养环保健康的生活习惯。其他国家在发展过程中也都面临过"垃圾围城"的难题，很多国家都有相关法律，进行严格垃圾分类，比如日本。要制定城市生活垃圾源头分类和信息公开法规，修订《固体废物污染环境防治法》，明确分类对象、分类与投放方法、奖励与惩罚措施等内容，才能保障城市生活垃圾管理的有效实施。政府应明确规定每个城市的无害化、减量化、资源化和低成本化目标，委托第三方独立机构每年公布城市生活垃圾管理绩效评估报告。

实际上，避免垃圾产生和垃圾回收再利用仅是节约利用有限资源的一部分。此外，我们还应提高资源使用效率，减少原材料使用，在节约资源、保护环境的同时，强化经济竞争力。

将生活垃圾管理关口前移，在家庭和办公室就进行源头分类，可以实现减量化和资源化，最终降低无害化处置的成本。采取措施使民众自觉将垃圾按照纸质垃圾、生物可降解垃圾、玻璃垃圾、电子垃圾、生活垃圾等分类并投入到相应垃圾箱中。垃圾分类回收不仅节约资源，保护环境，还促使新商业模式的产生，垃圾管理公司就是一例。例如，垃圾管理公司人员会经常给小区的一些分错类的垃圾重新分类，并定期提供垃圾分类咨询活动，向小区居民普及垃圾回收知识，帮助人们更为准确地给垃圾分类。最终，小区整体支付的垃圾处理费降低，资源也得到更好的回收再利用。

再生资源产业既是经济发展的新增长点，也是构成资源环境和经济发展良性循环的"静脉产业"。《中共中央国务院关于进一步加强城市规划建设管理工作的若干意见》提出，到2020年力争将垃圾回收利用率提高到35%以上。再生资源回收体系建设是循环经济的重要组成部分，但仅靠企业自身发展很难达到循环经济示范区建设的有关要求。甘肃省循环经济示范区建设4年多来，除了兰州市2家报废汽车回收企业经评审获得合计85万元的扶持资金外，其余再生资源回收企业均未获得省级循环经济资金扶持对。再生资源回收体系建设给予适当扶持，可以推动再生资源回收产业发展，提高重点废旧商品的回收利用率。国家从2009年1月1日起取消废旧物资回收经营单位抵扣进项税额的规定。同时作为过渡，国家给予再生资源回收行业 2 年的"先征后返"优惠政策。

2011 年"先征后返"政策结束后，再生资源企业面临着如下问题：因为废旧物资的出售人多是居民、拾荒人员及个人废品收购站，这些出售单位和个人并不具备开具发票的资格。这样一来，没有增值税发票就不能抵扣进项税，就需要回收单位上缴 17% 的全额增值税。因此，在现行税收管理体制下，回收企业难以取得用于抵扣的增值税专用发票，造成税负过高。

对此，应出台新的扶持再生资源行业成长的税收优惠政策，可参照对农产品收购税收政策，允许回收企业按收购再生资源的金额自行开具收购发票，按照票面金额的一定比例抵扣增值税进项税。

除此之外，从保护生态环境和推进资源可持续利用综合考量，再生资源产业可归属于公益性行业，政府在电价和水价方面应给予适当优惠补贴。对于从事再生资源、餐厨垃圾回收等运输车辆，参照农产品运输，制定"绿色通行"管理办法，降低企业运营成本。

市县（区）政府通过在城市近郊区建设固体废物综合处理园区，对污染物进行集中控制处理；由旧电器形成的电子垃圾，可以合理回收其中有价值的原材料，形成循环经济产业园，这是建设环境友好型社会和资源循环型社会的有效途径。

2. 对生活垃圾卫生填埋场、焚烧厂执行水和空气的排污许可证制度，以许可证为记录、核查和监管手段，增加填埋场和焚烧厂的违法排放成本，促进其连续达标排放，进而倒逼源头分类与减量。用政策的确定性和法律的权威性保障垃圾源头分类和减量。当然，垃圾分类和减量也要遵循成本收益原则，不是绝对的分类和无限制的减量。

3. 减少产生垃圾。开展"避免垃圾产生项目"，以完善法律法规、注重宣传教育等为手段，减少垃圾，保护环境。鼓励普通消费者拼车出行，不购买过度包装的产品，少使用一次性包装，不浪费粮食等。

4. 严格落实废弃电器电子产品多渠道回收和集中处理制度，切实做好废弃电器电子产品回收处理工作。手机大量、快速地更新换代，让电子垃圾数量显著增加。我国手机用户数量现已达11.46亿。去年销售4.25亿部新手机，同时近4亿部手机被淘汰。由于回收和无害化措施没跟上，这些废旧手机绝大多数闲置在家，或者被简单拆解增加了环境隐患。专家指出，一部废旧手机里对环境可能有害的物质至少有20种。手机主要由塑料外壳、锂电池、线路板、显示器等部分组成，这些部件中含有铅、铬、汞等有毒有害物质，如处置不当或随意抛弃将会严重污染土壤和地下水，对人类的身体健康构成巨大威胁。一块废旧手机电池就能污染6万升水，6万升水可以满足一个人一生的饮用水量。要强化协调联动，实行废弃电器电子产品回收、贮存、转移、处置全过程监管，督促引导相关企业加大回收处理技术、工艺和设备研发力度，严格按照国家技术规范和生产标准进行生产、回收、分类、拆解等活动，有效防范环境风险，切实保证公众健康。实际上，废弃手机也是一座巨大的"金山"。据了解，手机内件里包含多种有价值的材料，包括0.01%的黄金、20%~25%的铜，以及40%~50%的可再生塑料。废弃手机经回收后，将在工厂得到拆解，其中，一般零部件会被粉碎。而主板则用于提炼金、银、铂、钯等稀贵金属。"废品是放错了地方的资源。"理论上讲，从 1 吨废弃手机中能提取 150 克黄金、3 公斤银以及 100 公斤铜。远高于矿石的提炼比例，无论是从经济效益、资源综合利用还是环保角度，废旧手机的高效回收和利用都有十分重要的意义。

手机体积小，不像冰箱、电视等大家电占地方，必须处理。许多人把不用的手机放在家里，等搬家的时候扔掉或者当废品卖掉，这样大大增加了污染环境的可能。政府部门应该加强这方面的引导与政策扶持。国内旧手机回收制度并不完善，2011 年实施的《废弃电器电子产品回收处理管理条例》包含冰箱、电视机等，但手机并不在此列。2014 年，国家发改委环资司向社会公开征求《废弃电器电子产品处理目录调整重点（征求意见稿）》的意见，将手机作为重点项目列入其中，这为鼓励正规企业开展手机回收打开了大门。2015 年 6 月四部委发布《关于开展电器电子产品生产者责任延伸试点工作通知》，明确指出生产者在电器电子产品设计、生产、回收、资源化利用等环节具有主导作用。只有严格实行生产者责任延伸制度，才能形成废旧手机回收、拆解、利用、无污化处理的有效体系。

5. 提高建筑垃圾的利用率。2014 年度我国年建筑垃圾产生量超过 15 亿吨，我国当前约有 20 多家相对专业的企业进行建筑垃圾的再利用，主要生产建筑垃圾再生砖，应用工程有限。全国再生利用率仅为 5% 左右。与韩国年产建筑垃圾 6000 多万吨就有 373 家建筑垃圾处理企业的数量相差太大。[1]与欧

---

〔1〕　张维："我国建筑垃圾再生利用率仅 5% 垃圾处理责任主体亟待法律明确"，载《法制日报》2015 年 2 月 1 日。

美国家的75%和日韩的95%的利用率相比，差距甚远。[1]建筑垃圾其实全是宝，据有关行业协会的统计资料表明：每一亿吨建筑垃圾经资源化处置，约可生产再生砖243亿标砖、再生骨料1000万吨。相应节省天然混合料3600万吨、天然骨料1000万吨、节煤270万吨、减排130万吨二氧化碳，新增产值85亿元。但是如果一亿吨建筑废弃物堆放，将占地2.5万亩土地，并会导致环境生态污染。在经过有效开发后，我国的建筑垃圾利用率最终可达95%以上。

6. 环卫领域也应加快市场机制改革。由于历史原因，长期以来我国的环卫工作都属于公益事业，由地方环卫部门主导，环卫工人和其管理者也有编制内外之分。城市的环卫工作基本上是地方环卫部门'大包干'的模式，地方环卫部门管理机构庞大、资金来源单一、管理效率低下、环卫保洁及垃圾收运处理缺乏市场竞争，这些是传统环卫管理运行机制中始终无法有效破解的难题。同时，环卫编制工和临时工的待遇不一样，社会上很多人对环卫工人的工作缺乏理解，甚至带有歧视，一线环卫工人的劳动缺乏合理报酬和尊严。需要大力引入市场机制，加快改革，打破"铁饭碗"，使市场的力量参与到环卫建设和管理中。

7. 我国有关部门要进一步完善标准规范。其中既包括国家、地方、企业的技术标准，也包括环卫工作自身的标准。如生活垃圾焚烧处理行业没有统一的准入标准。在建筑垃圾整个产业以及预处理、资源化、填埋、运输规范化管理、精细深加工工艺、高效利用技术、主要工艺装备技术标准等各个环节欠缺相关的标准。

---

〔1〕 蒋明麟："建筑垃圾合理利用大有可为"，载《光明日报》2014年2月17日。

8. 完善废旧商品回收体系。培养发展户分类、村（社区）收集、街镇集中运输、市县统一处理的体系，建立政府主导、市场化运作、园区集中处理的机制。另外，要创新垃圾处理的技术，积极推进机械化、智能化。目前地方环卫部门主导的小规模垃圾转运站和处理场，会带来建设和运行水平低下造成的二次污染问题。国家应该改变中小城市目前地方环卫部门大包干的环卫模式，引入市场机制，通过政策引导、经济扶持、价格补贴、税收优惠等支持，实现"管干分离"，做到投资主体多元化，使中小城市的垃圾处理主体有效向规模化转变。如焚烧处理项目补贴资金紧张。大型垃圾焚烧发电项目一次性投入巨大，虽然可以采用PPP模式，但地方政府仍需投入大量的补贴资金。根据目前的法律规定，参与PPP项目的民营企业难以获取土地，无法顺利开展项目。

9. 完善相关土地政策和法律制度，着力解决民营企业在PPP项目中难以获得土地使用权的问题。如对建筑垃圾，我国相关法律法规主要关注建筑垃圾造成的环境污染及其对市容市貌造成的影响，而没有涉及建筑垃圾的循环利用，造成建筑垃圾的极大浪费。也没有统一而明确地设定建筑垃圾处理的责任主体是施工单位还是建设单位，导致无法及时有效处理建筑垃圾。建筑垃圾处理还涉及较多的行政机构，但现行法规没有明确各部门的职责，造成各部门互相推诿责任。

第十一章　平凉市发展循环经济法治保障问题研究

循环发展是以奉行资源节约型、环境友好型生产方式和生活方式为特征的发展方式，通过在生产、流通、消费各领域和环节贯彻减量化、再利用、资源化的原则，构建循环型产业体系和资源循环利用体系，大力发展循环经济，推动经济增长与资源节约和环境保护协调发展，重点是解决资源永续利用和资源消耗引起的环境污染问题。中共中央、国务院发布的《关于加快推进生态文明建设的意见》明确指出，要把绿色发展、循环发展、低碳发展作为生态文明建设的基本途径，推动形成节约资源和保护环境的空间格局、产业结构和生产方式。

一、平凉市发展循环经济取得的成效

针对西部地区水资源匮乏、森林缩小、土壤侵蚀、牧场退化、沙漠扩大、地下水位下降、沙尘暴频发、城市污染严重等问题，2009 年 12 月国务院正式批复了《甘肃省循环经济总体规划》，甘肃省成为国务院目前确定的全国唯一的循环经济示范省。平凉市在《甘肃省循环经济总体规划》中定位是建设以煤电化工、石油化工为主的"平庆"循环经济基地；从甘肃全省区域经济发展布局来看，陇东定位是构建以平凉、庆阳为中心，辐射天水、陇南的传统能源综合利用示范区，全省"两翼齐飞"战略的重要组成部分。

平凉市拥有富集的煤炭、石油和石灰石资源。据预测，境内煤炭地质资源量650亿吨以上，已探明储量36.2亿吨。石油资源已探明储量4000万吨，潜在资源量4.3亿吨，远景储量5.7亿吨。石灰石储量达30多亿吨。尽管拥有比较明显的资源优势，但平凉市资源的综合利用率不高，科技含量和附加值低。平凉市对煤炭资源高度依赖，煤炭相关产业贡献了80％的GDP。由于大力发展工业生产，水泥厂、电厂、造纸厂等大量涌现，消耗了大量的水资源、能源，并造成空气污染，但经过全市不懈努力，平凉循环经济发展成效显著。

（一）制订了发展循环经济的整体规划

在甘肃省循环经济总体规划的引领下，平凉市将循环经济的发展理念融入工业、农业和服务业，不断创新循环经济的发展思路。在市二次党代会确定的"推进新跨越、建设新平凉"总体思路的基础上，确定了推进"六个集中突破"的工作重点。"十二五"发展规划，提出了建设陇东国家级能源化工、全国农区绿色畜牧、全国优质果品和西部人文生态旅游四大基地，构筑西电东送、陕甘宁交汇区交通和西兰银几何中心物流三大枢纽，创建西部循环经济、西部干旱山塬区现代农业两个示范区，建设西部欠发达地区科学发展示范市的"四三二一"战略思路和"突出川区、轴线开发，做强园区、聚集发展，统筹城乡、整体推进"的发展布局。[1]修

---

〔1〕　马世忠："在平凉市二届十六次全委会暨全市经济工作会议上的讲话"，载《平凉日报》2011年1月6日。

订编制了《平凉市循环经济发展总体规划》和《实施方案》，该规划从基础和依据、物质流分析、循环经济发展战略、产业循环经济发展规划、循环型社会建设规划、发展支撑体系、重点项目建设及投资与效益分析、保障体系建设等 8 个方面对全市 2008～2020 年平凉市循环经济发展进行了全面规划；确立了打造 1 个示范（试点）区、4 个示范园区、5 个示范项目区、15 户示范企业和 10 大工业循环链条的工业循环经济发展框架。"十二五"的奋斗目标是实现"加快转型跨越，促进科学发展，努力建设小康平凉、和谐平凉、文明平凉、生态平凉"的奋斗目标和"全面完成平凉城区热电联产和污水垃圾处理项目，实现城区供热全覆盖、污水垃圾全收集，从根本上改善环境质量，提高居民生活品质的"任务。[1]该目标已基本实现。"十三五"的奋斗目标是"积极融入'清洁能源大基地'，实施循环发展引领计划，完善绿色低碳循环产业发展体系，建立循环农业、工业、服务业和社会等四位一体资源循环利用格局，加快创建国家级能源化工基地和低碳工业园区，推进企业循环生产、产业循环组合、园区循环化改造，促进生产系统和生活系统循环衔接，加快建设一批新能源、新能源装备制造、能源化工、绿色生态农业等循环经济示范基地，实现资源节约和循环可持续利用，推动能源资源优势向经济优势转化。"[2]

（二）加快完善工业循环体系建设

平凉属于陕甘宁革命老区，是国家确定的"重要的能源

---

〔1〕 陈伟："在中国共产党平凉市第三次代表大会上的报告"，载《平凉日报》2011 年 10 月 2 日。

〔2〕 "中共平凉市委关于制定'十三五'规划的建议"，载《平凉日报》2015 年 12 月 28 日。

生产基地、传统能源和新能源综合利用示范基地"。近年来平凉能源基地建设取得了实质性进展，成为经济发展的有力支撑和重要引擎。平凉在加快煤炭资源勘探开发的同时，重点围绕平凉煤电化工石油化工循环经济基地建设，集中力量推进实施循环产业链条具有较强支撑能力和明显带动作用的煤电化冶建设项目，着力培育壮大煤电化工、农产品加工、新型建材、装备制造四条循环经济产业链建设，加快重大支撑项目建设进度，培育形成了平凉、华亭、泾川等循环经济示范试点园区 5 个，华煤集团、华能平凉发电公司、平凉海螺水泥公司、静宁恒达公司等循环经济示范试点企业 9 户。华能平凉发电公司投资 3.13 亿元，完成节能减排技改项目 20 余项，年减少二氧化硫排放量 3 万吨。华能平凉发电公司还累计投资 2 亿多元，用于平凉城区热电联产工程的运行与废污水循环利用、固体废物循环利用，每年减少烟尘排放量 1482 吨，减少二氧化硫排放量 3197 吨；公司发电机组所产粉煤灰及脱硫石膏利用率达 100%，真正实现了废物循环利用。新柏煤矿矿井废水处理达标后，用于矿区绿化和黄泥灌浆。华亭煤业集团公司投资 7700 万元，完成了矿井废水回用等节能减排项目 5 项。建成了 9 座矿井和 3 座生活污水处理站，日处理生产废水 1.28 万 m^3，全部实现达标排放。平凉海螺水泥公司投资 6500 万元，建成了 9MW 窑头窑尾余热发电及皮带发电系统；中水集团华亭发电公司在建成了我省第一个绿色环保发电机组后，又投资 3100 万元，先后实施了汽轮机和风机变频改造、细碎机筛分系统改造等节能技改项目 13 项。红峰公司疏水阀系列产品通过节能产品推广认证并成立了省级工程实验室。虹光公司高频无极荧光灯产品已经试制成功并投放市场。太阳能路灯、LED 灯等节能产品已得到广泛应用。甘肃省第一个绿色节能环保电厂——华亭发电厂，利用煤矸石为燃料发电，实现了煤炭资源综合利用，降低了能源消耗。煤矸石制砖，实现了制砖不用土、烧砖不用煤。"华亭矿区难采煤地下导控气化生产煤基天然气产业开发项目"列入甘肃发展循环经济重点支撑项目，在此项目带动下，华亭众多的报废矿井又将迎来新生。啤酒、酒精、制革、果汁等生产企业全部建成废水处理工程，生产废水实现了达标排放。宝马纸业公司投资 1230 万元，分别对东西两个厂区造纸废水进行了治理，购置 4 台双螺旋挤桨机，3 台黑液焚烧炉，安装了 2 套物化生化流化床（ABFT）设备，实现了造纸黑液零排放和中段废水减量化。百兴集团废水综合治理工程总投资 1190 万元，采用物理化学和生物化学相结合的处理工艺对制革、造纸废水进行综合处理，建成了生物曝气滤池，混合反应池，污泥沉淀干化池等一批治污工程，购置安装了鼓风机、脱水机、加药设备等设施。华亭、崇信矿区的砚北煤矿、华亭煤矿、山寨煤矿、新窑煤矿等 7 对骨干采煤矿井共投资 1460 万元，采用絮凝微网陶瓷过滤技术，对矿井废水进行了达标治理。此外，平凉市还加大淘汰高耗能、高污染的生产设备和落后生产工艺。按照"根治污染、关小扶大、扶持产业、整合提高"的原则，先后依法关闭了 6 户水泥生产企业，淘汰落后生产线 12 条、年节能达 8 万吨标准煤。关闭了 10 户能耗高、污染严重、不符合国家产业政策的小造纸企业，年节能达 11 万吨标准煤。取缔、关闭、淘汰工艺水平落后、能源浪费严重、环境污染突出的小冶炼企业 11 户，淘汰 6300 千伏安以下的矿热炉 6 台，年节能达 7 万吨标准煤。依法关闭土立石灰窑 138 座，淘汰落后产能 120 多万吨，年节能 18.75 万吨标准煤，削减二氧化硫排放量 1100 吨。否决了崆峒区5万吨草浆生产线等6个不符合国家产业和环保政策的项目。2015年按照国家、省上淘汰落后产能及关闭小企业的相关政策,结合我市实际,先后实施了大金山水泥、崆峒水泥等企业淘汰落后产能项目30项,共计淘汰水泥、铁合金、淀粉等落后产能90万吨,羊皮100万标张,粘土实心砖3.57亿块标砖。

华亭工业园区循环化改造已被列入国家试点,培育形成了以华能集团、中水集团、酒钢集团等大企业为主导的煤电化循环经济产业链,以平凉海螺水泥公司、华亭煤业集团新安煤矸石制砖公司等为引领的新型建材循环经济产业链,以红峰机械公司、虹光电子公司等为龙头的装备制造循环经济产业链,以畜禽、果菜和中药深加工为重点的农产品加工循环经济产业链,以晶体硅太阳能电池片及组件、半导体碳纤维复合材料为代表的新能源、新材料循环经济产业链。全市初步形成了煤炭开采—煤炭洗选—煤矸石制砖—火力发电—煤化工,火力发电—粉煤灰—水泥生产—余热发电,原煤—甲醇—二甲醚—醋酸—烯烃产业链,果品—果汁—果渣—饲料,废纸—机制纸—包装箱等工业产业循环体系,为循环经济发展奠定了基础。围绕培育"石油化工—精细化工—煤电化工循环经济"产业链,壮大煤电化循环经济产业,在抓好现有矿井改造提升的基础上,2015年加快邵寨、五举、赤城等矿井项目建设进度,积极推进华亭电厂二期、平凉电厂三期、崇信电厂二期等火电项目前期工作。大力发展煤化工产业,重点抓好华煤集团20万吨聚丙烯、平凉华泓汇金煤炭深加工基地、陇能公司煤转化循环经济项目、红河油田百万吨原油产能等重点项目建设进度和前期工作推进力度。围绕培育壮大新型建材循环经济产业链,以工业固废资源综合利用为重点，平凉海螺水泥公司利用水泥窑协同处理城市生活垃圾项目已建成运行，庆华建材年产7200万平方米建筑陶瓷生产线二期工程项目、崇信县永恒保温材料加工生产线、鑫盛建材公司30万立方米粉煤灰加气块等新型建材项目建设进展顺利；围绕培育壮大装备制造产业链，平凉平煤机高端装备产业园、华星车辆改装生产线、兰煤矿山机械再制造基地建设、亨达公司自动化裁切生产线示范、红峰公司蒸汽疏水阀生产线智能化低碳化改造等项目正在抓紧建设。围绕培育壮大农副产品加工循环经济产业链，泾川天纤棉业二期20万锭棉纱生产线、平凉麦香制粉公司年产10万吨中高档营养强化粉生产线改造、崆峒凯茂润5万吨豌豆深加工生产线、庄浪茂源公司年产2000吨废旧农膜颗粒和10万立方米保温板生产线、静宁恒达公司塑料包装产业基地等一批农副产品精深加工项目正在积极组织实施，不断延伸产业链条。积极推进循环经济示范试点园区建设，泾川、灵台、崇信工业集中区循环经济发展规划已编制完成，华亭、平凉、静宁工业园区循环化改造工作进展顺利。培育形成华煤集团煤制甲醇分公司、中电建华亭发电公司2户循环经济示范企业。平凉华泓汇金煤化有限公司年产180万吨甲醇、70万吨烯烃项目已取得国家发改委同意开展前期工作批准文件，列入国家发改委《石化产业布局规划》，为全国9大煤制烯烃示范项目之一，也是省市近年来重点推进的陇东国家级能源化工基地龙头项目。

2015年组织实施重点工业节能节水和循环经济项目33余项，总投资16.3亿元。申报省级节能节水循环经济项目11项，争取补助资金600余万元，开展了全市重点用能用水企业节能节水先进技术和重点项目调查摸底，完成了《"十三五"工业循环经济发展专题调研报告》，"十三五"工业节水节能及循环经济规划初稿已经完成。

2010 年底，全市万元 GDP 能耗降低到 2.385 吨标准煤，比 2009 年 2.4341 吨标准煤下降 2%，比 2005 年下降 21.41%，年均下降 4.7%。2015 年，全市单位工业增加值能耗下降 3.2%；单位工业增加值用水量下降 5.23%；工业用水重复利用率 92.7%；工业固废综合利用率 88.5%；工业固废处置量 95.68 万吨；工业废水排放量 1708 万吨；燃煤电厂粉煤灰和煤矸石综合利用率 100%。

（三）积极推动资源综合利用和清洁生产工作

坚持"减量化，资源化，再利用"原则，积极引进先进技术和工艺，以煤矸石、粉煤灰、脱硫石膏、采矿废石等工业固废资源利用为重点，大力发展资源综合利用产业。目前，我市通过资源综合利用认定的工业企业共 6 户，认定产品 12 种。2015 年全市工业固废产生量 426.36 万吨，综合利用量 390.66 万吨，固废处置量 93.34 万吨，综合利用率 91.6%。申报省级资源综合利用项目 8 项，争取省级专项资金 300 余万元。积极组织红峰机械公司、平凉天泰建材公司等重点企业开展了自愿性清洁生产审核工作，委托有资质的审核咨询机构开展了清洁生产审核。目前，红峰机械公司清洁生产方案已经报省环保厅审批，平凉天泰建材公司已经完成了报告编制工作。

（四）循环型农业发展初具规模

制定了《平凉市循环农业发展规划》，围绕"特色农副产品—生态农业—农业废弃物"循环经济产业链，大力实施五大循环农业工程。引进建设了恒兴果汁、福润禽业、恒达废纸资源综合利用、正大饲料等一批农产品深加工项目，农产品加工率达到44%。以肉牛、生猪、禽类精深加工为重点的肉食深加工—制革—骨制品等畜产品加工产业链，以果汁、果醋、膳食纤维等系列产品开发和粮食深加工为重点的食品工业链，以及以中药材加工综合开发为主的生物制药产业链和以蔬菜保鲜、脱水和深加工为重点的蔬菜深加工产业链初步培育形成。大力实施现代农业建设工程，以旱作农业—秸秆饲化—畜牧养殖—沼气—果菜产业为链条的循环农业发展模式应用日益广泛。积极扶持发展农业品牌支柱产业，平凉市实施了"万千百十"规模养牛工程；建成高效果业集中区3个、优势果品产业带12条，果树经济林面积达300万亩。全市积极探索推广旱作农业—秸秆饲化—畜牧养殖，如"牛—沼—草""牛—沼—果""果—沼—畜""菜—沼—果"等"种—养—加"一体化的现代农业循环发展模式。平凉西开集团利用养殖业产生的废弃物生产有机复合肥料，利用玉米、果渣酿酒，利用酿酒产生的酒糟饲养牛降低饲养成本，利用牛场产生的粪便进行沼气发电，利用沼渣、沼液建起了生物有机复合肥厂，鼓励农民用生物有机肥种植玉米、苹果等，大力发展以再生、循环为主题的新型农业产业化，串起了"果渣、酒糟喂牛—牛粪制沼—沼气发电—生物有机肥生产—牛肉供应到餐桌"的循环生态农业产业化链条。据统计，全市累计建成户用沼气池12.33万户，建成"一池三改"沼气生态户9.23万户，年产沼气2860万立方米，部分村社实现了沼气用户家居清洁化、经济高效化。累计推广太阳灶16万台，太阳能热水器8.54万平方米。全市完成秸秆还田（主要为小麦高茬收割）面积60万亩；推广完成节能型日光温室塑料大棚7.4万亩；全市农村沼气生态户累计达到15.5万户；培育"三沼"综合利用示范点50个，综合利用面积达到 3 万亩；推广保护性耕作面积 9 万亩，逐步建立了高效耕作制度，实行免耕或少耕，实现每亩节水 100 立方米，节肥 5 公斤；大力推广农业清洁生产。先进科技的应用和循环经济模式的推广，逐渐颠覆了传统的农业耕作模式。在灵台寿光模式蔬菜生产示范园、泾川大运现代农业生态观光园、华亭西华生态农业示范园等众多科技含量较高的生态农业园区带动下，全市累计推广生态循环农业 8.3 万亩，开启了农业生产方式革命的新时代。

（五）工业园区生态化已具雏形

作为工业发展的主要载体，工业园区集聚工业生产的作用得到了世界范围内的重视，然而，工业园区也往往会成为环境污染的高发地。联合国环境规划署在 2000 年前后出台了"工业园区环境管理"等指导性文件，以此规范工业园区的可持续发展。此后，随着生态工业园区的概念以及丹麦卡伦堡样板的出现，美国、荷兰、英国、日本和韩国等纷纷效仿并制定相关规划，自觉地推动工业园区的生态化转型，使生态工业园区在进入 21 世纪后呈现蓬勃之势。我国的生态工业园区建设始于 2000 年，从 2004 年开始，国家着力在经济技术开发区和高新技术产业区开始试点示范工作。截至 2015 年 4 月，由国家环保部、科技部和商务部三部委联合命名的国家生态工业示范园区有 35 家，还有 76 家得到批准创建。[1]

国家鼓励产业集聚发展，实施园区循环化改造，推进能源梯级利用、水资源循环利用、废物交换利用、土地节约集约利用，促进企业循环式生产、园区循环式发展、产业循环式组合，构建循环型工业体系。推动水泥等工业窑炉、高炉

---

〔1〕 张蕾："生态工业园区：环境与经济双赢的解决方案"，载《光明日报》2015 年 5 月 1 日。

实施废物协同处置，推进资源再生利用产业发展。国务院《大气污染防治行动计划》要求，到2017年单位工业增加值能耗比2012年降低20%左右，在50%以上的各类国家级园区和30%以上的各类省级园区实施循环化改造。

平凉市编制了《华亭工业园区循环化改造调整方案》，并修订完善《华亭工业园区循环化改造实施方案》。至2015年，华亭工业园区6个循环化改造项目获省发改委批复，下达投资4064万元，完成循环化改造实施方案总量的65%；平凉工业园区共实施循环化改造项目41项，概算总投资31.18亿元，2015年累计完成投资30.68亿元，完成循环化实施方案总量的98.4%；静宁工业园区共实施循环化改造项目23项，总投资30.7亿元，完成投资28.18亿元，完成循环化实施方案总量的85%。

虽然目前我市的生态工业园区建设开局良好，生态工业园区的未来发展仍然有很长的路要走。现在则需要思考新常态经济下工业园区如何生态化发展。生态工业园区作为一种新鲜事物，应该秉承第一代开发区作为政策先行区的历史使命，成为生态文明建设和绿色低碳循环发展的政策先行区。应当将可持续发展理念和工业生态学原则纳入园区开发建设的决策主流，更多引入市场激励机制，使其从新鲜事物真正成为工业可持续发展的主流。

（六）循环型服务业取得了较快发展

平凉市积极抢抓甘肃华夏文明传承创新区、旅游大景区、中华崆峒养生地和"丝绸之路经济带"建设机遇，扎实推进旅游循环经济工作；引导住宿、餐饮、洗染、洗浴等生活服务企业，深入开展节电、节水、节气等节能活动，狠抓照明、空调、电梯及其他耗能设备的节能工作；实施"计划用水、定额管理"，分解用水指标，实行考核制度，改造现有非节能用水设备，使用国家推荐的节水型器具和设备，大力宣传节约用水知识；进一步建立健全了物资采购、使用、回收、处理制度，实行垃圾分类，使循环经济向旅游、文化、养生等现代服务业融合渗透。

（七）循环型社会初步建成

积极开展城镇污水处理、再生水利用设施建设运行调研，重点建设灵台县什字镇、泾川县高平镇等9座生活垃圾无害化处理工程和崇信县污水无害化处理工程、天雨污水处理厂污泥无害化处理工程。积极推动海螺水泥窑协同处理城市生活垃圾项目申报创建新型垃圾无害化资源化处理模式。大力推进以围护结构、供热计量、管网热平衡为重点的居住建筑节能改造，推进大型公共建筑和办公建筑采暖、空调、通风、照明等节能改造。加快建设由社区乡镇回收站（点）、分拣中心、集散市场共同组成的"三位一体"的再生资源回收利用体系。依托静宁恒达有限责任公司、灵台兴陇纸业公司、灵台春选废品回收公司等重点龙头企业，积极培育完善可再生资源回收利用体系，形成了以县城为中心，各乡镇和中心村庄收购点为辅助的资源回收网络。利用广播、电视、网络等多种媒体，大力宣传低碳生活和循环发展，进一步增强群众节约资源和能源的意识，倡导理性消费和清洁消费理念，引导公众自觉做到节能、节水、节粮、节材。

平凉市通过发展循环经济，促进了生态的恢复，资源得到充分利用和保护，森林覆盖率达到30.9%，比甘肃省平均水平高出近10个百分点，城区空气质量连续多年优良率达85%以上。

二、循环经济发展存在的问题

（一）循环经济指标差距大

截至 2015 年 6 月，循环经济 5 大类 24 项主要指标中跟上进度的指标 17 项，水资源产出率、万元 GDP 取水量、工业固体废物综合利用率、工业用水重复利用率、城市生活垃圾无害化处置率、城市污水再生利用率和工业固体废物处置量 7 项指标未跟上进度目标，部分指标与"十二五"目标进展值差距较大。

（二）煤电化工循环经济基地建设进展慢

全市建成投产的煤化工项目少，煤炭资源综合利用水平不高，煤炭采掘业占煤电化产业增加值比重大，煤电化产业链仍处于低端开发、低层次发展阶段，煤炭深加工、深度开发不足，产业链条比较短，附加值低，煤电化石油化工循环经济基地建设进展缓慢，与金昌、兰白、酒嘉基地建设进度相比，还存在一定差距。需加快推进关键节点煤化工项目建设进度，健全完善平庆煤电化工石油化工循环经济基地与庆阳市的协商工作机制，完善"石油化工—精细化工—煤电化工循环经济"产业链构建。

（三）循环体系建设滞后

循环工业、循环农业、循环服务业及循环社会建设整体滞后，资源综合利用水平不高，新产品开发不足，高精尖产品少，附加值不高，市场占有率低，对经济增长的支撑能力弱。应积极推进"特色农副产品—生态农业—农业废弃物"

产业链构建，认真落实好"457"[1]循环经济推进行动的各项举措，找准差距和问题，细化工作方案，扎实推进循环经济体系建设。

（四）园区发展层次还不高，循环化改造进展缓慢

工业园区（集中区）经济总量偏小，招商引资力度不大，体制机制不活，以市场化方式推进基础设施建设和运营的工作机制还没有建立起来，园区设施配套还不完善，基础条件还不能完全满足大发展、快发展的要求，园区支持承载重大循环经济项目建设的能力有限。华亭工业园区循环化改造进展缓慢，按期完成目标困难大。

虽然平凉发展循环经济取得了骄人的成绩，但重发展、轻环保的现象仍较严重。一些企业只顾追求自身利益，推卸治污责任，环境治理明显滞后于经济发展。对建设节约型社会和生态文明重要性的认识仍然不足，对能源资源可持续发展战略基础支撑地位和作用重要性的认识还有待进一步提高。泾河、芮河等主要河流的水质仍然没有从根本上改变。一些地方饮用水源存在安全隐患，矿山生态环境日益恶化，华亭矿区等重点区域生态环境恶化的趋势还未得到有效遏制，水土流失、地面塌陷等生态灾害频繁，大多数中小型矿山企业只开采、不治理的现象比较普遍。不规范的矿产勘察开发活

---

〔1〕　甘肃省委书记、省人大常委会主任王三运2014年3月30日在全省发展循环经济现场会提出在全省深入开展好"457"循环经济推进行动。"4"：构建"四位一体"体系，即从工业、农业、服务业和社会四个层面着力，系统谋划、协同推进，加快形成覆盖全社会的资源循环利用体系；"5"：推进"五大载体"建设，即做实做深基地、园区、产业链、企业和项目"五大载体"；"7"：示范推广七大特色模式，即甘肃省循环经济已经形成的区域发展金昌模式、工业企业白银公司模式、园区天水高新农业模式、张掖农业模式、节水型工农业复合定西模式、煤炭资源综合利用窑街煤电模式、城市餐厨垃圾资源再生利用兰州模式"七大模式"。

动和"三废"超标排放等造成的生态环境破坏问题严重。究其原因除资金支持不到位，多数项目融资比较困难，实施难度大外还存在配套政策不到位，法律法规不健全，执法不严等问题。影响企业防污治污、循环利用的积极性。

三、循环经济执法与司法现状

（一）执法与司法存在不少认识上的误区

一是少数执法者对循环经济内涵的理解存在偏差，要么将循环经济简单化为废弃物综合利用，或清洁生产和污染防治；要么将循环经济等同于可持续发展概念，外延无限扩大。认识不清导致任务不明。二是片面政绩观作怪，重经济增长、轻环境与资源保护。三是在环境资源保护的执法与司法实践过程中，片面强调法律的制裁作用，忽略法律的鼓励、引导、教育等其他功能，导致法不责众，执法不力，未能取得预期的效果。

（二）行政执法与司法仍然存在诸多制约

目前，由于多种因素，"违法成本低、守法成本高"的现象依然存在。由于政府主管部门监管不力，加之经济利益驱动，无证开采、乱采滥挖行为仍然广泛存在，采富弃贫、采主弃次、乱采滥挖现象屡禁不止，致使矿产资源开发利用率低，损失浪费严重。环保执法盲点多，监管手段落后。

由于较长时期来政府片面追求 GDP 的增长，对发展循环经济的重要战略意义和紧迫性认识不足，往往以牺牲环境和资源为代价，导致经济发展与国家环境资源保护法律制度之间的冲突。一些污染企业往往是当地的利税大户，因此，法院在审理这类环境案件时常常受到干涉，最终导致执法与司法的不公。而且环境司法长期以来定位为环境行政的补充。

如环境行政诉讼、行政赔偿和大部分民事案件必须是先经过环境行政部门处理，拿到相关的结论后再提起诉讼，法院才可受理，这在环境污染案件中尤为明显；而对于自然资源保护案件，也是由于行政机关不愿介入，才主要由司法部门受理。这也制约了对环境损害的司法救济与保护。

（三）执法监督机制不够完善

对环境资源保护执法监督机制的规定还不够完善，特别是缺乏日常的监督管理机制。正是国家和地方政府产业导向欠具体，衡量各行业相关项目的用能设备和能效标准不规范，使市县政府和政府执法部门以及司法部门，依法实施对企业的监督和监管，减小企业对发展循环经济的阻力，更好地推动发展循环经济，缺乏必要法律依据和工作抓手，也势必在一些行业和企业形成真空，得不到落实。如城市污水再生利用率、城市垃圾无害化处理率、城市已建成污水再生利用设施、垃圾无害化设施运行状况、在建的污水再生利用设施、垃圾无害化设施建设、城市地下管线普查、城市供水管理、城市燃气安全管理工作、市政基础设施投融资机制创新工作等更多的是行政指标而不是法律标准。

（四）立法存在缺陷

与发达国家相比，我国的循环经济起步较晚，立法理念与法律制度设计还存在不少的缺陷。

第一，循环经济立法理念滞后。我国环境污染与资源破坏的问题很突出，发展与生态环境的矛盾仍然尖锐。虽然现行法律中有些已经包含或体现了某些循环经济思想，有些已经采用了"循环经济"术语，但是现有环保法律的立法思路仍然基于末端治理或分段治理，对减少废弃物的产生及规制重视不够。这远落后于循环经济所要求的全面有效管理资源，建立环境效益、社会效益、经济效益相协调相促进的全新理念。在循环经济法制建设中，如何认识已有的法律法规的内容以及它们与循环经济法之间的关系仍是我们要面临的问题。

第二，循环经济的立法体系和内容有待建构，仍有一些领域存在空白或界定不清的地方。在资源法、环境保护基本法和专门法之间，缺少跨行业和跨部门的法律，以对资源利用和环境保护进行综合规定。废旧物质的回收和循环利用缺乏法律安排和政府有效的监管，有关循环经济的工艺技术与知识产权保护体系缺失。此外，现有法律普遍缺乏程序性规范，可操作性不强。迄今为止，我国尚无一部统一的环保程序法，环境仲裁制度缺位，环境评价制度由于缺乏程序上的要求而在实践中难以适用。立法内容也存在不少问题，一方面是单个企业层次、区域和全社会层次以及综合层次上的循环经济法律规制的缺位，另一方面是我国目前环境资源产权法制存在先天不足。主要表现为自然资源权属制度和环境容量资源权属制度两个方面。前者的缺失危害体现在两个方面：从所有权的归属来看，国家和集体虽然是自然资源的所有者，但由谁代表国家和集体统一行使、如何行使资源所有权等问题未能进一步界定，导致所有权主体的虚位；从使用权来看，民事主体的权利行使受制于行政权，国家缺乏资源可流转的制度安排，未能实现资源的有效利用。而后者在法律上的缺失导致环境容量资源在我国被误认为只是一种共有物，不具有排他性，任何企业和人都可以随意取用和耗损；产生企业一旦进行循环性生产却成本太高、无利可图的问题，导致一些企业对法律责任的漠视。

第三，从发展循环经济的重点环节来看，已有的法律主要规制了资源消耗环节和废弃物产生环节，对资源开采环节、再生资源产生环节和消费环节的规制不够。如何规制资源开采环节、再生资源环节和消费环节，需制定明确、具体、可操作性强的法律法规。2013 年 1 月，国务院出台的《循环经济发展战略及近期行动计划》，指出我国的循环经济配套立法还有诸多空白。譬如，循环经济发展专项资金管理办法、强制回收的产品和包装物名录及管理办法、餐厨废弃物管理及资源化利用条例、农业机械报废回收办法等法规规章，尚没有出台；报废汽车回收管理办法、商品零售场所塑料袋有偿使用管理办法等需尽快修订。

第四，从循环经济的调整产业来看，已有的法律主要着眼于工业领域，对农业和第三产业涉及较少。循环经济发展模式对产业结构调整提出了新的要求，循环经济法应该尽可能地涵盖各个行业，重点是工业、农业、服务业。已有的法律都着眼于工业领域的污染防治，对于农业和第三产业涉及较少。

四、循环经济发展的法治保障

在循环经济实践中，各主体有不同的利益诉求。作为一种新型的经济运行模式，固然离不开市场机制的调节作用，但外部性使企业不愿意承担外部不经济的环境污染成本，这是市场经济固有的缺陷。循环经济的有效运行需要健全的法治保障，但是，目前我省和我市在此领域还存在诸多不尽如人意之处。需要各级政府积极发挥主导作用，通过制定相应的法规、政策，强化执法来促进企业的循环经济行为，建立完善的循环经济外部运行体制，才能使循环经济的发展切实有效而且持续下去。

（一）强化监督，促进已有相关法律法规和规章的有效实施

我国自 20 世纪 90 年代初开始推行清洁生产并于 2003 年 1 月 1 日起施行《中华人民共和国清洁生产促进法》，2004 年 10 月 1 日起施行《清洁生产审核暂行办法》，2005 年 7 月 1 日起实施（2015 年 2 月修订）的《公共建筑节能设计标准》，2009 年 1 月 1 日起施行《中华人民共和国循环经济促进法》。这些法律法规的实施，为循环经济在企业层面的推进提供了法律依据。也依法促进了废物减量化、资源化、无害化。为了更好地贯彻落实《国务院关于甘肃省循环经济总体规划的批复》和《中共甘肃省委甘肃省人民政府关于加快推进循环经济发展的决定》，甘肃省先后出台了《甘肃省资源综合利用条例》《甘肃省循环经济促进条例》《甘肃省农村能源条例》《节能减排综合实施方案》《关于加快发展循环经济的实施意见》《甘肃省循环经济总体规划实施方案》《甘肃省循环经济地方标准体系建设规划（2010～2015 年）》《甘肃省再生资源回收综合利用管理办法》《甘肃省公共机构节能办法》《甘肃省实施〈节约能源法〉办法》《甘肃省循环经济促进法实施办法》《甘肃省绿色建筑行动实施方案》和《2015 年甘肃省循环经济示范区建设攻坚方案》等政策法规。平凉市政府先后制定了《平凉市农村环境保护规划》《平凉市农村环境保护规划实施方案》《关于加强废旧农膜回收利用推进农业面源污染治理工作的意见》《平凉市公共机构节能管理办法》《平凉市循环经济发展总体规划》等规章。已有的制度促进了平凉市循环经济的有效运行。但是，现行的规定还没有充分发挥市场、政府、企业和个人等方面的综合作用，需要进一步完善。

加强循环经济发展工作的法律监督和工作监督，贯彻落实已有相关法律法规和规章，是我国发展循环经济的重要环节。政府有关部门要认真组织实施循环经济发展规划，不断推进产业结构优化升级，贯彻实施国家有关落后生产技术、工艺、设备和产品的淘汰目录，强制回收和可再生利用的废弃物目录，禁止生产和销售一次性使用产品目录。完善再生资源回收利用体系，引导废弃物回收和处理实行专业经营。企业应当自觉实施清洁生产，优化工艺流程，优先采用节能、节水和有利于环境保护的技术和设备，淘汰落后工艺、技术和设备，减少使用或不使用浪费资源、污染环境的原材料和消费品；优先选择无毒无害易于降解和便于回收的产品和包装物设计方案，禁止过度包装，减少包装性废物的产生，对于被列入强制回收目录的产品和废弃物，必须按照规定回收；企业间应当主动加强沟通合作，对生产和服务过程中产生的副产品开展阶梯循环利用。各级人民政府应当对节能、节水、资源综合利用、清洁生产等领域实行重点监督，依法加强对污染环境、浪费资源、不注重资源循环有效利用等行为的监督检查。

（二）完善循环经济的执法机制

循环经济的发展需要政府的介入和干预，根据循环经济的不同层面，政府应理性地划分和配置公权力与私权利的边界，构筑良性互动的权利体系，实现政府循环经济行为的法治化。

1. 全面落实生态文明观，推行绿色行政。由于资源天然具有经济功能和生态功能的双重属性，决定了我们在利用资源的不同功能时会产生不同的"物品效应"，而"物品效应"又通常与外部效应紧密相连。因此，要解决外部性影响所导致的将成本转嫁社会或他人、以破坏环境为代价的风险是十分重要的。故发展循环经济必须由政府主导，建立健全环境友好的决策和制度体系；要以绿色方针、绿色政策、绿色规划、绿色管理为基础，在行政管理部门推行 ISO14000 环境管理体系标准，带动绿色采购、绿色服务和绿色建设。推行领导干部任期环境保护政绩考核，克服单纯追求 GDP 的倾向。努力建设以人与自然和谐为目标，以环境承载能力为基础，以遵循自然规律为核心，倡导环境文化和生态文明，追求经济社会环境协调发展的环境友好型社会。

2. 理顺行政执法体制，提高执行力。行政执法在循环经济的法律实施中具有特别重要的作用，各级政府要严格执行现行的法律法规来促进循环经济发展，明确和强化政府及相关管理机构的职能和执法地位；加快建立健全行政执法通知制度、公开制度、听证制度、审核制度、复议制度和责任制度，促进行政执法程序化、规范化；要加强执法力度，强化执法强制力；严格环境准入门槛，依法开展环境能源资源节约执法和监督检查，坚决查处浪费能源资源、污染环境的违法行为。

3. 完善执法监督机制。各级人大和新闻媒体要切实发挥好法律监督的作用。加强对各级政府和有关部门生态环境执法的监督，防止出现不作为、乱作为和执法不规范的问题。督促执法人员转变观念，实现由传统的思维习惯、工作方法转变到行为规范、运转协调、公正透明、廉洁高效上来。各级行政执法人员要摆正自己与人民的关系，正确运用各种权力，严格依法行政。

（三）健全循环经济的司法保障机制

严格公正的司法制度是法律正确实施的最后一道防线，必须完善循环经济的刑事、民事和行政司法保障机制。提高

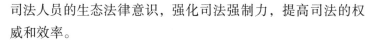

司法人员的生态法律意识，强化司法强制力，提高司法的权威和效率。

（四）建立发展循环经济的公众参与法律机制

从某种程度上说，法治框架下的政府依法治理与公众的自觉守法之间有一种互惠效应。将循环经济纳入法治轨道，通过循环经济立法构建制度性框架；通过发挥法律的规范、惩戒、指引作用来引导全社会树立起循环经济的发展理念，把发展循环经济变成全体公众的自觉行为，促使公众形成绿色消费习惯和心理，是循环经济发展的根本所在。

因此，发展循环经济既需要法律的规范、政府的倡导及企业自律，更需要提高社会公众的参与意识和参与能力，引导消费者自觉选择有利于节约资源保护环境的消费方式。把节能、节水、节材、节粮、垃圾分类回收、减少一次性产品使用等与发展循环经济密切相关的活动逐步变为全体公民的自觉行动，不断推动循环经济的发展。

（五）完善立法，为依法保护和利用有限的资源提供法制保障

1. 加快制定和完善循环经济立法体系。明确政府、企业、公众在发展循环经济中的权利和义务。为循环经济的发展提供全面的法律支持。首先，依据《循环经济促进法》这一基础性法律制定发展循环经济的各个专项法律法规。其次，修订《固体废物污染环境防治法》《矿产资源法》等专门性的环境法律，对资源的节约、回收、再用、再生利用作出特殊的规定。最后，是制定和完善循环经济的专门条例和行政规章。包括《资源综合利用条例》《包装物回收利用管理办法》《资源开发生态保护管理办法》《能源开发环境管理条例》《能源标识管理办法》《污染物排放总量控制条例》《环境监测条例》等。

2. 结合地方特点制定有利于循环经济发展的地方法规。按照我国《立法法》的规定，在中央和地方均可立法的范围内，中央享有优先立法权，但中央立法未尽事项，地方法规可以细化，中央未立法的，可以先行制定地方性法规、自治条例、单行条例和行政规章。我国地域广阔，各地区环境资源状况和经济发展状况各有特点，发展循环经济也必须根据地方具体情况设计合理的制度安排。实践证明，结合地方特点制定有利于循环经济发展的地方法规是可行的，这是我国发展循环经济在立法上必须重视的环节。在国家尚无资源综合利用大法的情况下，我们依照国家有关资源综合利用的方针、政策、法规，结合本省、本市实际，制定地方性法规，为我省和我市资源综合利用工作提供法律依据。政府在严格执行现有的循环经济相关法律法规的同时还应结合当地实际情况，在不违反现有法律的基础上，再制定一些相应的地方性政策法规，以更好地推动地方循环经济的发展。

五、努力构建绿色工业体系

在工业领域全面推行"源头减量、过程控制、纵向延伸、横向耦合、末端再生"的绿色生产方式。在资源开采环节，实施绿色开采，提高矿产资源开采回采率、选矿回收率和综合利用率，推动共伴生、低品位和尾矿的综合利用。在生产环节，开展生态设计，推行清洁生产，强化重点行业节能减排和节水技术改造，提高工业集约用地水平，推广应用节材技术。在重点行业推广循环经济模式，积极打造循环经济产业链。在末端环节，在尽量减少废物排放的基础上，对排放的废物进行环保处置，做到达标排放。

第十二章 平凉市社会经济发展的
环境规划与法治保障

　　规划引领生态文明建设,地方制定的环境保护规划必须纳入国民经济和社会发展计划,采取有利于环境保护的经济、技术政策和措施,使环境保护工作同社会发展相协调。"十二五"期间平凉市制定了《平凉市推进主体功能区建设实施意见》和《平凉市城市总体规划纲要(2012～2030年)》。围绕"一中心两园区"布局要求,重点抓好中心城市规划建设,精心打造功能板块,努力建设旅游胜地、养生福地、文化名城和山水园林城市。"十二五"规划实施以来,平凉市主要污染物排放有所减少,城镇环境基础设施建设和运行水平得到提升,污染防治取得积极成效。"十三五"规划建议体现了以人为本、生态优先、产城共荣、智慧便民、人文化城、开放包容的"后现代"理念,把规划控绿,建设造绿,全民植绿,管理护绿有机结合。实现城在林中,人在景中的城市景观。市民能出门见绿、方便进园。

一、国民社会经济发展规划与城乡环境的规划

（一）国家"十三五"环保规划的构架

国家"十三五"环保规划初步确定了编制的基本原则:

坚持绿色发展、标本兼治，坚持依法治国、法治管理，坚持信息公开、社会共治，坚持深化改革、制度创新。在规划目标上，初步提出，到 2020 年，主要污染物排放总量显著减少，人居环境明显改善，生态系统稳定性增强，辐射环境质量继续保持良好，生态管治、环境监管和行政执法体制机制、环境资源审计、环境责任考核等法规制度取得重要突破。生态文明制度体系基本建立，生态文明水平与全面小康社会相适应。就具体指标而言，初步提出建立以环境质量改善为主线、适应社会新期待，国家、区域、城市相结合，反映治污减排、风险防范、空间优化、制度建设进展的综合指标体系，主要包括约束、预期和引导性指标。一是建立环境质量和排放总量双约束指标体系。二是构建支撑四化同步的全要素协同性指标体系。三是体现分区分类管理。四是突出可达可控性。五是提高指标的预见性。六是要贴近群众感受。

国家"十三五"环保规划初步确定四项具体工作和八大环保工程。四个方面工作：第一，质量改善。包括三个方面：建立健全全面环境质量管理体系，实行刚性约束；推进水、大气和土壤三大重点领域环境质量改善工作，通过"抓两头促中间"总体改善全国环境质量；全面启动实施环境质量达标改善行动，持续精准改善城乡环境质量。

第二，治污减排。包括三个方面：优化总量控制实施；实行全过程治污减排；加大行业环境监督管理力度。

第三，生态保护。包括四个方面：建立完善生态管治制度，实施分级分区管控；加强重要生态功能区和生态系统管理，维护国家生态安全；完善生态保护管理机制，推进生态系统统一监测和系统管理；完善生态文明示范区建设制度和生态补偿制度，促进生态保护。

第四，风险管控。包括七个方面：从布局和结构入手，改善环境安全总体态势；加强重点领域环境风险管理，实现健康发展与环境安全；加强企事业单位环境监管，强化企事业环境风险防范的主体责任；建立健全环境损害赔偿制度，严格事后追责；建立环境风险预测预警体系，加强环境风险管控基础能力建设；加强核与辐射安全监管，确保万无一失；要关注环境健康领域，加强统筹管理和顶层设计。

八个重大工程：环境质量改善和提标工程、主要污染物减排工程、生态修复与环境保护工程、重点领域环境风险防范工程、农村环境清洁工程、环境监管能力基础保障工程、环境基础设施公共服务工程、社会行动体系建设工程。

（二）平凉市编制"十三五"环保规划的重点

"十三五"时期，环境保护面临重大转型，面临难得的机遇：首先，经济增速换挡，环境压力进入调整期。其次，新型城镇化战略实施，污染物新增量涨幅进入收窄期。最后，能源日益清洁化，排放强度进入回落期。

但平凉市污染物排放还处于较高水平，环境绩效与发达地区差距较大，环境质量不尽如人意，污染减排与环境质量改善之间的关系还需深入研究。大气、水、土壤等污染较为严重，各种污染物随时间累积，在空间集聚，加重了生态环境压力，并呈现污染源多样化、污染范围扩大化、污染影响持久化特征，环境风险日益突出，环境应急响应与处理处置能力不足。主要体现在布局性污染点状转移、面上扩张；产能化解尴尬无奈、进退两难。

"十二五"期间，全市共编制各类规划795项，形成了覆盖城乡、层级完备的规划体系。中心城市控制性详细规划、地上地下专项规划、城市设计及风貌规划在全省率先实现了

国家级生态文明市建设法治保障研究

全覆盖。华亭、静宁两个试点县"多规合一"完成了规划成果。

平凉市在编制"十三五"环保规划时应根据国家规划政策注意做到以下几个的方面。

第一，工作思路创新。加快实现三个转变：目标导向从以管控污染物总量为主向以改善环境质量为主转变，工作重点从主要控制污染物增量向优先削减存量、有序引导增量协同转变，管理途径从主要依靠环境容量向依靠环境流量、环境容量的动静协调、统筹支撑转变。

第二，全面质量管理。以城市和控制单元质量目标清单式管理为主要抓手，按照标准、总量、环评和执法的工作链条推进质量改善工作，以标准牵引、执法倒逼，做到"应治必治"，强化环境质量监测、评估、监督和考核，着力解决群众身边的环境问题，确保环境优良地区环境质量不退化、不降级，环境污染严重的区域、城市、控制单元环境质量明显改善，见到实效、取信于民。

第三，总量控制。建议将颗粒物、挥发性有机物与化学需氧量、氨氮、二氧化硫、氮氧化物作为总量控制约束性指标。积极探讨污染减排与其他管理制度的有机衔接，加强污染物排放浓度、总量、速率的三方面协同管理，促进治污减排全过程管理，将区域质量改善要求落实到企事业单位，以综合性排污许可为载体，实现对所有污染源（尤其是工业源）、所有排污过程的有效管控。

第四，全面有效的环保治理体系。建立健全统一监管所有污染物排放的管理体系。严控新建源、严管现役源、严查风险源，在加强环境增量管理的同时，着力加强环境存量治理，促使重点行业和区域拿出生态修复时间表。建立区域污染防治协作机制，设立重点区域环境质量管理机构，统筹协调区域污染防治工作，以群众满意度作为环保工作成绩标尺。

第五，基本生态管治。建立国土空间生态管治制度，通过划定并严守生态保护红线等，切实做到"应保尽保"，加强自然生态系统保护力度，不断提高生态系统服务功能，实现生态系统良性循环提供支撑。

第六是，建立系统完整的生态文明制度体系。加快建立盲目决策损害环境终身责任追究制和损害赔偿制度，实施生态补偿机制，完善排污许可制和环境影响评价制度。针对当前考核效率不高问题，发挥行政管理优势，建立环境审计制度，对地方政府环境责任履行情况进行全面、深入调查，建立行之有效的环境管理纠偏机制，突破当前环境管理困局。以环境审计制度为基础，探索编制自然资源资产负债表，对领导干部实行自然资源资产行政审计和离任审计。

第七，环保投融资机制。积极发展生态金融，把生态成效作为理财期权，研究风险规避办法，探索新业态、新产品和新模式，吸引社会资本进入环保领域。推行排污权交易制度，建立统一的排污权交易市场，促进企业治污减排。有序开放可由市场提供服务的环境管理领域，大力发展环保服务业，加快建立和完善环境污染第三方治理。如青海在建立生态文明规范时省完善资源有偿使用制度，依靠市场主体保护生态环境。去年，青海省启动主要污染物总量控制管理系统，在10家重点排污单位进行实际排污情况核算和许可指标核定试点。制定主要污染物排污权有偿使用和交易试点实施方案及管理办法，组织3次主要污染物排污权竞买交易会。

总之，综合考虑资源禀赋、环境容量、承载能力等因素，以县（区）为基础，把全市划分为优化开发、重点开发、适度开发、生态平衡四大区域，统筹谋划人口分布、经济布局、国土利用和城市化格局。在生态布局上，编制生态红线区域保护规划，加快实现生产空间集约高效、生活空间宜居适度、生态空间山清水秀。

二、城镇化与城镇环境规划

城市是经济社会发展和人民生产生活的重要载体，是现代文明的标志。但我们的城市建筑贪大、媚洋、求怪等乱象丛生，特色缺失，文化传承堪忧；城市建设盲目追求规模扩张，节约集约程度不高；依法治理城市力度不够，违法建设、大拆大建问题突出，公共产品和服务供给不足，环境污染、交通拥堵等"城市病"蔓延加重。积极适应和引领经济发展新常态，把城市规划好、建设好、管理好，对促进以人为核心的新型城镇化发展，建设美丽中国，实现"两个一百年"奋斗目标和中华民族伟大复兴的中国梦具有重要现实意义和深远历史意义。

（一）城镇环境规划不适应城镇化发展

城镇化的快速发展呼唤规划发展，改革开放以来，我国城市建设快速推进，然而，快速城市化对环境带来很大挑战，迫切需要把城市环境保护摆上更加突出的战略位置。城市环境问题日益突出主要表现为部分城市空气质量较差；城市地表水环境功能区达标比例低，流经城市河段水质总体较差；城市环境噪声投诉居高不下；城镇生活消费方式不尽合理，机动车污染问题突出，建筑及家装污染问题凸显，废旧家用电器未得到妥善处置等问题。一些城市基础设施没有跟上城市建设步伐，"欠账"严重。究其原因，目前环境保护规划只是作为城市建设的一项专项规划，大多数依据国民经济和社会发展规划、城市总体规划和土地利用总体规划等来编制，难以从宏观上调控一个城市的生态环境格局，无法预先确立城市发展红线，调控优化城市规模和定位，致使很多城市出现"千城一面"现象。

城市环境保护规划滞后于城市发展，没有在城市发展中发挥综合作用。主要体现在以下几个方面：一是城市环境保护规划作为专项规划，难以从根本上建立与区域环境相协调的城市环境保护基础框架。二是城市环境规划主要定位在污染治理，对城市整体生态系统缺乏统筹谋划，不利于建立、保护和优化城市生态系统，不利于优化资源能源利用结构和方式，不利于构建生态型产业链，难以协调和应对复合型、交叉型环境问题。三是城市环境规划期限短、范围小，难以对全市域长远发展提供环境保障。现行城市环境规划期限一般只有 5 年，难以对中长期城市建设、环境经济协调发展提出强有力的引导性、控制性目标指标，规划缺乏长远战略，相应的任务措施和配套政策难以发挥长效机制的作用，导致城市环境保护"头痛医头、脚痛医脚"。

（二）城镇规划重地上轻地下

地下管线老化，马路"拉链"，造成停水、停电时有发生，燃气管道、暖气管道事故频发，城市内涝，管道"跑冒滴漏"严重，我国自来水平均漏失率达 15.7%。虽然我国的城市污水处理率已达 89%，但不少污水处理厂运转并不正常，标准不高，中水回用率不到 10%。不仅循环经济难以实现，还使得污水处理成本难以消化。

随着城镇化的加速推进，城市的规模越来越大，如何解决中国城市的这些"里子"问题，使其与金玉其外的"面子"相辅相成，成了困扰人们生活的当务之急。

为了让居民对自己生活的城市感到放心舒心，国务院于2013年9月印发了《关于加强城市基础设施建设的意见》（以下简称《城市设施建设意见》），《城市设施建设意见》指出，加强城市基础设施建设，要围绕推进新型城镇化的重大战略部署，切实加强规划的科学性、权威性和严肃性，坚持先地下、后地上，提高建设质量、运营标准和管理水平。要深化投融资体制改革，在确保政府投入的基础上，充分发挥市场机制作用，吸引民间资本参与经营性项目建设与运营，改善城市人居生态环境，保障城市运行安全。对加快城市地下管网、污水和垃圾处理、排水防涝设施、交通等基础设施改造提出了明确要求。2016年《中共中央国务院关于进一步加强城市规划建设管理工作的若干意见》进一步提出，城市新区、各类园区、成片开发区域新建道路必须同步建设地下综合管廊，老城区要结合地铁建设、河道治理、道路整治、旧城更新、棚户区改造等，逐步推进地下综合管廊建设。加快制定地下综合管廊建设标准和技术导则。凡建有地下综合管廊的区域，各类管线必须全部入廊，管廊以外区域不得新建管线。管廊实行有偿使用，建立合理的收费机制。鼓励社会资本投资和运营地下综合管廊。各城市要综合考虑城市发展远景，按照先规划、后建设的原则，编制地下综合管廊建设专项规划，在年度建设计划中优先安排，并预留和控制地下空间。完善管理制度，确保管廊正常运行。

抓城市建设，既要重视城市的面子，也要重视里子；要重视地上，更要重视地下。正如李克强讲的，筑牢城市"里子"才能撑起"面子"。"地下"不出政绩，尤其不产生经济效益，这是一个误区。城市基础设施建设不仅承载了城市，还拉动经济。基础设施投资一般占全社会固定资产投资的15%，为经济发展作出重要贡献。

城市基础设施的"欠账"也提醒我们，执政理念应以追求城市的品质为主，要将整个城市地上与地下、经济与社会的协调发展放在首位。如江南水乡绍兴市水网纵横，地下的水管网长达2000多公里，管网体系分散且复杂。然而，正是在这种条件下，绍兴创造了水管网漏损率4%的奇迹，比发达国家最高水平的6%还低两个百分点。2000年全市水管网漏损率还高达21%，目前则降低了17个百分点，按这个比例算，平均每年减少漏损水量1000多万立方米，相当于一个西湖的水量。这样的成绩是如何创造的？归功于绍兴不断创新理念和管理模式。自来水公司明确漏损率任务指标，把漏损率控制直接与全体干部职工的收入挂钩，发挥人的主观能动性，提高检漏工作效率，年检出漏点从2003年的200个增加至近几年的近千个，漏点越来越少。

目前，百姓反映强烈的"垃圾围城""逢雨必涝""马路拉链"等现象，从本质上看是城市发展理念问题，是对城市建设发展规律认识不足和把握不够。城市基础设施建设应树立集约绿色、智能低碳的现代化理念，遵循规律、标本兼治。在管理上要创新，向管理要效益。

三、科学编制规划，发挥调控引领作用

建设生态城市，要在城市规划设计和基础设施建设时，以生态文明理念为指导。合理控制城市规模，不盲目"摊大饼"；合理布局建筑物，以减少城市交通的需求压力；交通模式以公共交通为主，提倡自行车、步行等低碳、环保、健

康的出行方式；公共建筑特别是政府办公楼、城市广场，应注重功能实用性，而非贪大求洋。

（一）科学编制城市总体规划

2016 年中央城市工作会议提出，要加强城市设计，推进"多规合一"。牢固树立规划先行理念，遵循城镇化和城乡发展客观规律，以资源环境承载力为基础，依据资源条件、生态红线、环境承载能力，科学编制城市总体规划，做好与土地利用总体规划的衔接，把握好生态环境优先、开发强度合理、城乡一体发展三个关键环节，划定城镇开发边界、水体保护线、绿地系统线、基础设施建设控制线、历史文化保护线、永久基本农田和生态保护线，统筹安排城市基础设施建设。突出民生为本，节约集约利用土地，严格禁止不切实际的"政绩工程""形象工程"和滋生腐败的"豆腐渣工程"。强化城市总体规划对空间布局的统筹协调。严格执行《城乡规划法》，严格按照规划进行建设，防止各类开发活动无序蔓延。开展地下空间资源调查与评估，制定城市地下空间开发利用规划，统筹地下各类设施、管线布局，实现合理开发利用。

2015 年 7 月 28 日，国务院总理李克强主持召开国务院常务会议，部署推进城市地下综合管廊建设，扩大公共产品供给提高新型城镇化质量等工作。李克强指出，建设地下综合管廊，既是拉动有效投资的着力点，又可以增加公共产品供给，提高城市安全水平和城镇化发展质量，打造经济发展新动力。新型城镇化建设"既重'面子'，也要重'里子'"。会议确定，一是各城市政府要综合考虑城市发展远景，按照先规划、后建设的原则，编制地下综合管廊建设专项规划，在年度建设中优先安排，并预留和控制地下空间。

二是在全国开展一批地下综合管廊建设示范，在探索取得经验的基础上，城市新区、各类园区、成片开发区域新建道路要同步建设地下综合管廊，老城区要结合旧城更新、道路改造、河道治理等统筹安排管廊建设。已建管廊区域，所有管线必须入廊；管廊以外区域不得新建管线。加快现有城市电网、通信网络等架空线入地工程。三是完善管廊建设和抗震防灾等标准，落实工程规划、建设、运营各方质量安全主体责任，建立终身责任和永久性标牌制度，确保工程质量和安全运行，接受社会监督。

（二）完善和落实城市基础设施建设专项规划

城市基础设施建设要着力提高科学性和前瞻性，避免盲目和无序建设。尽快编制完成城市综合交通、电力、排水防涝和集中供热老旧管网改造规划。所有建设行为应严格执行建筑节能标准，落实《绿色建筑行动方案》。

贯彻落实2014年8月国务院办公厅发布的《关于加强城市地下管线建设管理的指导意见》精神，全面清查城市范围内的地下管线现状，掌握地下管线的基础信息情况和事故隐患，建立完善城市地下管线综合管理信息系统和专业管线信息系统。目前，地下管线存在以下问题：一是城市地下空间统一规划、合理开发和科学管理还不到位，实现地下管线信息集中统一管理和共建共享难度较大。重点普查城市范围内的供水、排水、燃气、热力、电力、通信、广播电视、工业管线、附属设施以及各类综合管廊。开展事故隐患普查和排查工作，全面摸清存在的结构性隐患和危险源，明确管线责任单位，消除事故隐患。同时，探索建立地下管线工程产权确认制度和地下空间租赁办法，对各类投资主体开发建设的管线工程依法确权，推进地下空间资源有偿使用。

（三）加强公共服务配套基础设施规划统筹

城市基础设施规划建设过程中，要统筹考虑城乡医疗、教育、治安、文化、体育、社区服务等公共服务设施建设。合理布局和建设专业性农产品批发市场、物流配送场站等，完善城市公共厕所建设和管理，加强公共消防设施、人防设施以及防灾避险场所等设施建设。

四、城镇化发展的原则

规划引领。坚持先规划、后建设，切实加强规划的科学性、权威性和严肃性。发挥规划的控制和引领作用，严格依据城市总体规划和土地利用总体规划，充分考虑资源环境影响和文物保护的要求，有序推进城市基础设施建设工作。

民生优先。坚持先地下、后地上，优先加强供水、供气、供热、电力、通信、公共交通、物流配送、防灾避险等与民生密切相关的基础设施建设，加强老旧基础设施改造。保障城市基础设施和公共服务设施供给，提高设施水平和服务质量，满足居民基本生活需求。

安全为重。提高城市管网、排水防涝、消防、交通、污水和垃圾处理等基础设施的建设质量、运营标准和管理水平，消除安全隐患，增强城市防灾减灾能力，保障城市运行安全。

机制创新。在保障政府投入的基础上，充分发挥市场机制作用，进一步完善城市公用事业服务价格形成、调整和补偿机制。加大金融机构支持力度，鼓励社会资金参与城市基础设施建设。

绿色优质。全面落实集约、智能、绿色、低碳等生态文明理念，提高城市基础设施建设工业化水平，优化节能建筑、绿色建筑发展环境，建立相关标准体系和规范，促进节能减排和污染防治，提升城市生态环境质量。

五、围绕重点领域，促进城市基础设施水平全面提升

（一）加强城市道路交通基础设施建设

1. 公共交通基础设施建设。积极发展大容量地面公共交通，加快调度中心、停车场、保养场、首末站以及停靠站的建设；推进换乘枢纽及充电桩、充电站、公共停车场等配套服务设施建设，将其纳入城市旧城改造和新城建设规划同步实施。

2. 城市道路、桥梁建设改造。加快完善城市道路网络系统，提升道路网络密度，提高城市道路网络连通性和可达性。加强城市桥梁安全检测和加固改造，限期整改安全隐患。加快推进城市桥梁信息系统建设，严格落实桥梁安全管理制度，保障城市路桥的运行安全。建成桥梁信息管理系统。

3. 城市步行和自行车交通系统建设。城市交通要树立行人优先的理念，改善居民出行环境，保障出行安全，倡导绿色出行。应建设城市步行、自行车"绿道"，加强行人过街设施、自行车停车设施、道路林荫绿化、照明等设施建设，切实转变过度依赖小汽车出行的交通发展模式。

（二）加大城市管网建设和改造力度

1. 地下综合管廊建设。2015 年 8 月国务院办公厅发布的《关于推进城市地下综合管廊建设的指导意见》（以下简称《综合管廊建设意见》）提出到 2020 年，反复开挖地面的"马路拉链"问题明显改善，管线安全水平和防灾抗灾能力明显提升，逐步消除主要街道蜘蛛网式架空线，城市地面景

观明显好转。《综合管廊建设意见》明确，应划定建设区域，要求从 2015 年起，城市新区、各类园区、成片开发区域的新建道路要根据功能需求，同步建设地下综合管廊；老城区要结合旧城更新、道路改造、河道治理、地下空间开发等，因地制宜、统筹安排地下综合管廊建设。

地下综合管廊把所有管线集中在地下廊体里，日常巡检维护等都通过出入井在地下完成，解决了"马路拉链"问题，并能抵御管道侵蚀和抗震减灾，管线运行更安全稳定。同时，地下管廊建设也是拉动经济增长的新增长点。据了解，按给水、热力、燃气、电力、电信、雨水、污水等七大类管线全部入廊考虑，修建地下综合管廊比直埋方式的一次建设成本增加 4000～5000 万元/公里。大体上，1 公里廊体加上入廊管线，大概需要投资 1.2 亿元左右。

此外，《综合管廊建设意见》还提出，创新投融资模式，推广运用政府和社会资本合作（PPP）模式，通过特许经营、投资补贴、贷款贴息等形式，鼓励社会资本组建项目公司参与城市地下综合管廊建设和运营管理。与此同时，《综合管廊建设意见》还明确综合管廊将实行有偿使用，入廊管线单位应向地下综合管廊建设运营单位交纳入廊费和日常维护费。

平凉市《2016 年中心城市重点建设项目实施方案》确定 2016 年中心城市建设集中实施六大类 68 项建设项目，其中续建 26 项，新建 42 项，概算总投资 347.6 亿元，年内计划完成投资 132.7 亿元。其中概算投资 3.72 亿元实施柳湖路（定北路至纸坊沟段）、新民北路（崆峒大道至泾河大道段）综合管廊 3.1 公里。

2. 市政地下管网建设改造。加强城市供水、污水、雨水、燃气、供热、通信等各类地下管网的建设、改造和检查，优先改造材质落后、漏损严重、影响安全的老旧管网，确保管网漏损率控制在国家标准以内。如昆明彩云路综合管廊全长 22 公里，供水管线入廊后管道漏失率由实际的 25% 降为 0，每年可节水 700 万方，节省水费 2100 万元。

3. 城市供水、排水防涝和防洪设施建设。加快城镇供水设施改造与建设，积极推进城乡统筹区域供水，力争到 2015 年实现全国城市公共供水普及率 95% 和水质达标双目标；加强饮用水水源建设与保护，合理利用水资源，限期关闭城市公共供水管网覆盖范围内的自备水井，切实保障城市供水安全。在全面普查、摸清现状基础上，编制城市排水防涝设施规划。加快雨污分流管网改造与排水防涝设施建设，解决城市积水内涝问题。积极推行低影响开发建设模式，将建筑、小区雨水收集利用、可渗透面积、蓝线划定与保护等要求作为城市规划许可和项目建设的前置条件，因地制宜配套建设雨水滞渗、收集利用等削峰调蓄设施。加强城市河湖水系保护和管理，强化城市蓝线保护，坚决制止因城市建设非法侵占河湖水系的行为，维护其生态、排水防涝和防洪功能。完善城市防洪设施，健全预报预警、指挥调度、应急抢险等措施。全面提高城市排水防涝、防洪减灾能力，用 10 年左右时间建成较完善的城市排水防涝、防洪工程体系。

4. 城市电网建设。将配电网发展纳入城乡整体规划，进一步加强城市配电网建设，实现各电压等级协调发展。推进城市电网智能化，以满足新能源电力、分布式发电系统并网需求，优化需求侧管理，逐步实现电力系统与用户双向互动。提高电力系统利用率、安全可靠水平和电能质量。建设地下综合管廊，意味着城市高压线"蜘蛛网"将消失，城市会更加美观。如日本近一半的高压线"蜘蛛网"已转入地下管廊。

2015年10月，中共平凉市委办公室、平凉市人民政府办公室印发《关于贯彻落实〈省委省政府关于进一步支持革命老区脱贫致富奔小康的意见〉的实施意见》任务分解方案的通知提出，加强城市和县城供水、供热、供气、污水及垃圾处理等各类公用设施建设和地下管网改造，到2017年城市燃气普及率达到80%、县城达到50%，不断提升城市公共供水能力，提高污水处理率和垃圾无害化处理水平，力争到2020年完成城市地下管网建设改造任务。

平凉市华亭县在城市地下管网建设方面进行了积极有益的探索和实践，按照打造"无杆"城市的目标，积极实施强弱电、通信、供热、供水、燃气等管线入地工程，城市承载服务功能日臻完善。平凉市应加快推进城市地下给排水综合管廊建设和应用，统筹各类市政管线规划、建设和管理，切实解决反复开挖路面、架空线网密集、管线事故频发等问题，既是在推进新型城镇化过程中必须深入研究的重大课题，更是当前亟需解决的首要难题。

（三）加快污水和垃圾处理设施建设

1. 城市污水处理设施建设。以设施建设和运行保障为主线，加快形成"厂网并举、泥水并重、再生利用"的建设格局。优先升级改造落后设施，确保城市污水处理厂出水达到国家新的环保排放要求或地表水Ⅳ类标准。《城市设施建设意见》提出，到2015年，全国所有设市城市实现污水集中处理，城市污水处理率达到85%；按照"无害化、资源化"要求，加强污泥处理处置设施建设，城市污泥无害化处置率达到70%左右；加快推进节水城市建设，在水资源紧缺和水环境质量差的地区，加快推动建筑中水和污水再生利用设施建设，城镇污水处理设施再生水利用率达到 20% 以上。保障城市水安全、修复城市水生态，消除劣 V 类水体，改善城市水环境。2016 年《中共中央国务院关于进一步加强城市规划建设管理工作的若干意见》提出，到 2020 年，地级以上城市建成区力争实现污水全收集、全处理，缺水城市再生水利用率达到 20% 以上。以中水洁厕为突破口，不断提高污水利用率。培育以经营中水业务为主的水务公司，合理形成中水回用价格，鼓励按市场化方式经营中水。城市工业生产、道路清扫、车辆冲洗、绿化浇灌、生态景观等生产和生态用水要优先使用中水。

2. 城市生活垃圾处理设施建设。加大处理设施建设力度，提升生活垃圾处理能力。提高城市生活垃圾处理减量化、资源化和无害化水平。《城市设施建设意见》提出，到 2015 年，设市城市生活垃圾无害化处理率达到 90% 左右；到 2017 年，设市城市生活垃圾得到有效处理，确保垃圾处理设施规范运行，防止二次污染，摆脱"垃圾围城"困境。2016 年《中共中央国务院关于进一步加强城市规划建设管理工作的若干意见》提出，到 2020 年，力争将垃圾回收利用率提高到 35% 以上。强化城市保洁工作，加强垃圾处理设施建设，统筹城乡垃圾处理处置，大力解决垃圾围城问题。推进垃圾收运处理企业化、市场化，促进垃圾清运体系与再生资源回收体系对接。完善激励机制和政策，力争用 5 年左右时间，基本建立餐厨废弃物和建筑垃圾回收和再生利用体系。

（四）加强海绵城市建设

1. 海绵城市的概念。海绵城市是一种形象的表述，国际通用术语为"低影响开发雨水系统构建"，指的是城市像海绵一样，有降雨时能够就地或就近"吸收、存蓄、渗透、净化"径流雨水，补充地下水，调节水循环；在干旱缺水时有条件将蓄存的水"释放"出来并加以利用，从而让水在城市中的迁移活动更加"自然"。海绵城市以建筑与小区、城市道路、绿地与广场、湖泊水系等建设为载体，通过渗、滞、蓄、净、用、排等多种生态化技术，实现对雨水的自然积存、渗透、净化功能。因此，作为一种新的城市发展理念，海绵城市突破了传统"以排为主"的雨水管理模式，强调采用"低影响开发"（Low Impact Development，LID）理念整合城市雨洪资源，建立新的城市发展模式，实现资源与环境协调发展的目标。

广义讲，海绵城市是指山、水、林、田、湖、城这一生命共同体具有良好的生态机能，能够实现城市的自然循环、自然平衡和有序发展；狭义讲，海绵城市是指能够对雨水径流总量、峰值流量和径流污染进行控制的管理系统，特别是针对分散、小规模的源头初期雨水控制系统。

2. 海绵城市的提出。高速发展的城镇化在带来经济繁荣的同时，也带来一系列的生态环境问题。例如，城市超负荷运转，建设开发强度高，硬质铺装多，从而改变了原本自然的下垫面条件，城市太"坚硬"；此外，建筑、道路、地面等设施的建设导致下垫面过度硬化，增加了城市的热岛效应、雨岛效应，改变了城市原有自然生态本底和水文特征，使水资源自然滞蓄能力锐减。调查显示：城市地区70%以上的降雨形成径流被排放，雨水资源流失、径流污染增加、城市内涝灾害频发，严重影响了人们生活和城市的有序运行。为了解决这一系列问题，海绵城市应运而生，成为解决这些问题的一剂良方。

20世纪90年代初一些发达国家在城镇化进程中就提出

"低影响开发"的理念，即在人工系统的开发建设活动中尽可能减少对自然生态系统的冲击和破坏。低影响开发的方法包括储存、下渗、蒸发、滞留，以削减地表径流，促进地下水补充，通过分散、小规模的源头控制机制和设计技术，达到对暴雨径流和污染的控制，从而使开发区域尽量接近于开发前的自然水文循环状态。

基于以上理念，英国提出"可持续排水系统（Sustainable Drainage Systems）"的概念，其基本原理是模仿自然过程，先存蓄雨水然后缓慢释放，促进雨水下渗，并运用设计技术过滤污染物，控制流速，创造宜人的环境。澳大利亚提出"水敏感城市设计（Water Sensitive Urban Design）"的思路，在城市开发中保护水质，将雨水处理与景观设计相结合，降低雨水径流量和峰值流量。其实质是将雨水从源头上进行收集、控制，减少暴雨径流与水资源浪费。此外，德国、新西兰等国家也基于雨水管理提出了相应的低影响开发措施。

我国在城市建设和治水方面参照了上述国家的经验，并结合本国城镇化的特色，强调绿色、低影响开发和可持续发展等理念。例如，采用源头削减、过程控制、末端处理的方法，降低雨水径流量和高峰流量，以减少对下游受纳水体的冲击；保证透水地面比例，使土地开发时能最大限度地保持原有的自然水文特征和生态系统；此外，通过工程或非工程措施，实现防治内涝灾害、控制面源污染、提高雨水利用程度等。

传统城市建设模式主要依靠管渠、泵站等"灰色设施"来组织排放径流雨水，以"快速排除"和"末端集中"控制为主要规划设计理念；而海绵城市则强调优先利用植草沟、雨水花园、下沉式绿地等"绿色"措施来组织排放径流雨水，以"慢排缓释"和"源头分散"控制为主要规划设计理念。近年来，逢雨必涝逐渐演变为我国很多大中城市的痼疾，究其原因就在于城市雨水资源没有得到合理利用，雨水成为城市的一种"包袱"。过去，我们城市的排水管理要求的是"随降随排"，排得越快越好。目前我国99%的城市都是快排模式，雨水落到硬化地面只能从管道里集中排出。强降雨一来就感觉修多少管道都不够用，许多严重缺水的城市就这样让70%的雨水白白流失了。这说明城市排涝抗旱的思路必须调整，把雨水这个"包袱"变成城市"解渴"的财富。随着越来越多的高楼、水泥街道的建成，我们的城市似乎变得越来越"硬"，不会呼吸了。虽然有绿地，但绿地大多是隔开的、高出来的，虽然好看，但并不环保。深圳光明新区公园路的自行车道和人行道铺设的都是透水沥青和透水砖，下面不是水泥砂浆的不透水层，而是采用厚度15~20厘米的砂层和卵石垫层。它们孔隙率很高，能锁住大量雨水，在雨后缓慢渗透至土壤。中间绿化带的设计也有讲究，绿化带两侧设有下凹绿地，比路面低15厘米左右。这样，车行道的雨水可通过孔洞汇集进来，储存在土壤层中并得以滞留和净化。

　　研究表明，屋顶绿化、雨水蓄渗、下凹式绿地、透水铺装地面、生物滞留池等低影响开发设施对综合雨水径流大小有一定影响，可以减少进入管道的雨水量；大面积透水铺装及下凹式绿地等雨水控制和利用措施对小区综合径流的削减作用也十分明显，尤其在低重现期时效果更明显。通过上述手段，海绵城市可以有效地控制水污染，削减雨水峰值流量，降低内涝风险；同时涵养水资源，补充城市地下水，促进水循环，保护和恢复自然生态系统。为此，要转变过去末端治理的传统观念，通过"渗透、滞流、蓄存、净化、利用、排放"等多种手段和措施，全过程地管理雨水，实现综合、生态排水，实现城市的可持续发展。

3. 有效保护原有的"海绵体"。建海绵城市就要有"海绵体"，城市"海绵体"既包括河、湖、池塘等水系，也包括绿地、花园、可渗透路面这样的城市配套设施。根据2014年11月住房和城乡建设部印发的《海绵城市建设技术指南》（以下简称《指南》），各地应最大限度地保护原有的河湖、湿地、坑塘、沟渠等"海绵体"不受开发活动的影响；受到破坏的"海绵体"也应通过综合运用物理、生物和生态等手段逐步修复，并维持一定比例的生态空间。2015年10月国务院办公厅印发《关于推进海绵城市建设的指导意见》（以下简称《指导意见》），部署推进海绵城市建设工作。《指导意见》指出，建设海绵城市，统筹发挥自然生态功能和人工干预功能，有效控制雨水径流，实现自然积存、自然渗透、自然净化的城市发展方式，有利于修复城市水生态、涵养水资源，增强城市防涝能力，扩大公共产品有效投资，提高新型城镇化质量，促进人与自然和谐发展。通过海绵城市建设，最大限度地减少城市开发建设对生态环境的影响，将70%的降雨就地消纳和利用。到2020年，城市建成区20%以上的面积达到目标要求；到2030年，城市建成区80%以上的面积达到目标要求。

4. 新建一定规模的"海绵体"。根据《指南》，海绵城市建设要以城市建筑、小区、道路、绿地与广场等建设为载体。比如让城市屋顶"绿"起来，"绿色"屋顶在滞留雨水的同时还起到节能减排、缓解热岛效应的功效。道路、广场可以采用透水铺装，特别是城市中的绿地应充分"沉下去"。大幅度减少城市硬覆盖地面，推广透水建材铺装，大力建设雨水花园、储水池塘、湿地公园、下沉式绿地等雨水滞留设施，让雨水自然积存、自然渗透、自然净化，不断提高城市雨水就地蓄积、渗透比例。

5. 海绵城市的建设是个系统工程，不是单纯地挖几条排水沟、建几处景观。首先，要做好顶层设计，因城、因地而异；其次，社会各界应达成共识，认识建设的重要性和艰巨性；最后，在技术和方法上创新，不能简单地套用或复制某一固定模式。要实现海绵城市的建设理念，就要遵循生态优先的原则，将自然途径与人工措施相结合，在确保城市排水防涝安全的前提下，最大限度地实现雨水在城市区域的积存、渗透和净化。

《指导意见》从加强规划引领、统筹有序建设、完善支持政策、抓好组织落实等四个方面，提出了十项具体措施。一是科学编制规划。将雨水年径流总量控制率作为城市规划的刚性控制指标，建立区域雨水排放管理制度。二是严格实施规划。将海绵城市建设要求作为城市规划许可和项目建设的前置条件，严格把关。三是完善标准规范。四是统筹推进新老城区海绵城市建设。从 2015 年起，城市新区要全面落实海绵城市建设要求；老城区要结合棚户区和城乡危房改造、老旧小区有机更新等，以解决城市内涝、雨水收集利用、黑臭水体治理为突破口，推进区域整体治理，逐步实现小雨不积水、大雨不内涝、水体不黑臭、热岛有缓解。五是推进海绵型建筑和相关基础设施建设。推广海绵型建筑与小区、海绵型道路与广场，推进城市排水防涝设施建设和易涝点改造，实施雨污分流，科学布局建设雨水调蓄设施。六是推进公园绿地建设和自然生态修复。推广海绵型公园和绿地，消纳自身雨水，并为蓄滞周边区域雨水提供空间。加强对城市坑塘、河湖、湿地等水体的保护与生态修复。七是创新建设运营机制。鼓励社会资本参与海绵城市投资建设和运营管理，鼓励技术企业与金融资本结合，采用总承包方式承接相关建设项目，发挥整体效益。八是加大政府投入。九是完善融资支持。鼓励相关金融机构加大信贷支持力度，将海绵城市建设项目列入专项建设基金支持范围，支持符合条件的企业发行债券等。十是抓好组织落实。政府是海绵城市建设的责任主体，应统筹协调规划、国土、排水、道路、交通、园林等职能部门，因地制宜地确定海绵城市的控制目标。应在区域规划、城镇体系规划中统筹安排城市的水源、规模、生态布局，同时要通过专项规划衔接各部门规划，推进"多规融合"。

（五）加强绿色公园建设

1. 城市公园建设。结合城乡环境整治、城中村改造、弃置地生态修复等，加大社区公园、街头游园、郊野公园、绿道绿廊等规划建设力度，完善生态园林指标体系，推动生态园林城市建设。加强运营管理，强化公园公共服务属性，严格绿线管制。《城市设施建设意见》提出，到 2015 年，确保老城区人均公园绿地面积不低于 5 平方米、公园绿地服务半径覆盖率不低于 60%。

2. 提升城市绿地功能。《城市设施建设意见》提出到 2015 年，设市城市至少建成一个具有一定规模，水、气、电等设施齐备，功能完善的防灾避险公园。结合城市污水管网、排水防涝设施改造建设，通过透水性铺装，选用耐水湿、吸附净化能力强的植物等，建设下沉式绿地及城市湿地公园，提升城市绿地汇聚雨水、蓄洪排涝、补充地下水、净化生态等功能。此外，在当前城市转型条件成熟、转型基本思路清楚的背景下，应更加关注城市微循环建设，并从微净化、微能源、微更新、微绿地、微医疗等方面对城市微循环建设进行探讨。

六、城乡环境规划的法治保障

环境规划是人类为使环境与经济和社会协调发展而对自身活动和环境所做的空间和时间上的合理安排。其目的是指导人们进行各项环境保护活动，按既定的目标和措施合理分配排污削减量，约束排污者的行为，改善生态环境，防止资源破坏，保障环境保护活动纳入国民经济和社会发展计划，以最小的投资获取最佳的环境效益，促进环境、经济和社会的可持续发展。

早在 1998 年 11 月国务院就印发了《全国生态环境建设规划》，近年来，国务院连续印发了《国务院关于加强城市基础设施建设的意见》（国发〔2013〕36 号）和《国务院办公厅关于加强城市地下管线建设管理的指导意见》（国办发〔2014〕27 号）《国务院关于推进城市地下综合管廊建设的指导意见》（国办发〔2015〕61 号）。2007 年我国制定了《中华人民共和国城乡规划法》，甘肃省于 2009 年制订了《甘肃省城乡规划条例》。

严格执行城乡规划法规定的原则和程序，认真落实城市总体规划由本级政府编制、社会公众参与、同级人大常委会审议、上级政府审批的有关规定。创新规划理念，改进规划方法，把以人为本、尊重自然、传承历史、绿色低碳等理念融入城市规划全过程，增强规划的前瞻性、严肃性和连续性，实现一张蓝图干到底。经依法批准的城市规划，是城市建设和管理的依据，必须严格执行。凡是违反规划的行为都要严肃追究责任。城市总体规划的修改，必须经原审批机关同意，并报同级人大常委会审议通过，从制度上防止随意修改规划等现象。

要深化生态文明体制改革，结合城市总体规划修改，划定城市增长边界和生态红线，把生态文明建设更加充分地体现在"十三五"规划中，提高规划的指导性、针对性和约束力。

加强重点领域环境风险管理，实现健康发展与环境安全；将水资源及生态环境规划纳入城市发展战略规划，支持、鼓励公民和社会组织参与和监督水生态规划的制定和实施过程，确立水生态规划在城乡规划中的基础地位，充分认识和利用水资源的资源功能和生态功能，注重开发和保护水资源在城市发展进程中的历史文化价值，培育和引导亲水产业健康发展。加强企事业单位环境监管，强化企事业环境风险防范的主体责任；建立健全环境损害赔偿制度，严格事后追责；建立环境风险预测预警体系，加强环境风险管控基础能力建设；加强核与辐射安全监管，确保万无一失。

要关注环境健康领域，加强统筹管理和顶层设计。以空间规划为基础、以用途管制为主要手段的国土空间开发保护制度；以空间治理和空间结构优化为主要内容，全市统一、相互衔接、分级管理的空间规划体系。把城市和乡村作为一个整体，通盘考虑、统筹谋划、一体设计，实行城乡总体规划、土地利用总体规划、产业布局总体规划等多规合一，切实解决规划上城乡脱节、重城市轻农村的问题。要按照主体功能区的不同，统筹规划工业与农业、城镇与农村的空间布局，有意识地把城市的居民生活区、工业区、商贸区、物流区、金融区、休闲区、大学区、公务区分开，有针对性地将一些商务区、工业区布局到城郊和农村，以此带动农村发展。

尽快建立以市县级行政区为单元，建立由空间规划、用途管制、领导干部自然资源资产离任审计、差异化绩效考核等构成的空间治理体系。

第十三章　平凉市生态文明与环境法治
建设的不足及完善

一、生态文明与环境法治建设存在的不足

（一）地方环境立法不完善

应该说，经过多年努力，甘肃省生态文明建设已基本实现"有法可依"，但在一些重点领域和关键环节仍然存在立法空白点；已有的相关立法的质量还不能适应经济社会发展的需要和人民群众对生态环境建设的要求，主要表现为：一是有的法规制度设计过于"疲软"，被人戏称为"豆腐条款"；二是立法修改完善工作过于迟缓，跟不上形势发展的需要；三是立法创新不足，可操作性不强。由于《立法法》2015 年修改后才赋予设区的市人大立法权，因而平凉市的立法工作还是空白，缺乏立法经验，如何发挥地方立法为当地生态环境建设服务需要下大功夫。

（二）环境执法力度不够

在生态环境执法方面存在普遍不力的情况。在进行重大经济发展规划和生产力布局时没有进行环境影响评价，个别地方政府和部门甚至知法犯法，作出明显违反环境法律规范

的经济发展决策。个别政府部门和领导环境意识和环境法制观念极其淡薄，以权代法、以亲代法，干预、阻碍环境主管部门的行政执法，对企业违反环保法规，造成严重后果的行为听之任之，有些领导还为之说情护短，采取"大事化小、小事化了"的息事宁人办法，帮助企业和有关责任人逃避法律制裁。环境法学家孙佑海曾表示，我国符合环境法律法规要求的行为只占到30%左右，有70%左右的环境法律法规没有得到遵守。依法办事就可以减少70%的主要污染物，但由于没有很好地实施环境法律法规，有49%左右的主要污染物没有依法得到控制而排放到环境之中，实施环境法治本应达到的效果大打折扣。[1]可以说，对于当前严重的环境问题的产生，执法不力有着不可推卸的责任。

法治是法律权威和自由的结合。法律既是自由的宣言和保障，也是对自由的界定和约束。孟德斯鸠认为，"自由是做法律所许可的一切事情的权利；如果一个人能做法律所禁止的事情，他就不再有自由了，因为其他人也同样会有这个权利"，"自由仅仅是：一个人能够做他应该做的事情，而不被强迫做他不应该做的事情"，"自由这个名字，在罗马人和希腊人的想象里，就是这样一个国家：那里的人只受法律的约束，那里的法律比人还要有权力"。洛克在他的《政府论》中认为："法律的目的不是废除或限制自由，而是保护和扩大自由。这是因为在一切能够接受法律支配的人类状态中，哪里没有法律，那里就没有自由。这是因为自由意味着不受他人的束缚和强暴，而哪里没有法律，那里就不能有这种自由。"在法治国家，法律是正义与非正义行为之间的界限，

---

〔1〕 郄建荣："七成左右环保法规未得到遵守"，载《法制日报》2013年7月31日。

是评判人们行为合法与否、正当与否的权威标准。法治社会"以法为据"，公权机关应依法办事，所有社会成员应遵守法律。法院独立（审判不屈服于任何外部权势压力而只服从法律）、公正（只站在法律的立场上）的司法是实现法治的必要条件，法院有权对案件做终极的司法审查。国家行政机关和其他公权机关同样必须公正、严格地执行法律，一支高素质的司法、执法队伍是实现法治的基本条件。

（三）环境司法存在缺陷

现行法律没有规定公民应享有的空气质量权利。但是良好的空气质量是每个公民都应享有的权利。一切单位和个人都有享用良好大气环境的清洁空气权，也有保护大气环境的义务，并有依法获取大气环境信息、参与大气环境行政决策、监督大气环境污染行为和进行大气环境诉讼等权利。在生态环境和资源保护、国有资产保护、国有土地使用权出让、食品药品安全等领域，造成国家和社会公共利益受到侵害的案件时有发生。根据传统法理，提起行政诉讼的原告只能是与行政行为有法律上直接利害关系的当事人。这就使得许多损害公共利益的行政行为由于没有特定的受害人，而被排除在行政诉讼的审查范围之外，进而导致遭受损害的公共利益得不到充分、有效的维护，由此引发的社会矛盾、纠纷也得不到及时、有效的化解。针对情况较为特殊的公法争议事件，为维护公共利益，应当允许有关组织或个人能够代表公益或代表没有能力起诉的弱势群体，就行政机关的违法行为提起公益诉讼。

（四）环境法律监督不足

法律监督是否健全是环境法治的重要标志。实行环境法治必须对权力实行民主监督，建立健全法律监督制度。法治强调法律权威高于个别领导人的权威，强调法律对公权机关特别是政府权力的权威，认为公权机关和国家领导人必须置于法律的权威之下，"法无规定即无权"，公权机关必须接受法律的监督。法治社会公权机关或政府的权力在法律上是有限的、分权的、负责任的。只有在环境保护领域加强人大对"一府两院"的监督，加强社会团体和公众对环境保护法律实施的监督，形成社会团体和公众监督检查有关法律实施的机制和制度，才能确保经济、社会和环境的可持续发展。如瑞士，许多地方环保的议案都需要在议会投票或是全民公投才能通过。[1]

在法治国家，法律和政府都必须尊重和维护人民的民主和自由。人民有权参与法律的实施和对法律实施的监督，公开而自由的公众参与和公众监督是实现法治的必要条件。环境是人类生存发展的基本条件，人民是保护环境的主力。因此，要实现环境法治，必须从法律上确立人民在协调人与环境关系方面的主导地位和决定性作用，确认和保障公民的环境权。尊重包括公民环境权在内的基本人权，实现公众参与，是环境法治区别于人治的最根本的价值追求。环境污染、生态破坏及人与自然关系失调问题，首先是政府责任问题，"环保靠政府"；环境法治应约束政府影响环境的行为，要先"治官"，而不能只强调治民。在市场经济、政治民主和文化多元化并驾齐驱的时代，体现社会精神文明的价值取向应是环境法治文明。就环境民主化而言，环境民主的产生与运作必须建立在环境法治的基础上，环境民主化的价值取向必然要求环境民主的法治化。环境民主的法治意味着以法治抑制

---

〔1〕 李盛明、柳路："瑞士生态建设有三宝：'教育、制度、网络'"，载《光明日报》2015 年 6 月 27 日。

"政治人"和"商业人"的道德恶性，使污染破坏环境者无法任意横行。依法保护环境就是依照表现为法律形式的人民意志来保护环境，而不是按照个人的意志或长官意志来管理环境。如果没有环境民主和公众参与，就没有环境法治。环境民主和公众参与，既是环境法的一项基本原则，也是环境保护的坚实基础。从某种意义上讲，环境民主与环境法制的有机结合、公众参与加环境法制就是环境法治。因此，实行环境法治必须以环境民主为基础，确定和保障公民的环境权，将环境民主与环境法制结合起来。

（五）干群守法意识薄弱

良好环境质量既要各级政府勇于担当，也要环保部门监管到位；既要企业改变生产方式，守法达标，还要公众转变生活方式，人人参与。平凉公众的环保守法意识相对薄弱，如记者反映，沿平凉中心城区东西大街由西向东行走，看到绿化带的垃圾遍地，而且是人流量越大的地段垃圾越多。垃圾中纸屑、塑料袋、烟头最多，粪便、呕吐物、剩饭菜等肮脏不堪，还有人将建筑垃圾、废旧工具扔到绿化带中，使其变成了肮脏的垃圾带。[1]

每个人既是环境污染的"生产者"，也是"消费者"；既是"受害者"，也是"贡献者"。相关资料显示：如今，机动车尾气已成为不少大中城市大气污染物的重要来源，公众消费领域的碳排放已经达到总体碳排放的30%，这就决定了治理环境污染既要靠政府统领、企业施治，更需要全民参与、共同奋斗。一方面，政府治污的制度设计和处置过程应当接受社会监督，因为让公众积极地参与环评，不仅是维护自身

---

〔1〕 姜慧仁："东西大街：绿化带变成垃圾带"，载《平凉日报》2015 年 8 月 31 日。

权益，而且是实践公民的责任和意识，对于弥补执法力量的不足也有积极作用；另一方面，公众应在日常生活中植入绿色环保理念，尽最大努力减少污染物排放。例如，每周少开一天车，尽量选择公共交通工具出行；做好家居环境的绿化工作；积极参加植树造林活动……或许有人会说，开一天车能污染多少空气？据专家测算，如果小型汽车日行驶 25 公里，消耗"国三"标准的 93 号汽油 2.5 升，即可排放 0.6 克二氧化硫，大约污染 5940 立方米空气。面对如此确凿的数据，我们还能说开一天车造成的污染无足轻重，还能认为大气污染的形成与自己无关吗？

良好的生态环境是全社会的共同财富，改善大气环境是每个人义不容辞的责任。全体社会成员能否坚持法治、文明、节约、绿色的消费方式和生活习惯，能否从自身做起，从点滴做起，直接影响着天能否更蓝、风能否更清。目前国家倡导的"节能减排全民行动"，少了谁的支持都不行。只有每个人都行动起来，少开车、少开空调，逢年过节少燃放烟花爆竹，不在户外烧烤，良好的生态环境才会形成。

二、生态文明与环境法治建设存在不足的原因

（一）消费文化的缺陷

一个社会的消费文化，在一定意义上反映了一个社会的消费理念。

1. 传统文化的桎梏。

（1）中国文化特有的爱面子。由中国传统文化中的"礼"演变出了中国特有的"面子"文化，经过几千年的发展后，时至今日人们对面子更加看重。在人际交往中讲究自己的形象和在他人心目中的地位，重视脸面。近年来的研究

表明，与其他国家相比，中国人尤其注意通过印象整饰和角色扮演在他人心中有一个好印象，获得一个众人赞誉的好名声，中国人对于丢脸之事是深恶痛绝。面对露脸则心驰神往，所以中国人特别注重给别人和自己留面子。反映在消费者心理中，中国人过于看重体面的消费，过于看重与自己身份一致与周围他人一致的求同心理和人情消费，在许多时候甚至是"死要面子活受罪"。讲排场，摆阔气，浪费严重。

（2）重视人际关系。中国是一个"关系导向"的社会，中国文化重义轻利，重视人情关系。关系文化是中国特色文化之一，更被视为了解中国消费者行为的核心概念。在关系主义下，消费者的交易活动往往不是单纯的经济利益算计，还有人情往来、互惠交换问题等微妙复杂的方面。消费者的购买行为往往不仅仅是一次经济交易，而且是种社会互动和关系交往。即凡有婚丧嫁娶之类的事，都要赠送礼品或现金，送"礼"是普遍存在的现象，是人们相互传递感情和美好愿望的一种必不可少的手段。中国人送礼注重包装、内容和价格，包装越豪华越高贵，礼品越高档，也就越显示出送礼人的"诚意"。"只买贵的，不买对的"。礼品消费构成中国人消费行为特色之一。

2. 西方消费主义文化的影响。随着消费社会的全球化渗透和中国社会消费水平的逐渐提高，由西方消费主义文化和消费者自身物欲膨胀带来的一系列消费观念，如奢侈消费、享受消费、符号消费等逐渐影响中国社会消费现状，而由此带来的自然生态环境问题日趋严重。

西方消费主义通过支持"大量生产，大量消费，大量废弃"以及"先增长、先污染、后治理"的现代生产生活方式，导致了全球性的生态危机加重，消费主义文化的生态向度严重缺失，以贪得无厌的掠夺式方式去消费资源、能源，追求高档的物质生活，习惯于用过即扔、显示身份的浪费。当下的中国社会，节俭消费文化、过度超前消费文化以及适度合理消费文化三者并存，由于受西方消费文化的影响，过度超前消费文化发展比较突出。据统计，国内每年因生产1000万箱一次性木筷，会失去500万立方米木材，需要砍伐2500万棵树木；2013年，全球奢侈品市场总容量达到创纪录的2170亿美元，全年增长率为11%，其中，中国人奢侈品消费总额为1020亿美元，相当于中国人买走全球47%的奢侈品。[1]

这种过度消费、超前消费的方式会对环境造成巨大破坏，也影响着人类自身的可持续发展。比如，中国现在非常流行吃虫草，虫草价格不断走高且供不应求。每挖1条虫草，就得掘地8~12厘米深，刨出约30立方厘米土壤，留下坑洞。"挖草人"驻扎帐篷、生火做饭、踩踏草木，不仅打破了高山草甸的宁静和生态平衡，更使其"千疮百孔"。这些坑洞寸草不生，很可能将整片草甸推上沙化、荒漠化的"不归路"。

（二）发展观念的诱致

从产业发展现状看，平凉市产业层次低、结构偏重、自主创新能力差，还处于工业化中期阶段；农业产业化程度不高，生产落后；工业还没有摆脱粗放式的增长模式，为资源偏重型结构；第三产业水平低，以传统服务行业为主。经济增长主要靠传统的产品和传统的生产方式，属于粗放式经营。很多企业规模小，竞争力不强。产品的技术水平和产品附加

---

〔1〕 陈若松、刘伟雄："消费文化应彰显生态文明维度"，载《光明日报》2015年3月2日。

值低下，质量较差。在传统发展观念的影响下，片面追求经济的发展，不惜以牺牲资源、环境为代价，依然存在"环境换增长"的发展模式，大量引进资金，开办矿山，挖掘资源，盲目追求 GDP，狭隘地从发展本地经济的角度出发，没有坚持"环境、经济与社会协调、持续发展"的环境法基本原则，自觉不自觉地走上了"重开发，轻保护""先污染，后治理"的传统发展的道路。

（三）法律意识的匮乏

学者梁治平先生在论述我国法实施时指出，"中国固然制定了不少的法律，但人们实际上的价值观念与现行法律是有差距的。而且，情况往往是，制度是现代化的或近于现代化的，意识则是传统的或更近于传统的。"而由一群具有浓厚传统意识的人来执行先进的法律，其后果诚如现代化学者阿历克斯·英格尔斯一针见血指出的那样，"如果执行和运用着这些现代制度的人，自身还没有从心理、思想、态度和行为方式上都经历一个向现代化的转变，失败和畸形发展的悲剧结局是不可避免的，再完美的现代制度和管理方式，再先进的技术工艺，也会在一群传统人手中变成废纸一堆。"以上学者鞭辟入里的分析仿佛专门针对我国生态环境法的实施状况而发，我国生态环境法的实施现状告诉我们，如果没有公众的普遍守法意识，如果公众还继续把生态环境法看作是可有可无、可遵守可不遵守的"软法"，那么再完备的生态环境立法也仅仅是纸面上的东西，而绝不可能镌刻在公众的心里并落实到他们的自觉行动中。

（四）监督机制的失灵

我国长期存在保护弱、发展强，或者一拨人搞发展、一拨人搞保护，这种负向激励制度不利于加快补齐生态环境短板。加之目前还缺乏公民权利对政府权力的监督机制，导致一些地方政府只重视 GDP 指标，而对环境污染问题置之不理。要加强对政府环境治理的政绩考核，加重政府的责任，如果因为发展经济，环境受到严重污染，就应该追究政府的责任。

（五）公众参与程度低，力量薄弱，多数流于形式

在许多地方的项目建设中涉及敏感的环境问题，由于社会公众无法参与到环境问题的解决过程中，产生了众多谣言，引起公众误解、恐慌，对政府环境决策的不信任。一些地方的政府、环保部门、舆论界甚至公众自身对环境保护中公众参与的主体地位和作用尚存在模糊认识。如果这一问题得不到顺利解决，就无法真正从根本上约束一切不利于环境质量改善的社会经济活动的产生，环境保护就难以取得预期的成效，生态文明建设的大业就难以实现。公众参与正成为环境保护的一支不可忽视的力量，只有唤醒公众的环保意识，才能走上可持续发展之路。要最大限度地减少造成环境灾害的行为因素，就必须唤起全民的警觉。因此，确立环境保护中公众的主体地位，引导公众从表达激愤民情的群体运动转变为理性思辨的公民参与，提高公众参与的能力，是摆在各级政府、环保部门以及宣传媒体面前亟待解决的首要问题，政府应该把加强信息公开和公众参与作为加强环境影响评价工作的一个重要举措。

（六）基层环保执法能力薄弱

基层环保执法能力一直处于薄弱环节，这直接影响到新环保法的落地生根。新环保法实施后，强化了环保属地管理责任。按照行政体制改革的要求，能下放的环境审批管理权限，全部下放到县（市）区一级环保部门。然而，权力的下

放带来的却不是效率的提升。由于县（市）区环保部门在短时间内承接的任务急剧增加，使得新法的贯彻落实在县（市）区一级容易出现虚化和缺位的问题。由于配套制度不完善、地方保障不充分等原因，基层环保建设投入少、不系统、不规范，基层环保监管人员数量不足素质不高、执法基础条件差、经费保障不足、专业技术力量弱、工资待遇低等诸多问题，使得环境监管在基层存在着实施法律和实际执法的脱节现象，难以满足实际执法需要，基层执法队伍和能力远不能适应新环保法的要求。相对而言，城市项目审批比较规范，环保设施安装比较完备，而县乡却因相关执法审批触角延伸不到，仍然存在不少被国家禁止的小作坊。有90%以上的环保违法企业都位处乡镇，基层环保机构的工作任务日益繁重。全市环保执法人员数量与所面临的繁重任务明显不成正比。全市共有318名环保工作人员，还有事业编制人员和聘用人员，县区环境监察执法人员仅为100人，平均每人要负责的面积为1000多平方公里。随着新环保法的贯彻实施和行政体制改革深入推进，基层环境监管任务急剧增加，执法对象点多、面广、源杂，部分地区执法人员工作复核远超合理范围，疲于应付。由于缺乏统一执法服装、执法人员"势单力薄"，基层环保执法人员的执法身份极为尴尬，基层环保执法人员对违法企业缺乏威慑力，执法过程中经常发生遭遇企业阻拦甚至被殴打的情况，也增加了执法过程中的不安全性。基层环保队伍经费得不到保障，靠收取排污费"吃饭"，这样一种不合理的现象导致基层环保机构从人员素质到装备和执法能力都难以禁止现行的大量违法行为。

（七）生态文明建设的力量分散

除环保部门外，污染防治和资源保护职能分散在矿产、林业、农业、水利、发改委、财政、国土等部门。习近平总书记指出，"由一个部门负责领土范围内所有国土空间用途管制职责，对山水林田湖进行统一保护、统一修复是十分必要的。"让相关各方形成你中有我、我中有你的共生局面，才能真正实现山水相连，花鸟相依，人与自然和谐相处。

三、平凉市生态文明与环境法治建设的完善

近年来，平凉市在经济发展中面临的资源环境压力加大，转方式调结构的任务日益迫切，人民群众对生态环境的要求越来越高，共享发展的"绿色福利"成为群众幸福生活的重要方面。这些任务对生态文明法治建设提出了更高要求。法治既是治国理政的基本方式，同时也是调节人与人关系、人与自然关系的重要方式。正如习近平总书记要求的，"重大改革要于法有据"，生态文明建设也是如此，必须坚持以体制机制创新为动力，以生态文明立法为引领，更多运用法治思维、法治方式推进生态文明建设，实现人与自然的和谐相处、经济社会可持续发展。

（一）健全地方生态文明环境保护的立法

1. 树立生态文明建设地方立法的新理念。生态文明作为一种新型的文明形态，在建设过程中将面临诸多新的挑战，遇到各种新的社会问题。告别传统就意味着旧的生活图景与秩序发生改观，而新的图景和秩序将始终处在建构状态之中。这就要求我们在立法时进行相应的观念更新，以新型的生态文明观指导地方立法，在思想意识上从过去的"征服自然"理念向"人与自然和谐相处"的理念转变；从过去的以过度消耗资源、破坏环境为代价的增长模式，向增强可持续发展

能力、实现经济社会又好又快发展的模式转变；从过去的把增长简单地等同于发展的理念向以人的全面发展为核心的发展理念转变。可持续发展的核心仍是"发展"，这个发展不仅强调经济增长的数量，还要强调经济增长的质量，在经济社会的发展中尊重自然、保护自然、合理利用自然。人民群众希望安居、乐业、富裕，也希望山清、水秀、天蓝。山清水秀但贫穷落后，不是我们的追求；殷实小康但资源枯竭、环境污染，同样不是我们的目标，必须把"百姓富"与"生态美"有机结合起来。因此，地方立法首先要在理念上实现"绿色转型"，打破传统的单线条的经济发展观，强调在环境的承载力以内发展经济，在努力协调经济、社会、生态三者可持续发展的同时，优先考虑对生态环境可持续发展的促进，为建设一个能永续提供自然资源、生态系统良性循环的优美自然环境提供制度依据。

2. 丰富生态文明建设地方立法的新内容。生态文明建设是一个综合性问题，是一项长期而艰巨的系统工程，涉及政府各部门和社会各领域，需要构建完善的生态环境保护法规体系。当前和今后一个时期，生态文明建设立法应着重围绕平凉市优化国土空间开发格局、构建主体功能明确的区域发展体系；推进经济发展方式转变、构建绿色发展的生态经济体系；全面促进资源节约、构建可持续的资源支撑体系；强化生态建设与保护、构建生态安全的保障体系；加强环境综合整治、构建宜居宜业的生态人居体系；大力培育生态文化、构建全民参与的社会行动体系"六大体系"建设，加强相关立法，为全面推进生态文明建设提供法制保障。

3. 完善生态文明建设地方立法的新方式。党的十八大报告指出，"社会主义协商民主是我国人民民主的重要形式。

要完善协商民主制度和工作机制，推进协商民主广泛、多层、制度化发展。"所谓协商民主，又称商谈民主、审议民主，是当代民主政治最重要的发展之一。哈贝马斯认为，在现代民主法治国家中，合法之法产生于以商谈原则为基础的民主立法程序。与过去相比，立法过程已不可避免地成为不同利益群体间的博弈过程，不同部门、行业、群体都力图通过参与影响立法决策，为自己争取权利和利益。由于生态环境具有公共物品的性质，因此与生态环境相关的法律带有超越私法领域的公共性立法的性质，从而也决定了其公众性。公众参与是保证其公共性最重要的方式，特别是生态文明领域立法多是规范公众普遍关注、反映强烈的问题，是在矛盾的焦点上"砍一刀"，这就要求在立法工作中加强协商环节。生态问题与每一个人都息息相关，每一个人都是环境的主人。每一个公民都有权利，也有义务参与到生态文明立法中。所以地方立法中应当更加细化和明确公众参与环境保护的权利和义务，为公众参与生态环境保护建设以及重大决策提供具体的实质规定和可操作的程序性规定，引导和促进公众积极介入和参与环境保护。在法规草案起草环节，就要充分利用大众传媒，广泛征求公民的意见和建议。通过问卷调查、召开座谈会、专题讨论会、立法听证会，广泛征求意见，尽力使各阶层的利益和要求在立法中都能得到体现和协调，以使立法具有更强的协商民主性。要把提高协商主体的广泛性和平等性、扩大公众的有效参与的深度与广度，作为科学立法、民主立法的着力点。公民深度地参与立法协商，使老百姓不再只是法律的接受者，而且还是法律制定的参与者，使老百姓所接受的法律不再是国家强加的，而是自己所同意的法律，使法规取得公民发自内心的真切认同，促进法规的有效实施。

人大常委会审议时，目前一般采取分组审议形式，委员们经常是各说各话，各自发表一通观点了事，相互之间少有观点交锋，缺乏"偏好转换"程序。因此，要创新审议形式，通过联组会议形式促进委员审议法规时的良性沟通。让委员在信息充分、机会平等的条件下，对立法和决策进行公开讨论，以辩论、说理、协商的方式，形成公共理性，特别是要在单纯陈述的基础上引入辩论程序，持各种不同意见的委员就法规内容展开讨论、辩驳，加强互动、沟通、交流，把问题议深议透，直至找出符合实际的制度设计。只有这样，才能使地方立法对各种利益关系的协调更为理性、科学，才会有真正的"大多数人的意志"的法产生。

4. 注重在生态文明建设立法中突出地方特色。地方特色是地方立法的生命，也是衡量地方立法质量和价值的一个基本标准。地方特色越突出，针对性和可操作性越强，越能解决生态文明建设的实际问题，对平凉经济社会发展的作用也越大。

5. 注重在生态文明建设立法中总结提炼实践经验。实践是检验真理的唯一标准，立法是实践经验的总结，立法条文来自于人民群众的实践探索。要以保障和改善民生为重点，着力研究解决人民群众普遍关心的问题，让人民群众享受到更多的"绿色福利"。加强固体废物污染环境防治，加强对"地沟油"等危害人民群众身体健康的餐厨垃圾的收集、运输、处置的监督管理，并对农村生活垃圾处理、电子废弃物回收管理、畜禽养殖业污染防治、危险废物、一次性医疗垃圾处理等社会关注的热点问题作出有针对性的规定，维护全市生态环境安全，保障人民身体健康。饮用水安全是人民群众十分关注的热点问题。禁止在饮用水源地保护区范围内新建、扩建建设项目，保证老百姓喝上放心水。

（二）严格执行保护生态文明的法律

十八届四中全会决定提出，要"用严格的法律制度保护生态环境，强化生产者环境保护的法律责任，大幅度提高违法成本"，新修订的环保法确立了"损害者担责"的新基本原则。在目前生态治理实践中，有法不依、执法不严、违法不究现象是当前最为突出的问题。生态治理中不仅有"法"，还有"治"，"法"是"治"的根据和前提，"治"是"法"的执行和实践。如果不能严格执法，那么再完善的生态良法都只能停留在纸面上，生态执法需要清晰的法制观念和法治意识，保障生态执法的实效性。法治的基本原则必须是官方行为与法律的一致，没有这一原则，就等于什么也没有。生态环境执法中的执法不力所带来的不仅仅是环境污染和生态资源破坏愈演愈烈的恶果，而且还严重损害了政府在人民群众心目中的形象，动摇了群众对法律的信任。因为民众如果从经验中得出连政府都带头不守法的法律经验，将会从根本上动摇他们关于法律的信念，甚至使人们失去对法律的信心，更不必说树立法律至上的观念了。

第一，各级政府部门要切实转变观念，去除那种将"发展就是硬道理"庸俗地理解为经济增长就是发展的全部内涵，将经济发展与生态环境保护对立起来的错误认识。

第二，加大干扰执法的惩处力度。这就是以更加严厉的法律手段对那些干扰环境执法的部门和个人进行惩罚，不仅有经济处罚，而且有刑事处罚。只有加大惩处力度，才能真正提高环境破坏者和干扰环境执法者的违法成本，真正让环境破坏者和干扰环境执法者产生敬畏之心，进而树立环境保护意识和生态文明意识。同时，执法者要不断提高自身素质，增强法治观念，在环境执法时做到勇于执法、敢于执法、严格执法、依法执法。为此，必须建立一套人民检察院环境司法监督机制，进一步完善各级权力机关、行政机关、各政党、各人民团体以及广大人民群众对生态环境执法的监督，以切实保障环境执法依法进行。把环评审批、核发排污许可证等重点环境保护工作纳入窗口服务，设立职工岗位牌，自觉接受群众监督。严格落实首问责任制、一次性告知制、限时办结制、服务公开制、廉洁行政制等制度，做到以制度规范工作程序，以制度规范人员行为，切实提高职工的服务意识，树立环保窗口的良好形象。同时，深入开展环境监管全覆盖活动，对排放污染物的单位实现全面监管，严厉打击企业违法排污行为，结合污染物总量减排、大气污染防治、环保执法检查年等活动，持续开展"整治违法排污企业保障群众健康"环保专项行动，对辖区内重点区域、重点流域、重点污染源实行严密监管，建设平安环保。2015年平凉市在环境污染治理工作中实施一系列严厉措施，每月对确定的72户市级重点监管企业和79户县级重点监管企业的主要污染物排放、重金属污染防治、危险废物和工业固体废物管理、核与辐射安全监管、环保设施及自动监控设备运行等情况进行一次全面监察。市、县（区）对监察结果依法依规在环保部门网站进行公示，向社会公开环境违法企业"黑名单"，着力解决影响环境安全的突出问题。

第三，加强规范性体制机制建设。如何建立健全完善的生态文明法律制度体系，充分有效地保障生态文明制度建设，用制度管理生态实践，需要不断完善规范性的体制机制。加强规范性体制机制建设一方面要保证这些体制机制的合法性，符合法律规范；另一方面也要保证这些体制机制的可操作性，能够切实指导人们依法治理生态环境。

第四，各部门联合协同执法。联合执法治污在国内已不是新鲜事了，早在2013年，环保部和公安部就联合出台意见，要求加强环境保护与公安部门的执法衔接配合。当年9月，河北省公安厅在全国率先成立环境安全保卫总队，专业打击环境污染犯罪。2015年国家最高检察院、公安部、环保部三部门联合挂牌督办环境案件，体现出打击环境污染犯罪的坚强决心。三部门协同执法，可望解决环境执法面临的"以罚代刑"以及"发现难、立案难、查证难、处理难、阻力大"等问题。在环境执法方面，最突出的问题就是现有法律手段在运用中未达到最佳效果，共治不足，执法监督不力；各级政府责任不够清晰、过于分散，部门及区域间协调不足，部门保护主义突出；执法能力和资源不足，存在不适当的行政干预。通过建立案件查办合作机制等方式，引导、督促行政执法机关提高办案水平、效率。在行政执法中，"多龙治水"的格局有利有弊。利在于，它能够比一个部门更有监管的资源，过去经常说"一个部门管不了"，但新的问题就是"多个部门管不好"。从理论上来说，多部门在相关环节分别进行监管，能够堵塞漏洞，并且能够相互制约，但在实践中，这种"多龙治水"的现象容易产生执法漏洞、执法盲区，存在执法真空地带以及执法缝隙。从老百姓的感觉来看，效率低下，出了问题则有了互相推诿扯皮的借口。习近平总书记多次指出，要像保护眼睛一样保护生态环境，像对待生命一样对待生态环境。当下，相关部门合力打击环境污染犯罪活动，为生态文明建设提供有力的法治保障，已成必然选择。当然，在具体实践中，相关部门一是要以高度的责任心和使命感恪尽职守，做好分内之事，尤其是不得轻纵犯罪；再就

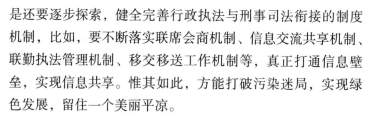

是还要逐步探索，健全完善行政执法与刑事司法衔接的制度机制，比如，要不断落实联席会商机制、信息交流共享机制、联勤执法管理机制、移交移送工作机制等，真正打通信息壁垒，实现信息共享。惟其如此，方能打破污染迷局，实现绿色发展，留住一个美丽平凉。

（三）建立健全环境保护的司法机制

1. 建立健全环境公益诉讼制度。很多环境污染案件所损害的是公共生态环境功能，要么缺乏明确具体的受害人，要么就是危害后果相当漫长，表现也不是很直接。除非出现类似化工企业爆炸、饮用水源被污染等极端后果，并引起社会公众强烈不满，一般情况下很少有人去关注环境污染处理是否到位、处罚是否得当。而这恰恰是政府各部门联手形成强势惩治态势的意义所在。公众之事需要公权力出面维护公平和正义。建立公益诉讼制度是我国司法改革的一项重大举措，2012 年《民事诉讼法》修订后，民事公益诉讼在环保、消费者权益保障等方面率先起步，2015 年 5 月 5 日，中央全面深化改革领导小组第十二次会议审议通过了《检察机关提起公益诉讼改革试点方案》，2015 年 7 月 1 日，十二届全国人大常委会第十五次会议授权最高人民检察院在部分地区开展公益诉讼改革试点工作。实现了诉讼利益由"原告个人利益"向"公益与私益平衡"过渡的有益探索。2012 年修订的《民事诉讼法》和 2014 年修订的《环境保护法》赋予部分社会组织环境公益诉讼主体资格，环境公益诉讼获得从无法律依据到有明确法律规定的突破，但在司法实践中环境公益诉讼仍寥寥无几。分析其中原因，主要是政策与资金的匮乏，此外，归属于地方的环保组织还要顶住地方压力，而一些技术问题也限制了环境公益诉讼的开展，比如环境公益诉讼损害赔偿资金的归属问题等。此外，法院受理公益诉讼的必要条件比较严格，首先，在法律程序中，要有相关证据证明侵害事实；其次，要属于法院管辖的范围；最后，案件没有超过诉讼时效。2014 年全国人大常委会通过了"史上最严"环保法修订案。其中，备受关注的环保公益诉讼主体也在有限放开，"依法在设区的市级以上人民政府民政部门登记，专门从事环境保护公益活动连续 5 年以上，且无违法记录的社会组织，可以向人民法院提起诉讼"。目前国内符合上述条件的社会组织有 300 家左右。而在实践层面，包括中华环保联合会在内的社会组织，仍面临立案难等现实问题。2015 年 1月 7 日施行的《最高人民法院关于审理环境民事公益诉讼案件适用法律若干问题的解释》规定，社会组织可提起环境民事公益诉讼，环境民事公益诉讼案件可跨行政区划管辖，同一污染环境行为的私益诉讼可搭公益诉讼"便车"。从法律层面上，确立公益诉讼制度，无疑是一个巨大的进步。它使得公益诉讼的提起者，在检察机关之外又添加社会团体这一帮手。相较于以调整个人之间利害冲突为主的民事诉讼，公益诉讼不仅具有纠纷解决、公共利益维护、不当行为纠正等功能，还具有形成社会公共政策、创设或扩展权利、制约公权等特殊功能。可以说，通过民诉法和环保法"变法"，对公益诉讼的主体资格进行确认，既是现实的迫切需要，更是构建法治社会的一个有效途径。但也必须看到，公益诉讼制度的确立并非一蹴而就：一方面，与国外相比我国社会公益组织发育相对落后，在公益诉讼的调查取证等方面仍受到诸多限制，如 2014 年 12 月 26 日发布的《最高人民法院、民政部、环境保护部关于贯彻实施环境公益诉讼制度的通知》。消除这些限制就要求在清除法律障碍之后，还要赋予社会团体一定的独立调查权；另一方面，此次修法并没有承认个人公益诉讼主体的资格，是一件憾事。

新民诉法修改以后，环保组织在各地提交了一些诉状，但由于法院的拖延，大多没有得到立案。在法院能否立案，对于公益诉讼已经形成很大的阻碍，这说明我国的立法和司法实践有脱节的问题，对司法保障的监督制约机制不是很有利。

并且，行政公益诉讼仍是空白。尽管公权力的运行应当以维护和增进公共利益为取向，但实践中，一些行政机关超越权限、不作为或违法履行职责的行为不仅无法维护公共利益，而且损害了公共利益。

由检察机关依法提起公益诉讼，追究行政机关的法律责任，对于强化司法权对行政权的监督、制约作用，十分必要。根据《行政诉讼法》的规定，检察机关在行政诉讼中实施法律监督的方式主要有两种，一是按照审判监督程序提出抗诉，二是提出检察建议。应当借鉴刑事公诉制度，对某些损害公共利益的行政行为，允许检察机关依法提起行政公益诉讼。由检察机关提起行政公益诉讼，较之于不特定的个人或团体，在优化司法资源配置、保证诉讼公平效率等方面具有优势，能最大限度地维护国家、社会和相关群体的利益。正因为如此，党的十八届四中全会通过的《关于全面推进依法治国若干重大问题的决定》，明确提出要探索建立检察机关提起公益诉讼的制度。特别是中央深改组通过的《检察机关提起公益诉讼改革试点方案》，是继《民事诉讼法》修订将公益诉讼纳入法律规定后，我国公益诉讼制度即将迎来的又一次重大改变。建立检察机关提起公益诉讼制度是一项具有前瞻性、创新性和重要现实意义的改革举措。我国的各级人民检察院是国家法律监督机关，承担着维护公共利益、保证和监督法律实施的重要使命。相对于一般的社会组织及机构而言，检察院对违法犯罪行为提起诉讼，更能显示国家维护公益的鲜明态度及坚定立场。当危害生态环境等公共利益的重大违法事件发生后，普通公民或相关组织可能因为种种原因不愿起诉或因受到客观阻碍无法诉讼，而各级人民检察院却完全可以站在全局和维护公共利益的立场上承担起诉讼监督、制裁违法的职责。对于没有适格主体或适格主体不起诉的民事公益诉讼案件和行政机关逾期未纠正违法或仍然怠于履职的行政公益诉讼案件提起诉讼，有助于"保护公益"。这项制度的建立不仅有助于健全和完善我国的检察监督制度，同时也有利于监督行政机关依法行使职权，为法治政府建设提供有力的法律保障。

第一，明确检察机关在行政公益诉讼中的定位。检察机关在公益诉讼中的身份应当是公共利益的代表，提起公益诉讼的目的不是为了维护检察机关自身的利益，也不是单纯地实施法律监督，而是为了保护公共利益。

第二，应合理界定行政公益诉讼的对象和范围。探索之初可限定在国有资产保护、国有土地使用权转让、生态环境和资源保护等案件范围内。

第三，明确启动的程序。由社会团体或者自然人请求检察机关提起，也可以由检察机关发现并提起，检察机关发现行政违法行为的，不宜直接提起公益诉讼，应当先督促纠正，发出检察建议，在其措施未果的情况下，再提起公益诉讼。

第四，明确检察机关提起公益诉讼的效力，检察机关提起的行政公益诉讼，相当于刑事公诉，法院应当受理，不能驳回起诉或不予受理。在诉讼后果方面，检察机关对一审判决不服时，提起抗诉可能更合适，因为检察机关不仅代表公共利益，而且还有法律监督职能。

2. 确立公民个人为公益诉讼主体。国外环境法领域中的公民诉讼制度，对于治理环境污染起到了很大的作用。比如美国法律规定，公众可以对政府审批是否符合"清洁空气法"提出异议，要求法院责令国家环保局作为。

这一制度产生的部分原因是，政府永远不可能拥有足够的执法资源在全国范围内监测每一个污染源，而居住在污染源附近的公民常常是监督违法排污行为最经济、最有效的监控者。但在我国，环境保护的诉讼制度还不健全。据媒体统计，截至 2015 年底，全国环保法庭的数字已达 153 家以上。但这些专门的环保法庭大部分都是门庭冷落，甚至无案可理。

我国公民对环保公益诉讼积极性不高的原因主要在于取证难。因为我国的《民事诉讼法》明确规定"谁主张，谁举证"，到法院起诉一定要证明自己受到了损害，并指明是对方的行为直接导致了自己的损害。2013 年 1 月 1 日，我国新修改的《民事诉讼法》正式施行，修改后的法律增加规定，对污染环境、侵害众多消费者合法权益等损害社会公共利益的行为，法律规定的机关和有关组织可以向人民法院提起诉讼，但并没有规定公民个人可以作为公益诉讼的主体。

环境公益诉讼的主体资格还没有放开，目前能提起公益诉讼的仅限于环保联合会等组织。在实践中，当环境污染等损害社会公众利益的行为发生时，仅仅由有关机关、社会团体提起诉讼是不够的。比如环境污染事件，有不少是在地方政府的默许或者纵容下造成的，让当地的或者半官方的环保组织进行诉讼，很不现实。环境污染问题的主要障碍是地方政府和部门利益，环保机关和下属环保组织如果不起诉，那么受害者权益难以保障，公共利益无法维护。即使受害人可以起诉，但由于他们能力有限，也很难得到法律的保护。

而在国外，如瑞士，在建设规划方面，如果新建大型项目有重大的环境和安全隐患，公民和一些环保组织有权就政府决策提起诉讼。[1]在环境保护的法律制度方面，司法保障缺乏力度，也缺乏监督。

3. 完善赔付资金管理方式。2014 年修订的《环境保护法》第 58 条明确规定，环保组织不得通过公益诉讼牟取利益。但环境公益诉讼特别是民事诉讼势必产生赔付资金，如泰州"天价环境公益诉讼案"，2014 年 12 月 29 日，江苏省高级人民法院作出终审判决：被告常隆农化等 6 家企业因违法处置废酸污染水体，应当赔偿环境修复费用 1.6 亿余元。而资金管理制度尚未到位，国家有关部门应当尽快研究建立环境公益诉讼产生的赔付资金的管理制度。

4. 改革环境资源案件管辖制度，推动环境资源审判机构建设，进一步完善环境资源类案件管辖。健全公益诉讼管辖制度，探索建立与检察机关提起的公益诉讼相衔接的案件管辖制度。

5. 强化检察院对行政执法同步监督和渎职侵权犯罪案件惩治预防，在官方微博、微信、互联网门户网站开通举报投诉平台、在检务公开大厅设立行政违法举报投诉窗口、开通 12309 行政违法投诉举报热线，积极拓宽群众对行政执法机关不作为、乱作为的投诉举报。检察机关反渎部门立足于法律监督，促使行政执法部门依法行使职权，公开透明，减少群众误解，共同面对"发现难、取证难、定性难、处理难"

---

〔1〕 李盛明、柳路："瑞士生态建设有三宝：'教育、制度、网络'"，载《光明日报》2015 年 6 月 27 日。

问题，检察机关加强对证据收集、固定和罪与非罪界限等相关问题的研究，会同行政执法机关、公安机关加强培训，减少认识分歧，提高业务能力和办案水平。完善"两法衔接"工作制度，构建打击破坏环境资源犯罪的长效机制。形成查办案件合力、排除干扰阻力、提高办案水平，克服"多龙治水"监管体制的弊端，建立信息共享、快捷高效的联动执法监管合作机制。环保领域存在的渎职犯罪，不仅严重破坏生态环境，直接侵害了广大人民群众的切身利益，甚至危害人民群众生命健康和安全。一直以来，有关部门对于环境污染的查处和惩治，多停留在行政处罚、经济处罚的层面。出现环境污染事件后，污染企业掏点罚款或者对受害者给予一些补偿，往往就可以轻松过关。这种惩罚模式不仅难以有效遏制环境违法行为，甚至还会演变为对花钱消灾的变相鼓励。这其中，固然有地方政府出于政绩考量，以牺牲环境为代价推高GDP的因素，也与环境行政执法与刑事司法衔接不够、执法信息缺乏共享有关。渎职侵权犯罪是一种深层次的腐败现象，暴露出的不仅仅是违反程序、不作为、滥作为等问题，更是法治观念淡薄、法治意识不到位、行政体制不健全的问题，检察机关应将反渎职侵权侦查工作与推进政务公开相结合，寻求有效预防渎职侵权犯罪的途径和方法。

6. 提供高质量的法律服务。发达的法律服务是实现环境法治的重要标志，为此应该从如下几个方面努力：促进建立健全有关环境与发展的法律咨询机构，建设一支服务于环境保护的律师队伍，发展环境与发展领域的法律咨询服务业；促进环境与发展领域的信息资源建设，形成环境法律的信息网络；加快建立健全环境法律服务制度，提高法律服务的效益和水平；促进环境与发展领域的法律服务和律师的国际交流与合作，拓宽环境法律服务的领域和渠道。

（四）完善环境信息公开制度，提高公众参与度

环保方面公众参与的发展程度，直接体现一个国家的环境意识、生态文明的发展程度。公众参与原则是环境法的一条基本原则，是明确广大公众参与环境保护管理的权利并保障公众行使这种权利的基本原则。它主要包括：公众有权参与环境保护活动也有义务保护环境，公众有权依法参与环境决策、管理和监督活动，国家依法保障公众参与环境决策、管理和监督。《宪法》规定："人民依照法律规定通过各种途径和形式管理国家事务管理经济和文化事业管理社会事务。"这从根本上明确了公民在大气环境污染保护方面的基本民主权利。1996年《国务院关于环境保护若干问题的决定》规定："……建立公众参与机制，发挥社会团体的作用，鼓励公众参与环境保护工作，检举和揭发各种违反环境保护法律法规的行为。"2003年实施的《环境影响评价法》首次将中国公民的"环境权益"写进国家法律。明确了对公众和专家参与规划和建设项目环境影响评价的范围、程序、方式和公众意见的法律地位使公众的意见成为环境影响报告书不可缺少的组成部分。2006年2月原国家环保总局发布了《环境影响评价公众参与暂行办法》不仅明确了公众参与环评的权利而且规定了公众参与环评的具体范围、程序、方式和期限。如明确公众参与的具体形式有调查公众意见、咨询专家意见、座谈会、论证会和听证会。《环境保护法》规定："一切单位和个人都有保护环境的义务。""公民、法人和其他组织依法享有获取环境信息、参与和监督环境保护的权利。各级人民政府环境保护主管部门和其他负有环境保护监督管理职责的部门，应当依法公开环境信息、完善公众参与程序，为公民、

法人和其他组织参与和监督环境保护提供便利。""公民、法人和其他组织发现任何单位和个人有污染环境和破坏生态行为的，有权向环境保护主管部门或者其他负有环境保护监督管理职责的部门举报。"同时《环境保护法》还规定："对保护和改善环境有显著成绩的单位和个人，由人民政府给予奖励。"这些法律规定为公众参与大气环保提供了原则性的法律依据。

知情权是公众参与的前提和重要基础。公众只有获得准确的环境信息才能有效地行使参与和监督等其他权利。2008年5月1日《政府信息公开条例》和《环境信息公开办法试行》同日施行。《政府信息公开条例》对我国各级政府信息公开的管理体制和机构、信息公开的范围、公开的方式和程序、监督和保障措施等作了全面的规定。而《环境信息公开办法试行》则对环境信息公开的范围和主体、方式和程序、监督和责任等作出了明确的规定。

此外《环境信访办法》《建设项目环境保护管理条例》以及《环境行政复议办法》等法规、规章以及不少政策性文件也对公众参与环境管理做出了具体规定。

总之在我国的大气污染环境保护法律法规中是非常重视公众参与的。但现行立法中公众参与大气环保还依然存在以下问题：公民的环境意识不强；公众参与大气环境保护事业的法律机制不健全；公众参与的组织力量薄弱、形式单一等。

贯彻落实中央建设生态文明的战略部署，建设天蓝、地绿、水净的美好家园，既是党和政府的紧迫任务，也是全体社会成员的共同责任。政府和公众是大气环境保护的主体力量。一方面大气环境保护主要是由政府主导和推动的。20世纪70年代初周恩来总理就注意到日本环境公害的惨痛教训要求我们重视环境问题。20世纪90年代党中央、国务院批转的《我国环境与发展十大对策》中提出发达国家"经济靠市场环保靠政府"的有益经验值得借鉴。改革开放以来从环境保护列为基本国策、确立可持续发展战略、树立落实科学发展观、建设和谐社会到建设生态文明都显示历代领导人对中华民族高度的历史使命感和历史责任感。另一方面环境保护与公众利益密切相关。只有人民群众共同参与生态环境保护对政府和企业的环境行为进行监督大气环保事业才有坚实的基础和生机。

环境保护作为一种公共产品或公共服务，因为缺少社会力量的存在，容易陷入"市场失灵"和"政府失效"的双重困境，而环境保护公众参与机制的建立有助于打破这种困境。一方面，环境是公共产品，仅仅依靠市场调节和国家干预是远远不够的。公众是环境污染的直接受害者，因此他们比政府和企业更关注环境变化，能够及时发现环境污染事件。公众参与动员社会力量广泛监督和合理维权，有效地制衡企业违法排污等各种环境违法行为。另一方面，公民的环境知情权要求政府把大量的环境保护和污染信息向社会公开，也敦促政府在环境决策过程中更多地倾听公民的意见和建议，多中心的、自主的、分工合作的环境治理结构，有助于避免环境保护中由于利益主体不一致和权责界定不明引发的弊端，提高环保公共政策的有效性。

为了贯彻公众参与原则，要加强环境保护宣传教育，提高全民环境意识和法制观念，建立健全环境污染和环保问题投诉处理制度，广泛依靠社会公众排查环保问题和环保隐患，检举揭发破坏环境、贻害他人和后代的违法犯罪行为。定期发布环境状况公报保障公众知情权和发挥公众的监督作用，建立公众参与环境保护的制度，使公众和社会团体通过规范化的程序表达意见，对环境重大决策施加影响。

公众参与环保要从"形式参与"转变为"实质参与"。目前公众参与环保主要方式集中在末端参与，即在环境遭到污染和生态遭到破坏之后，公众受到污染威胁之后才参与到环境保护之中，而保证环境参与权、表达权的全过程参与较少，实际上仍然是政府主导而公众无参与。告知和咨询是信息从政府官员向公民的单向流动，公民没有反馈的渠道以及与政府谈判的权力，几乎对被决定事件无决定性影响，因此仅仅表现为形式上的参与。政府部门应高度重视公众参与，发挥好社会力量，真心实意地面对公众，使环保的过程成为公众获得信息知情权过程，成为全程参与决策的过程，成为逐步实现自主管理的过程。

公众参与环境保护的广度和深度依赖于公众环境意识的提高，而公众环境意识受整个社会环境的制约。据联合国统计署提供的调查资料显示，84%的荷兰人、89%的美国人、90%的德国人在生活中会考虑消费品的环保标准。因此，应通过大众传媒进行大气环境文化宣传，逐步提高公众的文化科学水平和公众的环境伦理道德水平。同时应积极推进环境教育走出学校把真实的自然环境和社会环境作为环境教育的场所和教材。利用每年的4月22日"地球日"、6月5日"世界环境日"等环境保护节日向广大公众宣传和普及环保知识，进行"保护环境以保护人类自身""爱护地球以保留给子孙较干净的地球"的教育。如果每一个人在决策中充分考虑环境保护的需求，并在行动中切实贯彻国家环境保护政策与法律，那么全社会就会逐步形成自觉的环境保护道德规范，这对解决环境问题和保护环境具有重要作用。应鼓励公众参与各项环境管理活动，对环境可能产生重大影响的建设项目召开听证会广泛接受公众的质询以达到经济效益、社会效益和环境效益的统一。

借鉴新加坡以法律和道德规范保护环境新加坡现行 400 多种法律法规几乎覆盖了社会生活的方方面面，随地吐痰罚款 200 新元，随地扔一个烟头罚款 1000 新元。通过这些措施新加坡将良好的文明行为变为全社会大多数人的生活习惯。良好的生活习惯又转化为全社会的道德共识并成为一系列法律规则的社会基础。同时在中央和地方不同层级法律体系中继续保证公众的知情权，包括国家、公众所在地区、区域环境状况的资料，公众所关心的每一项开发建设活动、生产经营活动可能造成的环境影响及其防治对策的资料，以及国家和地方环境保护的法律法规资料。要保证公众对有关环境活动的决策参与权能够使公众有机会和途径向有关决策机关充分递达其所关环境问题的意见并确保其合理的意见能够为决策机关所采纳保证当环境或公众的环境权益受到侵害时人人都可以通过有效的行政或司法程序使环境得到保护，使受侵害的环境权益得到赔偿或补偿，并排除侵害等。

（五）培养公众的环境保护法律意识

1. 不断提升公众环境法律规范的道德化。法律是有道德的和文明的生活的一个不可缺少的条件，从本质上把法律问题视为人的道德问题，法律的功能就是促进"善"的发展。环境道德和环境法律都含有"义务"性的规范，义务是促使将环境道德义务上升为环境法律义务，即环境道德规范法律化的基础。环境道德规范法定化，是将人类环境道德理念、原则、规范上升为法律的过程，也是好的环境法律由此产生和发展的过程；良好的环境法律，就是符合环境道德的法律，就是促进环境公平和正义的法律，它在某种程度上决定着环境法律的本质和特点，从而构成环境法治的基石。环境法律规范的道德化，是使环境法律转变为更高的道德习惯和道德义务的过程，是环境法律归其本源的过程，是环境法律得以被主体普遍遵守、自觉遵守的必然体现，有利于主体守法精神的养成和环境法治社会的形成。环境法律规范道德化主要反映守法过程；环境法制侧重于外在的法律强制力，强调的是服从；环境法治侧重于内在的精神和自觉，强调的是环境意识、道德和信仰。环境道德规范的法律化是环境法律规范的道德化的前提，环境法律规范的道德化是环境道德规范的法律化的必须要求；没有环境道德规范的法律化，普遍遵守的良好的环境法律就无从产生，没有环境法律规范的道德化，环境法治的理想就难以实现。"良法之治"仅是生态环境法治的前提，实现了"良法之治"也仅是生态环境法治建设的第一步。"邦国虽有良法，要是人民不能全部遵守，依然不能法治"，对我国的生态环境法治来说，其最终实现的标志是"普遍守法"的形成。

2. 大力扩展公众的环境权。环境治理，人人有责。对公众环境守法意识的培养，不断加强宣传教育无疑是一条十分必要的途径。但笔者认为，针对目前民众普遍不了解不关注我国的环境法及环境问题的现状，大力扩展公众的环境权对提高公众的环境守法意识来说更为重要。所谓环境权，是指"环境法律关系的主体享有适宜健康和良好生活环境，以及合理利用环境资源的基本权利"。其内容包括生态性权利和经济性权利。前者体现为环境法律关系的主体对一定质量水平环境的享有并于其中生活、生存、繁衍，其具体可化为生命权、健康权、日照权、通风权、安宁权、清洁空气权、清洁水权、观赏权、环境美权等。后者则表现为环境法律关系主体对环境资源的开发和利用,其具体可化为环境资源权、环境使用权、环境处理权等。此外,基于环境保护的需要,还包括环境知情权、环境监督权、环境事务参与权、环境结社权、环境改善权、环境请求权等程序上的环境权。近年来,我国环境污染纠纷以每年超过 20% 的速度递增,但真正通过司法诉讼解决的不足 1%。究其原因,主要在于环境权未获法律确认,没有明确的救济途径,导致公民环境权受到侵犯时不能获得法律的救济。公民拥有了生态环境权后,一旦遭受实质损害,公民就有权提起环境权之诉,这将为公众参与提供坚实的权利基础和广阔的维权通道,扩大公众参与的积极性,促进生态文明的发展。当具有法定职责的行政机关不依法履行职责时,任何单位和个人均可以自己的名义向法院提起行政诉讼,从而增强政府的环保责任意识,更好地发挥民间组织与个人在维护公众的环境权益及推动环境公益诉讼制度的重要作用。因为环境权的内容十分抽象复杂,因此,必须通过行政法、民法、经济法、刑法等部门实体法将其具体化才能切实予以保护,同时,鉴于当前我国环境诉讼对起诉资格要求过严(无论是民事诉讼还是行政诉讼,都要求原告必须与损害有直接的利害关系,而且要有具体的损害后果)不利于保护公民环境权利的情况,有必要借鉴美国的"公民诉讼"制度,适当地放宽原告起诉资格,扩大起诉对象,赋予公民对环境管理机关、各企事业单位违反法定污染防治义务起诉权。只有通过实体法上公民环境权的确立和程序法上类似"公民诉讼"制度的建立,才能有效地保护受害者的利益,并进而保护社会公众的利益以及保护包括受害者在内的公众的过去、现在和将来的环境权益,使人们对切身利益的保护与改善同环境保护联系起来，增进对环境问题的理解、关注和行动，进而将环境守法内化为一种自觉。唯如此，我国生态环境的法治才能最终得以实现，因为，"法律只有在受到信任，并且因而并不要求强制力制裁的时候，才是有效的"。2015 年 1 月 1 日实施的新《环境保护法》和2015 年 9 月 1 日实施的《环境保护公众参与办法》为公众参与环境保护提供了法律保障。政府部门应落实好法律法规，健全公众参与保障措施、拓展公众参与渠道及严格落实监督举报制度，支持、引导社会环保组织参与环境保护活动，建立健全全民参与的环境保护行动体系，形成全社会的环保合力。

　　3. 深入开展生态法治宣传活动。思想的高度和维度决定行动的能力和效率。生态治理从国家战略内化成人民意识，让人民群众了解生态参与的渠道、机制，让更多的人参与到生态法治中，这是生态法治宣传的主要目的，也是检验生态法治宣传的重要标准。要把社会主义核心价值观融入人们的生态意识中，充分利用道德规范和法律规范两个手段。结合新环保法的颁布实施，利用每年 6 月 5 日的"世界环境日"，6 月 13 日~19 日的全国节能宣传周，6 月 15 日的"全国低碳日"，"宪法日"等节日，政府通过网站、传统媒体和社交媒体等进行宣传，发送环保宣传手册，张贴环保宣传海报，积极宣传政策法规，开展有针对性的活动。移动互联、社交媒体、大数据等概念变得越来越重要。社交媒体在传播信息方面发挥着越来越重要的作用，民间科普平台也让民众在环保议题上有学习知识、表达意见的渠道。因此，我们充分利用这些工具向民众传达信息。从普及知识到改变人们的态度，最终到影响大众的行为，是我们在移动互联时代进行环保宣传的终极目的。积极培育和发挥民间组织的作用，民间的科学组织和小团体可以补充政府的功能。通过这些民间自发的活动，普通人可以有更强的参与感，并与人们分享自己的观点。广泛开展环保进企业、进学校、进社区活动，加强学校生态文明教育，提高全民生态文明意识，倡导文明、节约、绿色的消费方式和生活习惯，引导公众从自身做起、从点滴做起、从身边的小事做起，多乘公交少开车、用完水后拧紧水龙头、白炽灯换成节能灯、不用电时拔掉电源线……节电、节水、节油、节约办公耗材节能低碳，在全社会树立起"同呼吸、共奋斗"的行为准则，共同改善环境质量。建立绿色消费奖励制度，开展"绿色行业""绿色企业"创建活动。促进生活、生产方式绿色化。在全社会形成人人关心环保、人人参与环保的氛围，一起为建设美丽平凉"添砖加瓦"。平凉最大的价值在生态、最大的潜力在生态、最大的责任也在生态。树立生态保护第一的理念，并不是降低对发展的要求，更不是不要发展，而是要在绿色、低碳和循环的道路上推动更高水平的发展。将生态保护作为立市之要，以生态文明理念统领经济社会发展。坚持生态保护是平凉筑牢国家生态安全屏障的使命所在，是加快转变经济增长方式的根本体现，是深化生态领域改革的内在要求，也是实现自身可持续发展的前提条件。深入落实全国、全省和全市主体功能区规划要求，恪守绿水青山就是金山银山，把生态文明理念贯穿到经济社会发展各个方面，禁止开发区严守管制原则，限制开发区严守控制原则，重点开发区严守开发原则，决不以牺牲生态环境为代价换取一时经济增长，坚定地走绿色循环低碳发展之路，持续打造绿色生态平凉。同时要加强对公众的科普教育，避免公众在谣言里"杞人忧天"。美国杜克大学教授蒋蔚指出"心理污染"对"环境污染"的负面效应，认为培育"健康成熟的公民心态"是应对环境污染必须做足的功课之一。

4. 强化对主要领导的环保考核。加强生态建设方面尤其要抓住"关键环节""关键人"。地方政府的责任压力传导不够，特别是到县一级；部门之间还需要协调配合，不能让环保部门单独承担地方环保责任；企业责任主体仍然不落实。《中共中央关于全面深化改革若干重大问题的决定》提出，对领导干部实行自然资源资产离任审计，建立生态环境损害责任终身追究制；2014 年 7 月中央组织部等七部门联合印发了《党政主要领导干部和国有企业领导人员经济责任审计规定实施细则》，提出对自然资源资产管理进行监督；审计署2015 年重点审计项目中，也包括了自然资源资产离任审计试点等内容。目前已经有内蒙古、湖南、陕西、湖北、四川、广东、福建、山东、云南、江苏等 10 个省份进行了探索试点。对审计时发现问题，各地都有对领导干部的问责措施，比如云南昆明东川区明确规定，审计结果报告将提交组织部，作为领导干部业绩考核和任用的主要依据，存入领导干部个人档案。以往离任审计集中于经济审计，很少涉及自然资源资产审计的内容，这次中央深改组深改小组第十四次会议更为明确提出领导干部自然资源资产离任审计试点，是落实党的十八大以来有关决定的具体举措。

中央深改组深改小组第十四次会议完整地提出了对生态文明考核评价体制，更给出了目标路径和具体的执行方法，完善了顶层设计。深改小组会议强调，生态环境保护要坚持依法依规、客观公正、科学认定、权责一致、终身追究的原则，明确各级领导干部责任追究情形。对造成生态环境损害负有责任的领导干部，不论是否已调离、提拔或者退休，都必须严肃追责。今后将通过终身追责的办法惩处损害生态环境的干部，威慑力不言而喻。近年来在一些地方个别干部为搞政绩搞形象，不顾生态环境，片面追求 GDP 数字增长，将资源环境"吃干榨净"后一走了之，这已经有不少惨痛教训了。强调环境问题终身追责，能促进领导干部真正负起责任。从"督企"到"督政"转变。提出环境监管执法从单纯的监督企业转向监督企业和监督政府并重。

未来对于领导干部"生态文明"层面的考核，会逐步形成一个综合的评价体系，理念更清晰，导向更明确，制度更完善，程序更规范，操作性也会更强。

在国家层面首次明确提出环境保护"党政同责"。在以往，地方如果发生了环境事故一般会追究政府的责任，而因没有明确的党内法规和国家法规规定党委在环境保护方面的具体职责，因此党委的环保责任被虚化了，严重情况下也只承担领导责任。这次在环境保护方面提"党政同责"，在国家层面还是第一次，抓住了环境治理问题的"牛鼻子"。

（六）加强环境法治工作的监督力度

在生态文明建设中，不断完善生态文明评价和考核制度，实行最严格的生态保护和责任追究。对重点开发区、限制开发区和禁止开发区等不同主体功能区继续实施差别化绩效评价考核制度，加大资源消耗、生态效益等指标权重，禁止开发区考核 GDP、工业发展和招商引资，把重要生态功能区县域生态环境质量考核结果，作为财政转移支付和干部任用奖励的重要依据。严格执行源头保护、环境治理、生态修复和责任追究等制度，编制自然资源资产负债表，对领导干部离任审计，对造成生态破坏严重后果的，终身追究责任。

推进生态文明体制改革要搭好基础性框架，构建产权清晰、多元参与、激励约束并重、系统完整的生态文明制度体系。要建立归属清晰、权责明确、监管有效的自然资源资产产权制度；以空间规划为基础、以用途管制为主要手段的国土空间开发保护制度；以空间治理和空间结构优化为主要内容，全国统一、相互衔接、分级管理的空间规划体系；覆盖全面、科学规范、管理严格的资源总量管理和全面节约制度；反映市场供求和资源稀缺程度，体现自然价值和代际补偿的资源有偿使用和生态补偿制度；以改善环境质量为导向，监管统一、执法严明、多方参与的环境治理体系；更多运用经济杠杆进行环境治理和生态保护的市场体系；充分反映资源消耗、环境损害、生态效益的生态文明绩效评价考核和责任追究制度。以改善环境质量为核心，实行最严格的环境保护制度。一是督政体系，要发挥机制体制优势，抓好"关键少数"，实行发展与保护"一岗双责"，倒逼地方党委政府积极主动地实现生态环保和经济发展的融合协调。二是督企体系，综合运用环境司法、排污许可、信息公开、损害赔偿追责等制度，落实企事业单位的主体责任，将所有固定污染源纳入监管范围，实施行业化、系统性、精细化的全过程管理。

（七）重塑生态消费理念和方式

党的十八大明确把"美丽中国"作为生态文明建设的未来目标，因此重新建构新时期的消费文化，必须尊重自然和保护自然，重塑生态消费理念和方式，彰显消费的生态意义。消费是人类社会的永恒主题，任何一个社会生产的最终目的都是为了消费，而科学的消费模式对于改善生态环境、建设生态文明和实施可持续发展战略具有重要推动作用。

重建健康合理的消费文化，必须让人的消费行为内在地蕴含生态向度。通过消费，不仅延续着人的生命，也锻炼着人的自然感觉，使人的自然性和社会性均得到彰显。人与自然密不可分，人依靠自然界生存和发展。消费和自然界也不能分开，一方面，作为消费主体的人的消费意愿和消费目的来源于人的需要，根本上是来源于自然界；另一方面，人的理性的需要来源于人基于自身生存和发展的目的，而这一目的的实现程度取决于生产；而生产要可持续进行，生产的这种决定作用是受限于自然，自然法则永远制约着生产的进行，自然是其永远的基石。现代消费文化建设必须实现"人"的消费，彰显人的消费的生态意义。在资本主义的异化劳动中，人与自然界越发分离和疏远，人与真正的"人"的生产和"人"的消费也越发分离和疏远，消费异化不仅不能使人实现对自然的对象化，反而使得人越发不能实现对自己作为"人"的本质的占有；人的生产和消费可以对自然无损伤，自然与人之间实现物质变换，循环往复，生生不息，实现人与自然的和谐发展。

我国当前仍处于社会主义初级阶段，必须倡导适度消费的文化观，每个人以自己的应得收入，在消费市场上进行消费，满足其多元化的物质文化生活需要。既能够合理适度消费，提高人民生活水平，又不致过度破坏环境。从价值观念进行变革，树立生态价值取向。实现生活方式和消费模式向勤俭节约、绿色低碳、文明健康的方向转变，力戒奢侈浪费和不合理消费。

必须促使生产者在生产价值取向上实现从资本逻辑向生态逻辑的转向。按照资本逻辑，生产者会只顾生产，从而臆造出虚假需求，而不管生态环境破坏程度；按照生态逻辑，则应从人的自由全面发展出发，科学平衡生产和消费，抛弃虚假需求，超越异化消费，生产以自然生态的可持续为前提，以消费主体合理的消费需求为基石，从而实现消费过程中的科学消费，最大限度减少对资源的浪费和对环境的破坏。

构建健康合理的消费文化，个体要坚持适度消费原则。过度消费往往超出了人自身的正当需要，将消费视为人生目的，从而奢侈无度、挥霍浪费，导致消费异化和生态危机，最终丧失人的主体地位。适度消费不是"消费不足"与"消费超前"的简单折中，而是恰当、合理的消费，消费水平要与社会生产力发展水平相符合，既能满足个人的物质需求和精神文化需求，又不会超越个人的消费能力。

构建健康合理的消费文化，还要坚持人本消费原则，即坚持以人为目的的消费，以满足人的可持续需要为目的的消费。人不应该像动物般地依靠本能被动地消费，甘愿做消费的奴隶，更不应该不顾消费的客观条件和实际情况而沉迷于各种异化消费的诱惑中，而应该在消费中实现人的自由全面发展。从一些现代化国家的成功经验看，"绿色化"的实现固然是由立法、制度建设、政策引导、惩罚机制设计等国家治理措施主导的，但也同样深深得益于社会的环保启蒙和民众环保意识的觉醒，与集体性的低碳生活、绿色消费、循环利用习惯密不可分。

一个环境友好型社会，必然会有习惯垃圾分类、自觉节约水电、选择可回收包装的普通市民，这几乎成为生态文明所特有的生活方式体现。

实际上，按照人类自身再生产的理论，生活方式的"绿色化"有着更宽阔的内涵。它不仅意味着绿色的、低碳的生活，而且也意味着简单的、讲求明规则的人际关系和社会关系；不仅意味着勤俭节约的个人生活，而且也指向涤浊扬清的政治生态。多一分风清气正，少一些庸懒散奢；多一分廉洁自律，少一些奢靡追求，这不仅是党风廉政建设的要求，而且也是"绿色化"向价值共识层面延伸的合理结论。

（八）加大对环保部门的支持力度

环保部门的执法能力取决于自身执法意愿和地方政府的支持程度。"史上最严的环保法"令一些基层环保部门望而却步，渎职问责相关规定也让基层环保部门官员产生畏难心理。如果地方政府不下大力度支持，新《环境保护法》的要求和基层执法实际脱节现象在所难免。环保不守法是一个很突出的问题。这有两方面原因，一是过去《环境保护法》太软，没有什么硬的措施，企业违法成本低、守法成本高，二是存在地方干预。

制度上要健全完善政府环境保护目标责任体系，整合不同层级、不同部门的监管力量，建立统一权威的环保执法体制，加大考核问责的力度；机制上要积极推进省以下环保机构监测监察执法垂直管理改革，保障县、乡及工业集聚区配齐环境监管人员，充实环境监管执法队伍，加大执法装备投入，提高执法科技水平，运用科技手段，提升环境监管执法效能。十八届五中全会作出一项改革，实行省以下环保机构监测监察执法垂直管理制度。这是一项重大的环境管理制度上的改革，通过建立环境监测监管的统一性、权威性和有效性，来解决现在的分块式管理。

建立健全机构权威、法律完备、机制完善、执行有力的环保监管工作体系，有效预防、及时制止和依法查处各类环境违法行为。坚持日常监管和专项检查相结合，加强民生领域环境监管，着力解决群众反映的突出问题，保护公众权益。

（九）不断提升建设生态文明的领导力

推进生态文明建设，领导力提升是关键。要不断提高政府的决策能力，企业的创新能力，社会的参与能力。

1. 提高政府决策能力。要全面提升生态文明建设领导力，首要是提高政府的政治决策与领导能力。政府是社会公共物品的主要提供者，是生态保护的第一责任人。各级党政干部要深入领会生态文明建设对于中国经济社会发展的战略意义，牢固树立"生态优先"的意识和思维。要加强国土生态空间的优化，做好产业建设的规划与协调。要加大生态文明促进机制和制度建设，严格执行产业政策和环保标准，引导绿色投资，扶持绿色企业，着力推进绿色发展、可持续发展。

2. 提升企业创新能力。要全面提升生态文明建设领导力，提高企业创新发展能力是关键。企业要不断完善创新生态体系，塑造适应生态文明的企业环境。企业领导者要注重研究企业内部生产过程的合理循环，提高企业生产各环节上的物质和能量转换效率，形成集约、高效的无废、无害、无污染的工业生产，实现循环型发展和低碳型增长。要积极以企业创新发展推动社会的创新和变革，做社会创新、文明发展的倡导者、实践者和先行者。

3. 提高公众参与能力。要全面提升生态文明建设领导力，培养公众生态文明意识，提高公众社会参与能力是保障。公众是生态保护的受益者，是实现生态文明的根本力量。政府要进一步构建责权清晰的多主体参与的生态文明建设机制，完善环境立法与信息公开制度，确保公众的生态环境知情权与监督权；公众媒体应当加强生态文明的宣传与舆论监督，引导公众树立绿色消费的生活风尚；环境保护非政府组织应进一步发挥专业性独立性作用，激发公众对生态文明的关注热情；公民要从点滴做起，提高生态文化自觉，践行绿色消费、低碳生活的生态文明理念。

参考文献

[1] 王利明：《物权法论》，中国政法大学出版社 1998 年版。

[2] 张武扬主编：《行政许可法释论》，合肥工业大学出版社 2003 年版。

[3] 黄李焰、陈少平、陈泉生："论我国森林资源产权制度改革"，载《西北林学院学报》2005 年第 2 期。

[4] 雷玲、徐军宏、郝婷："我国森林生态效益补偿问题的思考"，载《西北林学院学报》2004 年第 2 期。

[5] 穆晓杰等："森林采伐限额制度存在的问题及建议"，载《河北林果研究》2011 年第 1 期。

[6] 袁利华："关于森林采伐许可制度的法律思考"，载《林业、森林与野生动植物资源保护法制建设研究——2004 年中国法学会环境资源法研究会（年会）论文集（第二册）》。

[7] 吕忠梅："中国生态法治建设的路线图"，载《中国社会科学》2013 年第 5 期。

[8] 吕忠梅、徐祥民主编：《环境资源法》，中国政法大学出版社 2003 年版。

[9] 张平军：《甘肃环境保护与可持续发展》，甘肃人民出版社 1999 年版。

[10] 李景源、孙伟平、刘举科主编：《中国生态城市建设发展报告（2012）》，社会科学文献出版社 2012 年版。

[11] 全国干部培训教材编审指导委员会组织编写：《建设美丽中国》，人民出版社 2015 年版。

图书在版编目（ＣＩＰ）数据

国家级生态文明市建设法治保障研究：以甘肃平凉市为例 / 李国玺著. —北京：中国政法大学出版社，2016.7
　ISBN 978-7-5620-6879-2

　Ⅰ.①国… 　Ⅱ.①李… 　Ⅲ.①生态环境建设－研究－平凉市 ②社会主义法制－建设－研究－平凉市 　Ⅳ. ①X321.242.3②D927.423

　中国版本图书馆CIP数据核字(2016)第163592号

出 版 者　　中国政法大学出版社
地　　址　　北京市海淀区西土城路 25 号
邮寄地址　　北京 100088 信箱 8034 分箱　邮编 100088
网　　址　　http://www.cuplpress.com（网络实名：中国政法大学出版社）
电　　话　　010-58908285(总编室)　58908334(邮购部)
承　　印　　固安华明印业有限公司
开　　本　　880mm×1230mm　1/32
印　　张　　9.875
字　　数　　222 千字
版　　次　　2016 年 7 月第 1 版
印　　次　　2016 年 7 月第 1 次印刷
定　　价　　30.00 元